KB169941

같기도 하고 아니 같기도 하고

개역판

같기도 하고
아니 같기도 하고

로얼드 호프만
이덕환 옮김

THE SAME AND NOT THE SAME

by Roald Hoffman

역자 이덕환(李惠煥)

서울대학교 화학과를 거쳐 미국 코넬 대학교 화학과에서 박사학위를 취득했다.
서강대학교에서 34년 동안 이론화학과 과학커뮤니케이션을 가르치고 은퇴한
명예교수이다. 저서로는 『이덕환의 과학세상』이 있고, 옮긴 책으로는 『거의
모든 것의 역사』, 『아인슈타인』, 『춤추는 술고래의 수학 이야기』, 『양자혁명』,
『양자―101가지 질문과 답변』, 『화려한 화학의 시대』, 『질병의 연금술』 외 다수
가 있으며, 대한민국 과학문화상(2004), 닮고 싶고 되고 싶은 과학기술인상
(2006), 과학기술훈장웅비장(2008), 과학기자협회 과학과 소통상(2011), 옥조근
정훈장(2019), 유미과학문화상(2020)을 수상했다.

같기도 하고 아니 같기도 하고

저자 / 로얼드 호프만
역자 / 이덕환
발행처 / 까치글방
발행인 / 박후영
주소 / 서울시 용산구 서빙고로 67, 파크타워 103동 1003호
전화 / 02 · 735 · 8998, 736 · 7768
팩시밀리 / 02 · 723 · 4591
홈페이지 / www.kachibooks.co.kr
전자우편 / kachibooks@gmail.co.kr
등록번호 / 1-528
등록일 / 1977. 8. 5
초판 1쇄 발행일 / 1996. 12. 1
개역판 1쇄 발행일 / 2018. 2. 8
       8쇄 발행일 / 2024. 5. 30

값 / 뒤표지에 쓰여 있음

ISBN 978-89-7291-653-6 93430

이 도서의 국립중앙도서관 출판예정도서목록(CIP)은 서지정보유통지원시스템 홈페이지(http://seoji.
nl.go.kr)와 국가자료공동목록시스템(http://www.nl.go.kr/kolisnet)에서 이용하실 수 있습니다.
(CIP제어번호 : CIP2018003525)

차례

제10부 생동하는 이원성

머리말

이 책을 통해서 화학이 과연 얼마나 재미있는 분야인가를 보여주고 싶다. 화학은 분자예술, 분자공예, 분자과학 또는 분자산업이라고 할 수 있는 화학분야에 직접 종사하고 있는 화학자에게는 물론이고, 그 결과를 활용하고 있는 모든 소비자들에게도 흥미로운 분야이다. 화학은 원천적으로 감추어진 긴박감이 있기 때문에 더욱 재미있다. 화학에서 취급하는 실험적 사실이나 현상은 물론 그것을 이해하는 방법에는 극단적으로 대립되는 요소들의 정교한 균형이 유지되고 있다. 물질과 물질의 변환(變換)에서의 그런 대립이 바로 우리 마음속에 깊은 감명을 주게 된다.

1. 허약하고 열에 들뜬 아버지를 모시고 병원에 가야 하는 경우에 당신은 의사에게 무엇을 기대하겠는가? 의사의 성의는 당연한 것일 테고, 혈액검사를 통해서 폐렴을 일으키는 바이러스를 알아내고, 이를 퇴치시킬 수 있는 항생제를 처방해줄 것이라고 기대할 것이다.

전국에서 발생하는 생활 쓰레기와 산업 쓰레기를 모아서 처리하는 대규모 소각장이 바로 우리 집 옆에 건설될 예정이라면 나는 무엇을 걱정하겠는가? 늘어나는 교통량과 악취에 의한 피해는 물론 위험한 이온과 분자들 때문에 생길지도 모르는 식수와 대기의 오염 등을 염려

할 것이다.

당신이 의사에게서 받을 약품이나 내가 물과 대기를 오염시킬 것이라고 걱정하는 물질은 모두 "화학물질"이고, 당신과 나의 몸 역시 화학물질로 이루어져 있다. 그런 화학물질 중에는 단순한 것도 있지만 복잡한 것도 있다. 물론 당신은 의사가 몇 가지의 화학물질을 주는 것 이외에도 정성과 열의를 다해서 환자를 치료해야 한다고 생각할 것이다. 마찬가지로 나도 소각장 건설을 결정한 정부 당국이 소각장에서 배출될 화학물질의 안정성을 확인하고 지속적인 관리를 약속하는 것은 물론, 소각장 건설 정책을 공정하게 수립했고 환경에 대한 영향과 가능한 대안도 충분히 고려했을 것이라고 기대할 것이다. 어쨌든 우리가 살고 있는 물질세계에서는 당신과 나를 비롯한 우리 모두가 "화학물질"을 취급해야 하고 화학물질과 상호작용하면서 살아야 하는 것은 피할 수 없는 숙명이다.

우리가 좋아하면서도 무서워하는 화학물질은 천문학에서 취급하는 것처럼 엄청나게 크지도 않고, 물리학에서 취급하는 것처럼 엄청나게 작지도 않다(화학자들은 비교적 순수한 물질을 "화합물" 또는 "분자"라고 부른다). 인간의 크기 척도로 보면 화학물질은 정확하게 **중간 크기**에 해당한다. 그러므로 화학물질은 상상 속에서만 존재하는 것이 아니라 바로 우리와 함께 존재하고, 그래서 더욱 심각하게 받아들여야만 한다. 의약품으로 사용되거나 공해를 일으키거나 상관없이 모든 분자는 우리 몸속의 다른 분자들과 상호작용하기에 알맞은 크기로 되어 있으며, 그런 상호작용의 결과는 좋은 경우도 있지만 그렇지 않은 경우도 있다.

아무리 완벽한 이성의 소유자라노 화학물질이란 해롭기도 하지만 이롭기도 하다는 이원론적(二元論的)인 생각을 하게 되는 것은 어쩔 수 없다. 그 사람이 비이성적이라서 그렇다는 것이 아니라 그런 생각은 누구에게나 당연하고 본능적인 것이라는 뜻이다. 실용성과 위험성은 서로 대립되는 개념이고, 우리는 무의식적으로 세상의 모든 일을 그런 대립되는 기준으로 평가하게 된다. 우리가 살아서 체험을 계속하는 동안에는 "내게 이익이 될 것인가 아니면 해가 될 것인가?"와 같은 이원론적인 의문을 결코 그만두지 못할 것이다. 어떤 "대상"에 대해서 그런 의문을 제기한다는 사실이 오히려 그 대상에게 일종의 생명감을 부여하는 일이 되고, 그 대상이 당신과 직접적인 관계를 맺고 있음을 의미하게 된다. 다시 말해서, 그 대상이 당신에게 피해를 주거나, 이익이 되거나, 아니면 피해도 주는 동시에 이익도 되는 그런 긴박감이 없다면 그 대상으로부터 어떤 흥미도 느낄 이유가 없다는 뜻이다. 영어에서 "흥미(interest)"라는 단어는 라틴어의 "사이(inter)"와 "존재(esse)"에서 유래한 것으로서, "무엇의 중간에 있다"는 의미를 가지고 있다. 의문을 제기하고 그 답을 찾으려고 노력하는 과정에서의 긴박감이 바로 물질세계와 정신세계를 연결시켜준다.

어떤 물질이 독이거나 약이거나 또는 약도 아니고 독도 아닐 수 있다는 사실은 화학을 흥미롭게 만드는 대립되는 개념들 중의 하나에 불과하다. 이 책을 통해서 화학과 관련된 더 많은 대립적 요소들을 소개하려고 한다. 첫 번째가 바로 정체(正體)에 관한 것이다. 이 책의 제목에서도 알 수 있듯이 나는 이것이 가장 중요하다고 생각한다. 그밖에도 "정적/동적", "창조/발견", "자연적/비자연적", "드러냄/감춤"과 같은 대립적 요소들에 대해서도 살펴보려고 한다.

분자나 분자의 반응과 같은 화학적 현상은 이런 대립적 시각에서 정의되는 다차원의 실제공간과 가상공간에서 존재한다고 할 수 있다. 새로운 분자인가? 이미 알려진 것인가? 안정한 것인가? 해로운 것인가? 누구에게 그러한가? 겉으로 보이는 것처럼 가만히 있는 것인가? 음속으로 움직이는 것인가? 자연에 존재하는 것인가? 실험실에서 인공적으로 합성한 것인가? 끊임없이 제기되는 이런 의문들이 바로 화학에서의 긴박감을 더해주는 요소들이다. 특히 그 대답이 "모두 아니다"이거나 "모두 그렇다"일 경우에는 더욱 긴박하게 느껴진다. 긴박감은 변화를 가능하게 하는 생동감을 불러일으키며, 바로 그런 "변화"가 화학에서 가장 핵심적인 요소이다.

2. 이 책을 쓴 두 번째 목적은 화학자들이 실제로 무엇을 하는가에 대해서 설명하기 위해서이다. 화학을 맹목적으로 선전하기 위해서가 아니라 독자들이 화학자의 세계를 볼 수 있는 길을 열어주기 위해서이다. 그렇게 함으로써 우리 모두의 정신력과 관련된 이런 대립성이 분자 예술가인 화학자의 생활에는 과연 어떤 영향을 주고 있는가를 이해할 수 있게 된다.

두려워하지 않고 흥미를 느끼려면 이해가 우선되어야 한다. 화학자의 세계는 누구나 이해할 수 있는 세계이다. 이 책에서는 화학자들이 "어떻게 하는가?", "이것이 무엇인가?", "어떻게 일어나게 되는가?", "다른 사람에게 어떻게 설명할 것인가?", "가치가 있는 것인가?"와 같이, 누구나 물어볼 수 있는 단순한 의문에 대한 해답을 어떤 식으로 찾아내는가에 대해서 실제 예를 들어 설명하려고 한다.

이런 단순한 일상적인 언어로 표현된 질문에 대한 해답을 추구하는 과정에서 자연스럽게 바탕에 깔린 대립성을 이해하게 된다. 즉 "이것이 무엇인가?"라는 의문은 "이 하얀 가루가 다른 사람이 이미 합성했던

100만 종류 이상의 하얀 가루와 같은 것인가 아니면 다른 것인가?"라는 의문과 동일한 것이다(실제로 하얀 가루 형태의 화학물질은 100만 종류 이상이 있다). 화학자들이 이런 의문을 풀어가는 과정을 예를 들어 설명할 것이다.

3. 내가 강조하고 있는 "대립"이라는 주제는 물질과 감정을 연결시키는 것이기 때문에, 끝없는 호기심과 과감한 창조성과 경외감을 가진 인간의 이야기를 하지 않을 수 없다. 사회 전체와 개인이 모두 엄청난 실수를 저지른 경우인 탈리도마이드 사고에 대해서 설명할 것이다. 그리고 위대한 독일 화학자 프리츠 하버의 복잡하고 창조적이면서도 비극적인 삶에 대해서도 다룰 것이다. 과학자의 사회적 책임이 무엇이고, 화학자가 환경문제에 어떻게 대처해야 하는가에 대한 나의 주관적인 의견도 제시할 것이다. 환경문제에 대한 최선의 길을 찾는 것은 매우 어려운 것이 사실이지만 나름대로 중용(中庸)의 길을 제시하려고 한다.

4. 화학자라고 해서 다른 사람보다 특별한 사고력을 가지고 있는 것은 아니다. 그러나 화학자는 스스로 제기하는 일련의 의문과 그 답을 찾아내는 능력 덕분에, 인간의 내면에 감추어진 대립적 요소와 그것에 의해서 생기는 긴박감을 의식할 수 있게 된다. 다시 말하면 그런 이원성이 화학자의 마음속에 무의식적으로 자리잡고 있다는 뜻이다.

분자 및 분자의 생성과정에서 나타나는 이원성은 화학자와 비화학자들 사이를 연결하는 중요한 역할을 한다. "이것이 무엇인가?"라는 의문은 누구나 제기할 수 있는 의문이고, 합성된 물질이 다른 물질과 같은 것인가 아닌가 하는 의문도 누구나 생각해볼 수 있는 것이다. 그렇다면 그런 의문이 왜 흥미로운 것일까? 그 이유는 우리가 이미 우리 자신의 정체에 대해서도 심각하게 생각하고 있기 때문이다. 우리는 누구나 어려서부터 복잡하게 뒤엉킨 만남과 헤어짐을 경험하면서 우리 스스로의 정체에 대해서 깊은 의문을 가지게 된다. 따라서 자연을 관찰하는 데서 제기되는 정체에 대한 의문은 우리 내부의 감정세계와도 밀접한 관계가 있다고 할 수 있다.

정체와 기만, 기원(起源), 선과 악, 나눔과 독점, 소생, 위험과 안전 그리고 난관의 극복과 같은 것들이 분자세계에 의해서 연결되는 신비로운 심리적 요소들이다. 이런 감정적인 초점들이 의식적이거나 무의식적이거나에 상관없이 분자에 몰두하고 있는 화학자의 장난스럽기까지 한 정신세계를 구성하고 있다. 화학자가 무엇에 감동하는가를 알기 위해서는 이런 사실을 이해해야만 한다. 대립되는 요소로 표현되는 물질과 마음의 연결 고리를 이해함으로써, 우리가 왜 화학물질을 좋아하면서도 무서워하는가를 알게 되리라고 믿는다.

제1부

정체—핵심문제

1. 쌍둥이의 삶

재능 있는 미국 작가 조이스 캐럴 오츠는 로저먼드 스미스라는 필명으로 몇 편의 심리소설을 발표했다. 이 소설에서 그녀는 쌍둥이의 삶에서 찾아볼 수 있는 복잡함과 풍부함과 위험요소 그리고 유사점과 차이점을 잘 묘사했다.

　1987년에 발표한 『쌍둥이의 삶(*Lives of the Twins*)』에서 오츠/스미스는 심리치료사 조너선 매큐언과 사랑에 빠진 몰리 마크스라는 젊은 여성의 정신세계를 묘사했다. 처음에 몰리는 조너선에게 똑같이 생긴 쌍둥이 형제 제임스가 있다는 사실을 전혀 몰랐다. 제임스도 역시 심리치료사였지만, 악마의 장난 때문인지 두 형제는 전혀 다른 품성을 가지고 있었다. 강박관념에 빠진 몰리는 제임스와도 복잡한 관계를 맺기 시작한다. 이 소설에서 몰리의 눈에 비친 두 형제는 다음과 같았다.

　곱슬머리가 서로 반대 방향으로 틀어져 있기는 하지만 머리털의 질감이나 두께, 곱슬거리는 정도, 은색의 정도는 물론 어두운 정도까지 모든 면에서 완전히 똑같다.……치아가 서로 반대쪽에서부터 닳기 시작하는지는 알 수 없지만 두 사람의 치아 모양도 대체로 똑같아 보인다. 낭만적인 성격의 몰리가 보기에는 두 사람 모두 왼쪽 앞니가 약간 들쭉날쭉해서 칼잡이 맥처럼 날카로운 인상을 가진 건달패와 같았다.……조너선은 오

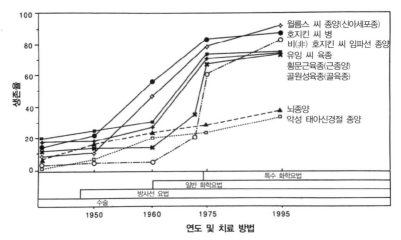

그림 1.1 1940-1995년 사이에 각종 악성종양 진단을 받은 어린이들의 생존율(자료 제공: F. 레너드 존스 박사).

른손으로 담배를 잡고 오른쪽 얼굴을 찡그리면서 연기를 내뿜지만, 제임스는 왼손으로 담배를 잡고 왼쪽 얼굴을 찡그리면서 한꺼번에 담배 연기를 내뿜는 점이 다르다. 조너선은 불만이 있을 때만 담배를 피우는 것 같은데, 항상 기분이 좋아 보이는 제임스는 즐거울 때 담배를 피운다. 제임스는 조너선이 몰리를 처음 만났을 때 피우던 종류의 담배를 계속 피우지만, 담배를 끊으려고 노력하고 있는 조너선은 요즈음 약하고 맛없는 담배를 피우고 있다.

두 형제는 모두 같은 회사의 면도날과 방취제와 아스피린과 치약을 사용한다.……제임스는 치약을 기분 내키는 대로 아무 데나 눌러서 사용하지만, 조너선은 끝에서부터 얌전하게 감으면서 사용한다.[1)]

경우에 따라서 완전히 같기도 하고 거울상 같기도 한 소설 속의 쌍둥이가 화학과 무슨 관계가 있을까?

18

그림 1.2 폐기물 용기(사진 : 존 커닝햄).

자연적인 것과 인공적인 것을 분자 수준에서 이해하려고 하는 화학은 세상을 완전히 바꾸어놓은 놀라운 과학 분야이다. 화학은 제임스와 조너선이 사용하는 면도날, 방취제, 아스피린, 치약을 포함해서 우리 생활의 모든 면과 깊은 관련이 있다. 과거에는 지배계층의 사람들만 입을 수 있었던 아름다운 색으로 염색된 옷을 지금은 누구나 입을 수 있게 되었고, 우리의 수명도 과거보다 몇 배나 늘었다. 모두가 화학 덕분이다. 그림 1.1은 20세기에 들어선 이후 악성종양에 걸렸던 어린이들의 생존율이 연도별로 어떻게 변화했는가를 나타낸 것이다.[2] 화학요법이 개발된 후에 생존율이 급격히 개선되었음을 명백하게 알 수 있다.

분자 및 분자의 변환에 대한 과학인 화학의 발전으로 인해서 눈으로 볼 수도 없는 물질의 내부구조를 알게 되었고, 천연 비단과 인공 나일론에서 원자들이 어떻게 연결되어 있는가를 이해하는 성과도 거두었다.

그림 1.3 한스 에르니의 "야누스의 모습(Janus Image)"(1981).

그렇지만 다른 측면을 보면, 과일이나 채소에서 우리 스스로가 뿌렸던 화학물질을 씻어내려고 열심히 노력하게 된 것도 사실이다. 옛날처럼 단순히 흙먼지를 털어내는 것과는 전혀 다른 노력이다. 그림 1.2[3]는 화학물질 폐기장의 모습이다. 비효율적인 생산과정과 사람의 실수가 겹쳐서 우리의 환경을 오염시키기도 한다.

화학은 세상의 복잡한 아름다움을 담고 있고, 인간의 개성이나 예술과 마찬가지로 선과 악으로 나누는 것과 같은 단순한 이분법적 분류를 완전히 거부하고 있다. 그림 1.3[4]의 야누스의 모습이 바로 사람들에게 인식되고 있는 화학의 모습이라고 하겠다.

화학이 이원론적으로 인식되는 경우는 여기에 그치지 않는다. 물질세계와 생물세계의 한가운데에 위치한 화학의 대상은 무한히 작은 것도 아니고 무한히 큰 것도 아니다. 그렇다고 해서 화학이 생명과 직접적인 관련이 있는 것 같아 보이지도 않는다. 중간에 위치하는 것들이 흔히 그러듯이 화학 역시 별로 재미없는 것으로 취급되기도 한다. 그러나 분자세계를 눈여겨보는 사람들은 놀라운 사실을 발견하게 된다. 즉 분자세계의 내부는 물론이고 냉혹하다고 여겨지는 분자 예술가들의 감정세계가 의외로 매우 풍요롭고 활기에 차 있다는 것이다(화학자들은 사실 언제나 감동에 젖어 있다고 할 수 있다). 이 책에서는 화학에서 찾을 수 있는 근본적인 긴박감을 살펴보려고 한다. 분자세계에 힘을 더해주기도 하고, 분열시키기도 하며, 개혁하기도 하는 대립적인 요소들이 무엇인가를 알아볼 것이다.

쌍둥이가 이런 목적과 무슨 관련이 있을까? 깊은 관련이 있다. 쌍둥이에 대한 몰리 마크스의 설명에 숨겨져 있는 의문은 "당신들은 누구인가?", "당신들은 과연 다른가?", "아니면 완전히 같은가?" 등과 같은 것이다. 몰리가 느끼는 긴박감은 인식, 정체, 같은가 또는 다른가에 대한 의문에서 비롯된다. 화학자들이 물질과의 끈질긴 대화를 시도하는 것도 바로 그런 강렬한 의문 때문이다. 즉 화학자들도 "이것이 무엇인가?", "이것은 과연 다른 것인가?", "아니면 똑같은 것인가?"라고 묻기 시작한다. 면역학과 의약설계에서 흔히 사용되는 내부에 숨겨진 분자 모방(模倣)의 아이디어가 분자의 정체에 대한 의미를 더욱 심화시키는 역할을 한다. 분자 모방의 아이디어는 자신의 차별화와 개별화에 대한 관심을 이끌어내기 때문에 매우 유용하다.

1) Rosamond Smith, *Lives of the Twins*, New York : Simon & Schuster, 1987, pp. 102–103.

2) *Opportunity in Chemistry*, Washington, D.C. : National Academy Press, 1985, p. 136. 이 그래프는 F. L. Johnson, "Advances in the Management of Malignant Tumors in Children", *Northwest Medicine* 7, 1972, pp. 759-764에서 발췌한 것에 존슨 박사가 제공한 자료를 보완한 것이다. "Cancer Trends : 1950-1985", *1987 Annual Cancer Statistics Review*, NIM publication no. 88-2789, Bethesda : National Institutes of Health, 1988, pp. 193-203 ; M. E. Nesbit, Jr., "Advances and Management of Solid Tumors in Children", *Cancer* 65, 1990, pp. 696-702도 참고.

3) M. D. Joesten, D. O. Johnston, J. T. Netterville and J. L. Wood, *World of Chemistry*, Philadelphia : Saunders, 1991.

4) *Panta Rhei*, vol. 1, Lucerne : Hans Erni-Stiftung, 1981, p. 83.

2. 당신은 누구인가?

달의 표면에서 엄청난 대가를 치르고 가져온 먼지나, 길거리에서 압수한 마약이나, 바퀴벌레의 내분비선에서 추출한 영약(靈藥)이나에 상관없이, 밝은 태양 아래에서 화학자들이 시료(試料)를 처음 대하게 되면 가장 먼저 묻는 질문은 "이것이 과연 무엇일까?"라는 것이다. 실제로는 모든 것에 불순물이 섞여 있기 때문에 이 질문은 생각보다 훨씬 복잡하다. 실리콘 웨이퍼나 식용 설탕 또는 의약품과 같이 우리 주변에서 가장 순수할 것으로 생각되는 것이라고 하더라도 ppm(100만분의 1) 수준에서 살펴보면 그 속에 정말 무엇이 들어 있는지 알고 싶지 않을 것이다!

사실 모든 것은 상당히 지저분하다. 특히 천연적으로 얻어진 것에는 인공적으로 만들어진 것보다 일반적으로 훨씬 더 많은 불순물이 섞여 있다. 그래서 좋은 경우도 있다. 포도주 속에는 향기를 내는 휘발성 성분이 900여 종류나 혼합되어 있다.[1] 전문 감미사(甘味士)가 유명한 독일 모젤 백포도주 중에서 "1976년산 베른카스텔러 독토르 트로켄베레나우스레제"를 알아낼 수 있는 이유는 바로 천연 화학물질의 **혼합성분**에 따라서 포도주의 독특한 맛과 향기가 달라지기 때문이다(포도주에 일부러 인공물질을 섞지는 않았을 것이다). 어떤 화학물질들이 어떤 비율로 혼합되어 있는가를 정확하게 알아낼 수 있는 화학자들도 전체적인 맛과 냄새만으로는 포도주의 종류를 알아낼 수 없다는 사실은 참으로

신기한 일이다. 식별력을 가진 감미사의 미각(味覺)과 후각(嗅覺)으로만 포도주의 종류를 알아낼 수 있다.

그렇다면 천연물질은 왜 순수하지 않을까? 살아 있는 유기체들은 오랫동안 진화를 통해서 매우 복잡한 상태로 발전되었다. 그래서 한 그루의 포도나무나 당신의 몸이 "유지되기" 위해서는 수천 종류의 화학반응과 수없이 많은 화학물질이 필요하게 되었다. 만물 수선공과 같은 자연에서 식물이나 동물의 생존방법은 수백만 년 동안 무작위적인 실험을 통해서 얻어진 것이다. 한 조각의 생명체에도 놀라울 정도로 다양한 모양과 색깔의 분자가 필요하다. 제대로 작동되는 것이면 무엇이거나 사용되는 그런 무작위적인 자연의 실험에 의해서 생명체는 지금의 모양을 갖추게 된 것이다.[2]

따라서 천연물질에 대해서는 "이것이 무엇일까?"라는 질문보다 "무엇이 얼마나 들어 있을까?"라는 질문이 더 적절하다. 주어진 물질을 구성성분으로 분리해야만 한다. 각각의 성분은 원자들이 일정한 방법으로 연결되어 있는 **화합물**에 해당하며, 그런 원자 집단을 **분자**라고 부른다. 순수한 화합물은 엄청나게 많은 수의 작은 분자들이 모인 집단이고, 화합물은 분자의 종류에 따라서 아주 다른 성질을 나타낸다. 설탕과 소금은 둘 다 물에 잘 녹는 흰색의 결정형 고체이지만, 그외의 다른 물리학적, 화학적, 생물학적 특성을 살펴보면 아주 쉽게 구별된다.

일단 물질을 구성성분으로 분리한 후에는 그 구성 화합물을 확인해야 한다. 화학자들에게 **구조**란, 순수한 화합물에서 어떤 원자가 어떻게 서로 연결되어 있고 공간에서는 어떻게 배열되어 있는가를 나타내는 용어이다.

분리(分離)의 문제부터 살펴보기로 하자. 나는 광물질 수집을 좋아한

그림 2.1 중정석에 올라앉은 형석(사진 : 하르트만 스튜디오).

다. 그림 2.1은 자연이 만든 훌륭한 작품으로서, 독일의 블랙 삼림지역의 슈바르츠발트 지역에서 얻은 길쭉한 중정석(重晶石) 결정에 거의 투명한 얇은 자주색의 정방형 형석(螢石) 결정이 올라앉아 있는 것이다.[3] 지질학적 시간 척도상으로 충분한 시간을 기다린다면 이 사진에서 볼 수 있는 것처럼 두 물질이 서로 분리될 수도 있을 것이다. 이런 방법을 분별결정화(分別結晶化)라고 부른다. 그러나 화학자들은 수천 년 동안 기다릴 수가 없다. 화학자들이 기다릴 수 있는 시간의 한계는 아마도 대부분의 박사과정 학생들이 대학원에서 보내는 5년 정도일 것이다. 그리하여 훨씬 빠른 분리방법을 원하는 인간은 물질을 짧은 시간에 분리할 수 있는 기계를 발명하게 되었다.

그림 2.2는 그런 기계를 이용한 결과이다. 이 "가스 크로마토그래프"의 가격은 약 5,000달러 정도이다. 이 기계에서는 분자들이 작은 모래

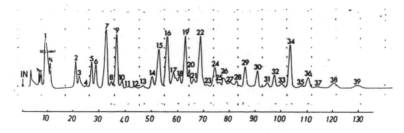

그림 2.2 코코아의 향기에서 얻어진 39개의 피크. 하나의 피크에는 적어도 하나의 화합물이 포함되어 있다. 수평축은 화합물이 가스 크로마토그래프를 통과하는 데에 걸리는 시간을 분 단위로 표시한 것이고, 수직축은 화합물의 농도와 관계되는 것이다(출전: J. Marion 외, *Helvetica Chimica Acta* 50, 1967, pp. 1509-1516).

알 같은 알갱이에 붙었다 떨어지는 과정을 반복하면서 서로 다른 종류의 분자들로 분리된다. 분자들은 결합과 분리의 이중과정을 반복하는 동안 종류에 따라서 서로 다른 균형을 이루게 되고 기계를 통과하는 속도도 달라지기 때문에 서로 분리되는 것이다.

　이 그림이 실린 논문에서는 신선한 코코아의 향기를 분석한 결과를 설명하고 있다.[4] 왜 그런 일을 했을까? 스위스의 브베에 있는 과자회사인 네슬레의 실험실에서 그런 연구가 필요했기 때문이다. 네슬레의 화학자들은 가나산(産) 코코아 2,000킬로그램으로부터 수증기와 다이클로로메테인을 이용해서 향기물질을 추출하고, 50밀리리터로 농축한 후에 그중 극히 적은 일부분을 가스 크로마토그래프에 주입했다. 그림 2.2에서는 향기물질이 결합과 분리를 계속하면서 크로마토그래프를 지나가는 시간에 따라서 만들어진 39개의 피크를 보여주고 있다. 이 피크의 하나하나는 적어도 하나의 화합물에 해당한다. 네슬레의 화학자들은 실제로 57종류의 화합물을 확인했고, 그중에서 35종류는 코코아에서는 발견하지 못했던 새로운 것들이었다. 여기서 우리가 살고 있는 세상의

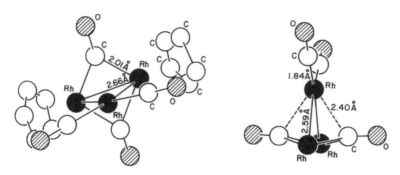

그림 2.3 결정에서 $Rh_3(C_5H_5)_2(CO)_4^-$의 구조를 표현하는 두 가지 방법.

복잡성을 명백하게 느낄 수 있을 것이다. 엄청나게 많은 수의 동일한 분자들로 이루어진 57종류의 화합물 전부가 코코아 향기에 필요한 것은 아닐 수도 있다. 그렇지만 천연 혼합물의 복잡한 정도는 정말 놀랍다고 하겠다.

다음에는 이 39개의 피크 하나하나가 어떤 분자로 되어 있는가를 알아내야 한다. 분자들이 협조적이어서 잘생긴 결정을 형성하고 있는 경우에는 약 10만 달러 정도 하는 X-선 회절기*라는 기계를 써서 1주일 정도 일하면 분자구조를 알아낼 수 있다.

"결정학적으로 알아낸" 그런 분자구조의 한 예를 그림 2.3에 나타냈다.[5] 그러나 이 분자가 코코아의 향기를 내는 분자는 아니다! 이 분자에는 세 개의 로듐 원자가 들어 있다. 그러나 내가 알기로는 코코아에서 로듐이 발견된 적은 없다. 천연 생물체가 금속을 싫어한다는 뜻은 아니다. 오히려 철, 구리, 망가니즈, 아연, 마그네슘은 물론 희귀한 몰리브데넘이나 셀레늄과 같은 금속까지도 생물체에서 중요한 역할을 하고 있

---

* 역주/결정에 의해서 생기는 X-선의 회절을 분석해서 결정에서의 원자 배열을 알아내는 실험장치.

다. 그러나 로듐은 자동차의 촉매 전환장치(제34장 참조)에서는 중요한 역할을 하는 금속이지만, 생물학적으로는 별로 소용이 없는 금속이다. 여기서는 분자구조에 대해서 얼마나 자세한 정보를 얻을 수 있는가를 설명하기 위해서 이 분자의 구조를 보여준 것이다. 이 "별들의 전쟁"과 같은 그림에서 원자들 사이의 거리를 나타내는 몇 개의 숫자를 볼 수 있다. 그런 자세한 정보까지도 알아낼 수 있다는 뜻이다.

주

1) A. Rapp, "Wine Aroma Substances from a Gas Chromatographic Analysis", *Wine Analysis*, Heidelberg : Springer, 1988, pp. 29-66. Ron S. Jackson, *Wine Science*, San Diego : Academic Press, 1933, 제6장도 참고.

2) F. Jacob, "Evolution and Tinkering", *Science* 196, June 10, 1977, p. 1611.

3) *Mineral Digest* 3, 1972, p. 71.

4) J. P. Marion, F. Müggler-Chavan, R. Viani, J. Bricout, D. Reymond and R. H. Egli, "Sur la composition de l'arôme de cacao", *Helvetica Chimica Acta* 50, 1967, pp. 1509-1516.

5) W. D. Jones, M. A. White and R. G. Bergman, "Chemical Reduction of η^5-Cyclopentadienyldicarbonylrhodium", *Journal of the American Chemical Society*, 100, 1978, pp. 6770-6772.

3. 물맴이

그러나 분자들이 자신의 비밀을 그렇게 쉽게 가르쳐주려고 하지 않는 경우도 있다. 앞에서 설명한 X-선 회절이라는 실험방법을 이용하려면 작은 결정이 필요한데, 그런 결정을 얻는 일은 쉽지 않다. 결정학적인 방법으로 분자구조를 직접 알아낼 수 없었을 때에는 화학자들이 어떻게 분자구조에 대한 정보를 알아냈을까를 생각해보기로 하자. 코넬 대학교의 내 동료인 유기화학자 제럴드 마인월드와 신경생물학자이며 곤충학자이자 곤충생리학자인 토머스 아이스너의 연구를 예로 들어서 설명해보겠다. 그들은 과거 30여 년 동안 화학생태학과 곤충의 방어 및 소통체계에 대한 연구를 함께 해왔다. 곤충은 매우 훌륭한 화학자라고 할 수 있다. 곤충은 단순한 분자와 복잡한 분자를 순수한 형태로 또는 향수처럼 혼합된 형태로 활용해서, 먹이를 확보하고 자신을 방어하며 번식을 하기 위한 소통수단으로도 활용한다. 이런 면에서 곤충은 다른 어떤 생물종보다도 훨씬 뛰어나다.[1]

그림 3.1은 내가 살고 있는 이타카 부근에서 흔히 볼 수 있는 장면이다. 이타카의 가장 아름다운 계절인 가을에는 연못에 떠다니는 단풍잎 위에 올라앉은 딱정벌레를 흔히 볼 수 있다. 물맴잇과(Gyrinidae)의 이 흥미로운 물맴이는 독특하게도 물 위에서만 서식한다. 제물낚시꾼에게는 신비로운 일이 아닐 수 없다. 물맴이가 포식성 어류와 양서류에게

그림 3.1 이타카의 삽서커 숲에 있는 연못의 물맴이(사진 : 코넬 대학교의 토머스 아이스너).

잡아먹히지 않고 번성할 수 있는 이유는 이들이 특별한 방어 메커니즘을 가지고 있기 때문이다. 아이스너는 그 방어 메커니즘이 무엇인가를 밝혀내기로 했다.

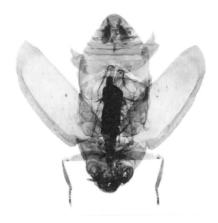

그림 3.2 물맴이(*Dineutes hornii*)(사진 : 코넬 대학교의 토머스 아이스너).

그림 3.3 방어물질을 내뿜는 물맴이(사진 : 코넬 대학교의 토머스 아이스너).

　그림 3.2는 학명이 디네우테스 호르니이(*Dineutes hornii*)라는 물맴이
딱정벌레의 모습을 근접해서 찍은 모습이다. 이 딱정벌레는 위협을 받
거나 위험에 처하게 되면 그림 3.3에서와 같이 복부의 끝에 달린 두 개
의 주머니 같은 선(腺)에서 하얀 우윳빛 액체를 뿜어낸다. 바로 이 방어
물질 때문에 물맴이를 위협하던 물고기나 심지어 양서류까지도 물러나
지 않을 수 없게 된다.

　아이스너와 마인월드와 오페임은 50마리의 딱정벌레로부터 4밀리그
램의 노란색 기름을 채취하고 그 물질을 "지리니달(gyrinidal)"이라고 불
렀다. 4밀리그램의 액체라면 눈으로 겨우 볼 수 있을 정도의 적은 양이
지만, 마인월드 연구진은 그것만으로도 물맴이가 생명을 지키기 위해서
꼭 필요한 물질을 구성하고 있는 분자구조를 알아낼 수 있었다.

　구조를 어떻게 알아냈을까? 마치 탐정소설과 같은 이 이야기[2]는 분
자의 물리학적 특징을 규명하는 것에서부터 시작된다. 그림 3.4는 아이
스너와 마인월드가 다른 화학자들에게 자신들의 연구결과를 설명할 때
사용하는 첫 번째 슬라이드이다.

50 beetles (pygidial glands) ⟶ 4 mg yellow oil
"gyrinidal"

IR: 1680, 1663, 1640, 1618 cm^{-1}
UV: 238 (20,300); 325 (sh.) nm (EtOH)
MS: m/e 234.1254
        234.1256 calcd. for $C_{14}H_{18}O_3$

그림 3.4 마인월드가 전문 학술회의에서 발표한 지리니달의 분광학적 측정결과.

전문용어로 가득한 이 그림을 모두 이해할 필요는 없다. 다만 이 그림
에서 그들이 무엇을 왜 측정했고, 그런 숫자들로부터 어떤 정보를 얻을
수 있었는가를 대략적으로만 짐작할 수 있으면 충분하다. 자세한 내용
이 중요하지 않다는 뜻이 아니라, 그들이 사용한 방법의 핵심을 이해하
기만 하면 된다는 뜻이다. 이 예를 통해서 현대 화학의 실체를 직접 경
험해볼 수 있을 것이다.

앞에서 설명한 것처럼 분자는 지극히 작은 알갱이이다. 만약 분자를
모래알 정도로 확대한다면, 지리니달 4밀리그램에는 이타카 전체를
400미터의 높이로 덮을 수 있을 만큼의 엄청난 수의 분자가 들어 있을
것이다. 분자의 크기는 광학현미경으로도 도저히 볼 수 없는 정도이지
만, 분광법(分光法)이라는 실험방법을 사용하면 그 구조를 알아낼 수 있
다. 일정한 색깔의 빛을 분자에 쬐이면 분자는 그 빛을 흡수하거나 방출
하는 등의 반응을 보이게 되고, 분자의 탐정인 화학자는 그런 반응으로
부터 분자구조를 알아내게 된다.

"분광법"은 분자의 내부로부터 나오는 신호를 이용하는 방법이고, 그
작동원리는 현상학적으로 다음과 같이 설명할 수 있다. 기타 줄을 퉁기
면 그 진동수는 (1) 프렛의 위치에 따라서 달라지는 줄의 길이와 (2) 줄
의 굵기와 재질(材質)에 따라서 결정된다는 것은 누구나 경험을 통해서
알고 있을 것이다. 물리학자나 공학자라면 직경이 1밀리미터인 놋쇠 줄

그림 3.5 마인월드, 오페임, 아이스너가 지리니달 연구에 사용한 것과 같은 종류의 질량 분석기. 이 기계는 첨단기종인 히타치 MS-80A이다.

에서 나오는 소리의 음정을 계산으로 알아낼 수 있다. 이제 방 안에 당신의 눈에는 보이지 않는 신비로운 기타가 있다고 상상해보자. 기타 줄에 대한 원리를 완전히 이해하고 있다면, 비록 기타를 보지는 못하더라도 기타 소리만 듣고도 기타 줄의 길이와 두께를 짐작할 수 있을 것이다.[3] 분광법은 소리 대신 빛을 이용해서 눈에 보이지도 않는 분자구조를 짐작하는 실험방법이다.

　IR과 UV는 "적외선(赤外線)"과 "자외선(紫外線)"이라는 빛, 즉 광파동(光波動)을 이용해서 분자의 반응을 들을 수 있는 분광법 또는 기계를 뜻한다. 그리고 MS는 그림 3.5와 같은 모양의 "질량분석기"이다. 그림 3.4에 적혀 있는 암호와 같은 숫자들은 측정결과를 분광학적 기호로 나타낸 것이다.

　IR과 UV는 각각 5,500달러 정도이지만, MS는 22만 달러 정도로 값

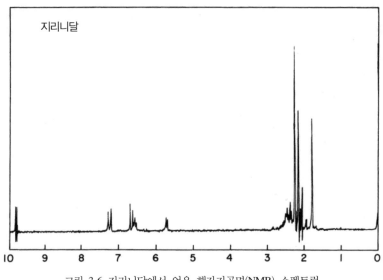

그림 3.6 지리니달에서 얻은 핵자기공명(NMR) 스펙트럼.

이 비싸다. 기계 값을 말하는 이유는 화학자가 사용하는 기계의 비용을 우리 사회의 누군가가 지불하고 있기 때문이다. 물맴이를 비롯한 세상의 많은 것에 대한 기초적이고 믿을 만한 정보를 얻는 실험의 비용을 바로 **여러분**이 지불하고 있는 것이다. 기초연구란 바로 그런 것이다. 유용하기도 하지만 "유리구슬 게임"과도 같은 것이다. 비용을 지불해야 할 여러분은 기초연구에도 상당한 비용이 필요하다는 사실을 이해해야 한다.

이 화려한 기계들 중에서 가장 값이 비싼 질량분석기는 제값을 충분히 한다. 이 기계는 분자의 질량을 정확하게 측정함으로써, 지리니달에는 14개의 탄소 원자와 3개의 산소 원자 그리고 17개도 아니고 19개도 아닌 정확하게 18개의 수소 원자가 들어 있다는 사실을 알려준다.

그러나 화학자는 $C_{14}H_{18}O_3$ 정도의 정보만으로는 만족하지 않는다. 이 원자들이 어떻게 서로 연결되어서 전체적으로 어떤 모양을 이루고 있는가를 알고 싶어한다. 그림 3.4의 나머지 두 분광법이 약간의 힌트를 주기는 하지만 그것으로도 충분하지는 않다. 그래서 마인월드와 오페임은 대략 20만 달러 정도의 값이 나가는 NMR라는 또다른 분광기를 사용해야만 했다. 이 기계는 분자에 들어 있는 수소 원자의 자기장 세기를 측정한다. 미시적 수준에서 환경이 조금이라도 다른 수소 원자들은 확실하게 구별되는 신호를 내보낸다. 그림 3.6의 작은 돌기 같은 것들이 지리니달에 들어 있는 환경이 다른 수소 원자들을 구별하는 실마리가 되는 내부로부터의 신호이다. NMR에서 내부로부터의 신호를 구별하는 바로 그 원리가 MRI*라고 부르는 장치에서도 사용된다. MRI 기계가 얼마나 비싼 것인지는 말할 필요도 없을 것이다.

화학자들이 이 NMR 결과를 분석하는 방법은 다음과 같다. 그림 3.6의 스펙트럼에서는 9.97, 1.82, 2.27 위치에 피크가 있다. 이미 설명한 것처럼, 이 피크들이 바로 서로 다른 환경에 있는 수소 원자들을 나타내는 것이다. 코넬 연구 팀은 다른 수천 종류의 분자에서 얻은 스펙트럼을 분석한 경험으로부터 9.97의 위치에 있는 피크는 산소와 연결된 탄소에 붙어 있는 수소(HCO)를 나타내는 것임을 이미 알고 있었다. 마찬가지로 1.82의 피크는 산소와는 결합하지 않고 다른 수소 두 개와 결합하고 있는 탄소에 붙어 있는 수소(HCH_2)에서 나오는 것이다. 화학자들은 스펙트럼에서 얻은 분자구조에 대한 이런 정보를 다른 방법으로 얻은 정보와 함께 조각조각 이어 붙임으로써 분자구조를 알아내게 된다. 그 결과 지리니달 분자는 그림 3.7의 구조로 되어 있다는 결론을 얻었고, 이

---

* 역주/자기 공명 영상장치. 핵자기 공명의 원리를 이용해서 신체의 단층을 촬영하는 첨단 의료 진단장치로서, X-선 촬영으로는 확인할 수 없는 뇌와 같은 조직의 상태를 진단할 수 있다.

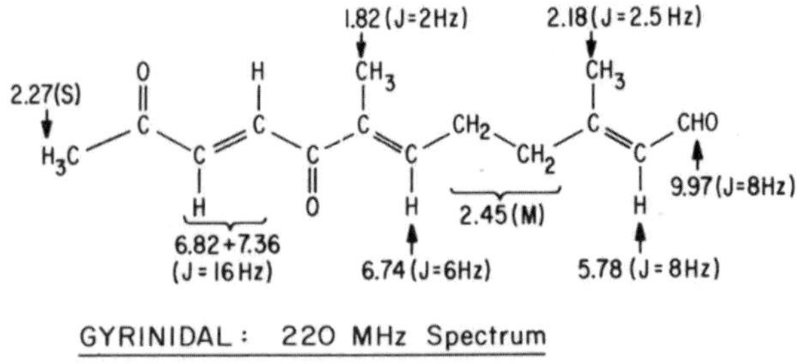
1.82 (J=2Hz)
2.18 (J=2.5 Hz)
2.27(S)
H_3C
CH_3
CH_2
CHO
9.97 (J=8Hz)
2.45 (M)
6.82+7.36
(J=16Hz)
6.74 (J=6Hz)
5.78 (J=8Hz)
GYRINIDAL: 220 MHz Spectrum

그림 3.7 지리니달의 구조. 표시된 숫자들은 그림 3.6에 표시된 NMR 피크의 위치를 나타낸다(제럴드 마인월드의 강연용 슬라이드 중의 하나).

것이 사실임이 확인되었다.

이것이 바로 화학자들이 일반적으로 사용하는 분자구조 결정 방법이다. 이제 여기에서 심각하게 생각해볼 점들이 있다. 이미 암시했듯이 원자의 종류 및 원자의 연결상태를 알아내는 과정이 탐정소설과 매우 비슷하다는 점이다. 수천 달러짜리 기계 하나에서 얻을 수 있는 정보만으로는 부족하고, 돌기와 같은 작은 정보 하나하나가 모두 귀중한 것들이다. 그렇지만 그런 정보도 실마리에 불과하다. 충분한 능력을 가지고 있고 잘 훈련된 분자 진단사가 이런 정보들을 모아서 퍼즐을 맞추듯이 꿰어 맞추어야만 완벽한 분자구조에 대한 이야기를 알게 된다. 물론 대부분의 경우에 옳은 결과를 얻는다.[4)]

1) Natalie Angier, "For Insects the Buzz Is Chemical", *New York Times*, March 29, 1994, p. C1.

2) J. Meinwald, K. Opheim and T. Eisner, "Gyrinidal : A Sesquiterpenoid Aldehyde from the Defensive Glands of Gyrinid Beetles", *Proceedings of the National Academy of Sciences(USA)* 69, 1972, p. 1208 ; "Chemical Defense Mechanisms of Arthropods XXXVI : Stereospecific Synthesis of Gyrinidal, a Nor-Sequiterpenoid Aldehyde from Gyrinid Beetles", *Tetrahedron Letters*, no. 4, 1973, pp. 281-284. 지리누스 나타토르 (*Gyrinus natator*)라는 물맴이도 같은 분자를 사용한다는 사실이 규명되었다. H. Schildknecht, H. Neumaier and B. Tauscher, "Gyrinal, die Pygidialrüsensubstanz der Taumelkäfer(Coleoptera : Carabidae)", *Justus Liebigs Annalen der Chemie* 756, 1972, pp. 155-161 참고.

슬라이드와 자료를 제공해준 아이스너와 마인월드에게 감사하고, 질량분석기의 사진을 제공해준 프레드 맥라퍼티 교수에게도 감사한다.

3) 구조결정에서 분광법의 응용에 대해서는 Joesten, Johnston, Netterville and Wood, *World of Chemistry*와 PBS에서 방송되었던 비디오 프로그램 *The World of Chemistry* 의 "내부로부터의 신호" 참고.

4) 구조결정 분야의 화학을 모험으로까지 느껴지게 만드는 긴장과 비밀요소를 강조한, 쉽게 읽을 수 있는 이 분야 대표자의 자서전으로 Carl Djerassi, *The Pill, Pygmy Chimps, and Degas' Horse*, New York : Basic Books, 1992, pp. 82-84 참고.

4. 환원주의와의 싸움

지리니달의 구조를 결정하는 데에 사용한 교묘한 실험방법은 전 세계의 유기화학자들과 무기화학자들이 매일 수천 번씩 반복하는 것이다. 이들은 분자에 대해서 물리학적 측정을 하고 그 결과를 해석함으로써 분자구조를 알아낸다. 예술에 가까운 이런 일을 하는 화학자들은 그들이 사용하고 있는 분광법의 물리학적 원리에 대해서 대강은 이해하고 있지만, 수천 종류의 화합물에서 어떤 피크들이 스펙트럼의 어느 위치에서 나오는가를 관찰해서 얻은 경험을 더 중요하게 활용한다. 혹시 그런 접근법은 충분한 이해를 근거로 하는 것이 아니라고 생각할 수도 있다. 근본적인 물리학적 법칙을 직접 활용해서 분자 속에서 나오는 신호의 메커니즘이나 원인을 정확하게 이해하고, 실제로 계산을 통해서 확인해야만 한다고 주장할 수도 있다. 어떤 피크가 9.87이나 10.07이 아니라 정확하게 9.97에서 나올 수밖에 없다고 이론적으로 확인해야만 그 실험결과를 완전히 이해했다고 말할 수 있다고 주장하는 사람도 있을 것이다.

그런 식의 이해가 잘못된 것일까? 그것이 바람직하다는 사실을 부정할 수는 없지만, 언제나 그런 목표만 주장하면 결국에는 극단적인 환원론적 입장이 되어버린다. 그런 식으로 핵심적인 물리학적 현상에 집착해서 좋은 결과를 얻을 수도 있겠지만, 분자구조를 결정하는 데에는 그런 방법이 그렇게 효과적이라고는 할 수 없다. 주어진 문제에 대하여 실용적인 결과를 얻기 위해서는 어느 정도까지 파고들어가야 할 것인가에 대한 "마음속에서의 경계선"을 설정해야 할 필요가 있다. 끝까지 파고들어가야 한다고 생각하는 사람은 어느 정도의 수준에서 문제를 해결해야 한다고 생각하는 사람과는 다른 종류의 지식을 추구하게 된다.

이제 환원주의(還元主義)와 이해의 방법에 대해서 이야기해보자. 학문에도 일종의 계급질서가 있고, 분야에 따라서 "이해"의 의미도 다르며, 이해의 수준에 대한 상대적인 가치도 서로 비교할 수 있다고 생각하는 것이 바로 환원주의이다. 흔히 사람들은 학문의 계급질서는 인문학과 사회과학이 상위에 있고, 그 밑에 생물학, 화학, 물리학, 수학이 순서대로 있다고 생각한다. 따라서 문학과 사회과학은 생물학으로 설명하고, 생물학은 화학으로 설명해야 한다는 식의 생각이 바로 환원주의라고 할 수 있다. 이런 생각은 아마도 데카르트의 철학에서 시작된 것으로 보이고, 콩트와 같은 프랑스의 이성론자들에 이르러서는 더욱 확고하게 되었다.[1]

과학자들도 이런 환원주의적 사고방식을 사상적인 지표로 삼아오기는 했지만, 사실 이런 철학은 과학자들이 활동하고 있는 현실과는 아무런 관계가 없다. 과학자들이 이런 철학을 너무 고집한다면 오히려 다른 분야와의 불협화음을 일으킬 위험성마저 있다.

나는 "이해"의 실체를 이렇게 생각한다. 학문과 예술의 모든 분야에는 분야에 따라서 적당한 정도의 복잡성을 가진 문제가 있다. 화학의 문제는 어떤 측면에서는 물리학의 경우보다 더 복잡하다. 사람들은 대부분 각 분야에서 확립된 개념의 복잡성과 계급질서의 범주에서 "이해"를 생각하게 된다. 이런 생각이 준순환적이기 때문에 옳지 않다고 할 수도 있겠지만, 나는 그렇게 생각하지 않는다. 이런 이해야말로 진정

인간적인 것이며, 예술과 과학도 이런 이해를 바탕으로 해서 발전한다고 믿는다.[2]

이해에는 수직적 이해와 수평적 이해가 있다. 수직적 이해란 하나의 현상을 더욱 깊은 것으로 환원시키는 고전적 환원주의에 해당한다. 수평적 이해는 현상을 같은 분야 안에서 분석하고, 같은 정도의 복잡성을 가진 개념과의 관계를 알아냄으로써 이루어진다.

지나치다고 할 정도로 극단적인 환원주의를 생각해봄으로써 환원주의가 얼마나 쓸모없는 사상인가를 알아보자. 윌리엄 블레이크의 "불멸(Eternity)"이라는 사행시가 적힌 익명의 편지를 받았다고 생각해보자.

> 즐거움에 젖어 있는 사람에게는
> 밝은 내일이 오지 않지만,
> 즐거움에 이별의 입맞춤을 한 사람은
> 불멸의 일출을 보게 되리라.

블레이크가 이 시를 쓸 때나 당신이 이 시를 읽을 때 또는 친구가 당신에게 이 편지를 보낼 때, 몸속에서 일어나는 신경세포의 작용과 그런 작용을 유발하는 생화학적 반응의 환상적일 정도로 아름다운 복잡성과 그 바탕이 되는 물리학 및 화학을 모두 알아낸다면 노벨상을 몇 개라도 받을 수 있을 것이다. 우선 나부터도 그 모든 것을 알고 싶다. 그러나 그런 지식은 우리가 시를 읽거나, 자동차를 운전하거나 또는 이 아름다우면서도 무서운 세상을 살아가는 데에는 아무 도움도 되지 않는다. 블레이크의 시를 "이해한다"는 것은 신경세포의 작용과는 전혀 상관없이 시어(詩語) 및 시인과 독자의 심리적 수준에서 이루어지는 것이다.

인문학과 자연과학 사이에 엄청난 단절이 있는 것처럼 "자연과학"의 내부에도 심각한 단절이 있다. 서로 밀접한 관련이 있을 것 같은 화학과 물리학 사이도 그렇다. 그래서 화학에서 사용되는 어떤 개념이 물리학 분야로 환원될 수 없는 경우도 있다. 그런 경우에 억지로 환원시키면 처음의 매력이 거의 모두 사라져버리게 된다. 화학에서의 일반적인 개념인 방향성(芳香性),* 산성도와 염기도, 작용기,** 치환기 효과*** 등이 바로 그런 예가 된다. 그런 개념을 물리학적인 입장에서 엄밀하게 정의하려고 하면 그 매력은 완전히 사라져버린다. 즉 수학적으로 표현할 수도 없고 엄밀하게 정의할 수도 없지만 화학에서는 환상적일 정도로 유용한 개념들이 있는 것이다.[3]

환원주의가 흔히 "이해"에 대한 실질적인 설명이라기보다는 단순히 심리적인 받침대로 사용되는 경향도 있다. 예를 들면, 물리학자들은 기초에 가까운 일을 하기 때문에 환원주의적 철학을 매우 좋아할 것이고, 수학자들은 더욱 그럴 것이라고 짐작하기 쉽다. 그렇다면 물리학자들이 수학자들에 대해서 긍정적인 인식을 가지고 있을 것 같지만, 주변의 물리학자들에게 물어보면 반드시 그렇지도 않다는 것을 알 수 있다. 물리학자들은 수학자들에 대해서 일반적으로 "비현실적인 사람", "핵심과학인 물리학을 이해하지 못하는 사람", "현실세계에는 아무런 관심도 없는 사람" 등의 상당히 부정적인 인상을 가지고 있다. 그래서 수학자들과 이야기할 때 물리학자들의 환원주의는 물리학에서 멈추어버린다. 그런

---

* 역주/벤젠과 같이 단일결합과 이중결합이 번갈아 있는 고리형 화합물 중에서 특별히 안정하고, 흔히 향기로운 냄새를 가지고 있는 탄화수소의 성질.
** 역주/여러 종류의 분자에서 공통적으로 볼 수 있는 원자들의 집단을 말하며, 같은 작용기를 가진 분자들은 비슷한 화학적, 물리학적 성질을 띤다.
*** 역주/분자에 결합된 작용기의 종류에 따라서 화학적 성질이 변화하는 현상.

측면은 화학자들도 마찬가지다. 경제학자나 생물학자와의 대화에서 나타나는 화학자들의 환원주의도 화학에서는 더 깊이 들어가지 않는다.

실제로 환원주의적 철학에 집착하는 데에는 상당한 위험이 있다. 수직적 이해를 유일한 이해의 방법이라고 주장한다면, 과학자와 예술가 또는 인문학자와의 관계는 더 이상 존재할 수가 없다. 예술이나 인문학에서의 "이해"의 방법은 한 가지가 아니다. 예를 들면 부모의 죽음이나, 사회의 마약문제, 키르히너의 목각작품을 이해하는 방법이 한 가지가 아니라는 점은 너무나도 명백하다. 이처럼 환원주의적 시각이 인정되지 않는 세상에서 과학자들만 굳이 환원주의를 고집할 이유가 없다. 자칫하면 과학자들이 환원주의적 이해가 가능한 몇 안 되는 문제로 한정되는 아주 작은 상자에 갇혀버리게 될 수도 있다.[4]

주

1) 환원주의의 역사에 대해서는 E. Nagel, *The Structure of Science : Problems in the Logic of Scientific Explanation*, New York : Harcourt, Brace, and World, 1961 참고. 환원주의의 종류에 대한 명백한 설명은 E. Mayr, *The Growth of Biological Thought*, Cambridge : Harvard University Press, 1982, pp. 59-64 참고.
2) Roald Hoffmann, "Nearly Circular Reasoning", *American Scientist* 76, 1988, pp. 182-185.
3) Mary Jo Nye, *From Chemical Philosophy to Theoretical Chemistry : Dynamics of Matter and Dynamics of Disciplines*, Berkeley : University of California Press, 1993, 제10장. 화학이 "환원적 과학"이라는 상반된 (나의 생각에는 옳지 않은) 견해에 대해서는 David Knight, *Ideas in Chemistry*, New Brunswick, N. J. : Rutgers University Press, 1992, 제12장 참고.
4) 나는 Steven Weinberg, *Dreams of a Final Theory*, New York : Pantheon, 1992, 제3장에서 설명한 환원주의에 대한 주장에 절대적으로 반대한다.

5. 물고기와 벌레와 분자

이제 환원주의적 시각에 반대하는 조금 긴 이야기를 마치고 다시 마인월드, 오페임, 아이스너의 지리니달 이야기를 계속해보자. 그들은 이 물질의 분자구조를 알아낸 후에 실험실에서의 합성에도 성공했다. 실제로 지리니달을 인공적으로 만든 것이다. 분석(分析)과 함께 화학의 핵심을 이루는 합성(合成)에 대한 이야기는 뒤로 미루어두고, 코넬 대학교의 화학자들이 합성한 물질의 실제적 효능을 어떻게 알아냈는가에 대해서 먼저 살펴보기로 한다.

그림 5.1에서 왼쪽 위 사진은 며칠 동안 굶주린 배고픈 배스와 인공적으로 합성한 물질 0.4마이크로그램을 몸에 바른 벌레의 모습이다(0.4마이크로그램이라면 현미경을 사용하지 않고는 볼 수 없을 정도로 적은 양이다). 오른쪽 위 사진을 보면 배스는 평소에 일상적으로 하던 일을 하고 있다. 즉 벌레가 배스의 입속으로 빨려들어가는 것을 볼 수 있다. 그러나 왼쪽 아래 사진을 보면 배스가 벌레의 불쾌한 맛을 헹구어보려는 본능적인 동작을 하고 있고, 오른쪽 아래 사진에서는 결국 벌레를 포기해버린다.

이 사진으로 무엇인가를 증명할 수 있을까? 그렇지는 않다. 이 사진만으로 합성물질이 천연물질과 동일하다는 결론을 얻을 수는 없다. 그런 증명을 위해서는 다른 종류의 실험이 필요하다. 그렇지만 이런 생체

그림 5.1 합성 지리니달의 생체실험(사진 : 코넬 대학교의 토머스 아이스너).

실험에서 합성물질이 먹이 방해물질로서 상당한 효능을 가지고 있다는
사실은 확인되었다. 신뢰할 수 있는 정보를 얻으려고 끊임없이 노력하
는 과학자들에게는 이런 사실 자체만으로도 흥미로운 결과이고, 실제로
이런 정보가 상당히 유용하게 활용될 가능성도 있다. 합성물질이 천연
물질과 똑같은가를 명백하게 알아내지는 못했지만, 그럴 가능성이 높다
는 사실을 확인한 것만으로도 충분한 가치가 있는 정황증거를 확보한
셈이다. 확실한 정보를 얻는 것은 여간 힘들고 어려운 일이 아니다. 도
움이 되는 것이라면 아무리 사소한 것이라도 소중하게 여겨야 한다. 단
순히 연구비만 있다고 되는 것이 아니다.

　화학에서 가장 핵심이 되는 활동인 합성에 대한 이야기를 조금 더
뒤로 미루더라도 훌륭한 유기화학자 존 콘포스의 생체실험에 대해서 이
야기하지 않을 수 없다.

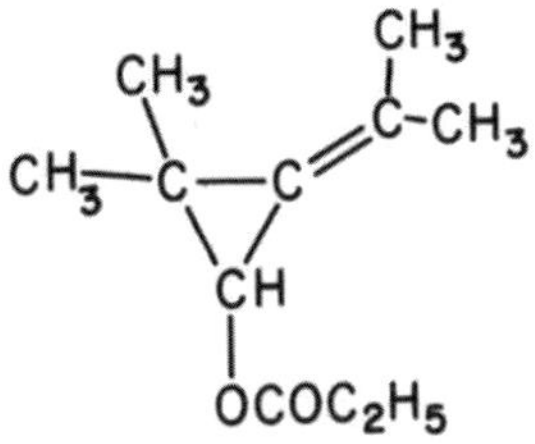

그림 5.2 미국 바퀴벌레의 성유인자로 잘못 제안되었던 분자의 구조.

　　미국의 한 연구진이 미국 바퀴벌레 암컷의 성유인자(性誘引子)를 연구하고 있었다. 상당히 많은 수의 바퀴벌레 위로 통과시킨 따뜻한 공기를 차가운 응집관(凝集管)에 모은 소량의 활성물질을 정제한 후에 물리학적 측정을 함으로써 그림 5.2와 같은 구조를 제시하게 되었다. 당시에도 지금과 마찬가지로 무엇이거나 합성할 물질을 찾아 헤매는 화학자들이 많이 있었다. 이 화합물의 구조가 밝혀지자 마치 피라냐(남미의 식인어류)가 우글거리는 호수에 죽은 말을 던져 넣은 것과 같은 효과가 나타났다. 첨단 합성방법을 적용해볼 수 있는 새로운 작은 분자가 등장했고, 더욱이 이 분자를 대량으로 인공합성하게 되면 유해한 벌레 퇴치에 유용할 것이 확실했으니 말이다. 3년 내에 여섯 가지의 기막힌 방법이 제안되었다. 그중에서 두 가지는 대단히 성공적이었고, 나머지 중에서 하나도 비교적 성공적이었다. 이제 이 물질을 인공적으로 쉽게 합성할 수 있게 되었다. 그러나 한 가지 심각한 문제가 있었다. 처음에 제시되었던 구조가 옳은 것이 아니었기 때문에 새로 합성된 물질은 당연히 아무런 효과도 없었다. 내가 평소에 알고 지내던 한 여성은 당시에 "이 분자가 수컷 바퀴벌레를 유인하는 데에는 실패했지만 유기화학자를 유인하는 데에는 확실히 성공했다"고 했다. 이 경우에는 인공합성을 해본 덕분에 처음에 제시되었던 구조가 옳지 않았음을 알게 되었다라고 하는 것이 더 적절한 설명이라고 하겠다.[1]

1) J. W. Cornforth, "The Trouble with Synthesis", *Australian Journal of Chemistry* 46, 1993, pp. 157-170.

6. 구별하기

로저먼드 스미스의 『쌍둥이의 삶』으로 되돌아가보자. 제임스와 조너선의 영혼은 더 이상 다를 수가 없을 정도로 다르다. 아니, 정말 그럴까? 몰리는 두 사람 모두에게 사랑의 포로가 되었다. 소설의 끝부분에서 쌍둥이 형제와 몰리가 처음으로 함께 만나는 결정적인 순간을 스미스는 이렇게 묘사했다.

> 두 남자 중의 하나가 먼저 몰리를 향해서 뛰어가자, 다른 남자도 뛰어가서 그를 따라잡았다. 키가 크고 머리가 둔해 보이고 넓은 어깨에 짙은 색의 머리털을 가진 똑같아 보이는 남자들. 실제로 똑같은 사람일까? 두 남자가 함께 있는 것을 본 적이 없는 몰리는 마음속에서 심한 경련과 얽어맞은 듯한 충격을 느꼈다. 쌍둥이를 두려워했기 때문에 태어나자마자 둘 중 하나를 죽여야 했다던 옛날의 미신이 떠올랐다. 도대체 이들을 어떻게 구별할 수 있다는 말인가? 그들의 협조와 동의가 없다면 말이다.[1]

정말 자발적인 협조와 동의가 없다면 어떻게 똑같아 보이는 두 대상을 구별할 수 있을까? 화학에서 찾을 수 있는 가장 원천적이고 중요한 긴박감이 바로 쌍둥이에게서 느끼는 그런 긴박감이다. 같은 것과 다른 것에 대한 긴박감, 정체에 대한 긴박감, 자신과 타인에 대한 긴박감. 앞으로 살펴볼 여러 종류의 대립성과 마찬가지로 이런 긴박감이 바로 과학의 추진제가 되어왔다. 이런 긴박감이 우리의 마음속 깊은 곳의 무엇인가를 자극하기 때문일까?

주

---

1) Rosamond Smith, *Lives of the Twins*, p. 235.

7. 이성질 현상*

화학에서 정체의 문제를 좀더 구체적으로 생각해보자. 지금까지 상당한 지혜와 노력으로 모든 물질은 분자로 이루어져 있고, 분자는 다시 원자로 이루어져 있다는 사실을 배워서 알게 되었다. 헬륨이나 아르곤과 같이 한 가지 원자가 독립적으로 존재하는 경우도 있고, 철이나 흑연 또는 다이아몬드와 같이 한 종류의 원소들로 구성되기는 하지만 원자들 사이의 결합이 단순한 경우도 있고, 매우 복잡한 경우도 있다. 그렇지만 대부분의 물질들은 여러 종류의 원자들이 안정하게 결합된 분자로 되어 있다.[1]

그림 7.1은 화학의 대표적인 표상이라고도 할 수 있는 멘델레예프의 원소 주기율표이다. 이 표에는 90여 개 정도의 천연원소와 15개 정도의 방사성(放射性) 인공원소가 포함되어 있다.** 그러나 만약 세상에 존재하는 물질이 정말 105종류밖에 되지 않는다면 어떻게 되겠는가! 아름다운 주변을 1제곱미터만 살펴보아도 물질의 종류가 이보다는 훨씬 다양하다는 사실을 명백하게 알 수 있다. 설탕, 아스피린, DNA, 청동, 헤모글로빈***을 비롯한 모든 물질은 분자로 이루어져 있고, 분자의 색깔과

---

* 역주/분자를 구성하는 원자의 종류와 수는 똑같지만 그 구조가 다른 현상.
** 역주/이 책이 발간된 이후에 인공적으로 합성한 새로운 초중금속 원소들이 추가되어 현재의 주기율표에는 모두 118종의 원소가 포함되어 있고, 그림 7.1의 모든 칸이 채워져 있다.

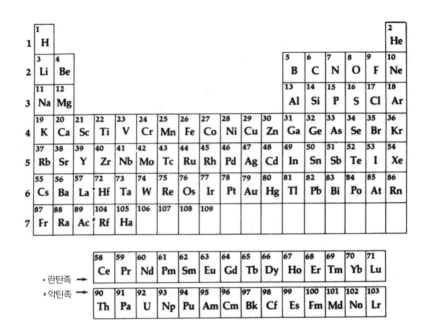

1 H																	2 He
3 Li	4 Be											5 B	6 C	7 N	8 O	9 F	10 Ne
11 Na	12 Mg											13 Al	14 Si	15 P	16 S	17 Cl	18 Ar
19 K	20 Ca	21 Sc	22 Ti	23 V	24 Cr	25 Mn	26 Fe	27 Co	28 Ni	29 Cu	30 Zn	31 Ga	32 Ge	33 As	34 Se	35 Br	36 Kr
37 Rb	38 Sr	39 Y	40 Zr	41 Nb	42 Mo	43 Tc	44 Ru	45 Rh	46 Pd	47 Ag	48 Cd	49 In	50 Sn	51 Sb	52 Te	53 I	54 Xe
55 Cs	56 Ba	57 La	72 Hf	73 Ta	74 W	75 Re	76 Os	77 Ir	78 Pt	79 Au	80 Hg	81 Tl	82 Pb	83 Bi	84 Po	85 At	86 Rn
87 Fr	88 Ra	89 Ac	104 Rf	105 Ha	106	107	108	109									

•란탄족 →

58 Ce	59 Pr	60 Nd	61 Pm	62 Sm	63 Eu	64 Gd	65 Tb	66 Dy	67 Ho	68 Er	69 Tm	70 Yb	71 Lu

#악틴족 →

90 Th	91 Pa	92 U	93 Np	94 Pu	95 Am	96 Cm	97 Bk	98 Cf	99 Es	100 Fm	101 Md	102 No	103 Lr

그림 7.1 원소 주기율표(출전: A. J. Harrison and E. S. Weaver, *Chemistry*, New York: Harcourt Brace Jovanovich, 1991, p. 110).

화학적 성질 그리고 독성은 분자를 구성하는 원자의 종류뿐만 아니라 그 원자들이 서로 어떻게 연결되어 있는가에 따라서 달라진다.

원자들 사이의 연결을 "결합(結合)"이라고 부른다. 원자들이 정말 결합을 하다니! 그러나 장터에서의 사랑에도 규칙이 있는 것처럼 원자들 사이의 결합도 아무렇게나 이루어지는 것이 아니다. 탄소 원자는 보통 4개의 다른 원자들과 결합하고, 수소 원자는 1개의 다른 원자와 "연결(liaison, 프랑스어로 '결합'을 뜻함)"된다. 결합의 게임은 그런 식으로 계속된다. 따라서 CH라는 분자는 있을 수 없으며, 존재하더라도 그다지 많을 수가 없다(CH만으로는 탄소 원자의 결합욕구를 만족시킬 수

*** 역주/적혈구에서 산소를 운반하는 역할을 하는 단백질.

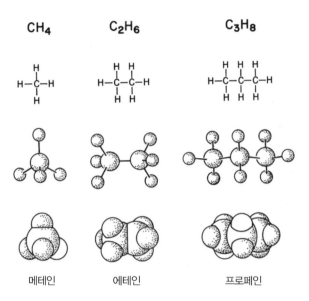

그림 7.2 메테인, 에테인, 프로페인의 세 가지 표현방법 : 화학식, 공–막대기 모형, 공간 채움 모형.

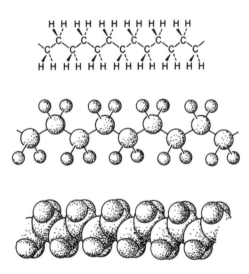

그림 7.3 폴리에틸렌 $(CH_2)_n$의 세 가지 표현방법.

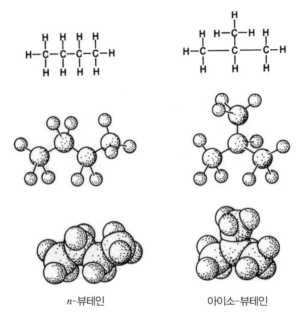

n-뷰테인   아이소-뷰테인

그림 7.4 뷰테인의 두 이성질체를 나타내는 몇 가지 표현방법.

없기 때문에 만약 CH가 존재하더라도 반응성이 매우 큰 불안정한 화학
종이 될 것이다). 그 대신 CH_4로 표시되는 메테인 분자는 안정하게 존
재할 수 있다. 물론 탄소-탄소의 결합도 가능하다. 이렇게 해서 본격적
인 게임이 시작되면, 그림 7.2에 나타낸 것과 같이 메테인, 에테인, 프로
페인 등의 탄화수소* 시리즈가 만들어진다. 이 사슬이 한없이 길어지
면 오늘날 사용되고 있는 플라스틱 중에서 가장 중요하고 널리 사용되
는 폴리에틸렌(그림 7.3)이라는 폴리머가 된다.

그러나 탄소 원자는 4개의 결합을 만들고 수소 원자는 1개의 결합을
만든다는 간단한 게임 규칙을 엄격하게 따르더라도, 주어진 종류와 숫
자의 원자들로 만들 수 있는 분자가 하나는 아니라는 사실을 곧 발견하

---

* 역주/탄소와 수소만으로 이루어진 유기분자들.

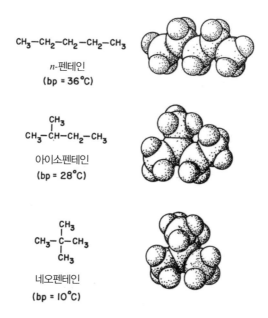

CH₃—CH₂—CH₂—CH₂—CH₃

n-펜테인
(bp = 36°C)

CH₃
|
CH₃—CH—CH₂—CH₃

아이소펜테인
(bp = 28°C)

CH₃
|
CH₃—C—CH₃
|
CH₃

네오펜테인
(bp = 10°C)

그림 7.5 세 종류의 펜테인. 끓는점(boiling point, bp)이 서로 다르다.

게 된다. 예를 들면 C_4H_{10}의 경우에는 그림 7.4와 같이 *n*-뷰테인과 아이소-뷰테인이라는 두 가지 형태의 분자가 만들어질 수 있다.

그림 7.4의 두 분자에는 모두 3개의 C-C 결합과 10개의 C-H 결합이 있지만 서로 같지는 않다. 원유(原油)에 많이 들어 있는 이 두 종류의 분자는 그다지 많이 다르지는 않지만, 휘발성이나 태울 때 발생하는 열이 서로 **구별될** 정도로 다르다.

이성질 현상이라고 부르는 이 현상은 19세기의 가장 큰 화학 발견 중의 하나였다. 원자의 수가 늘어남에 따라서 이성질체(異性質體)의 수도 함께 늘어난다. 뷰테인에는 2개의 이성질체가 있지만, 5개의 탄소를 가진 탄화수소인 펜테인에는 3개의 **구조이성질체***가 있다(그림 7.5).

---

* 역주/원자들의 결합이 서로 다른 분자.

<표 1> 탄화수소 C_nH_{2n+2}의 구조이성질체의 수

분자식	이성질체의 수
CH_4	1
C_2H_6	1
C_3H_8	1
C_4H_{10}	2
C_5H_{12}	3
C_6H_{14}	5
C_7H_{16}	9
C_8H_{18}	18
C_9H_{20}	35
$C_{10}H_{22}$	75
$C_{15}H_{32}$	4,347
$C_{20}H_{42}$	366,319
$C_{30}H_{62}$	4,111,846,763
$C_{40}H_{82}$	62,491,178,805,831

탄소와 수소만으로 된 탄화수소 화합물의 한 종류인 알케인*의 경우를 보면 탄소의 수가 늘어남에 따라서 이성질체의 수도 급격하게 증가한다<표 1>.[2] 그렇지만 생명체를 구성하는 분자들은 이렇게 작은 분자일 수가 없다. 앞으로 여러 번 이야기하게 될 헤모글로빈 분자의 화학식은 $C_{2954}H_{4516}N_{780}O_{806}S_{12}Fe_4$이다. 이 천연분자가 가질 수 있는 이성질체의 수를 상상이라도 할 수 있겠는가!

그렇다고 자연의 심술궂은 복잡성을 저주할 필요는 없다. 오히려 사람의 몸과 같이 정교하고 다양한 기능을 가진 것이라면 당연히 복잡할수밖에 없음을 인식하고 마음을 편하게 가져야 한다. 그것만이 아니다.

---

* 역주/탄화수소 중에서 단소와 탄소 사이의 결합이 단일결합으로만 된 분자들. 메테인계 탄화수소라고도 한다.

시스-1,2-다이브로모에틸렌   트랜스-1,2-다이브로모에틸렌

그림 7.6 기하이성질체인 시스 및 트랜스 1,2-다이브로모에틸렌.

다양성은 풍요로움을 뜻한다. 단순함은 인간의 약한 마음을 편안하게 해줄 수 있을지는 몰라도 생동하는 이 세상에 적합할 수는 없다.

더욱이 이런 구조이성질체가 분자에서 볼 수 있는 유일한 이성질 현상도 아니다. 2개의 브로민이 치환된 에틸렌에는 그림 7.6과 같이 2개의 기하이성질체가 있다. $C_2H_2Br_2$의 화학식을 가진 두 이성질체는 원자들의 결합은 똑같지만, 기하학적 모양이 서로 다르다. 시스 이성질체에서는 2개의 브로민 원자들이 서로 인접해 있지만, 트랜스 이성질체에서는 서로 반대쪽에 있다.

안구(眼球) 속의 망막을 이루고 있는 원뿔과 막대기 모양의 시신경(視神經)에 빛이 쪼여지면, 빛으로부터 전달된 에너지가 레티날이라고 부르는 분자의 기하이성질체를 다른 기하이성질체로 변환시킨다. 그런 변화는 다이브로모에틸렌에서 보여준 것과 근본적으로 같은 것이다. 이런 변화에 의해서 생긴 신경 신호가 뇌로 전달되면 레티날 분자는 원래의 기하학적인 모양으로 되돌아와서 다음에 도착할 광자(光子)를 기다리게 된다.

시스 및 트랜스 이성질체는 지방(脂肪)의 화학에서도 중요한 역할을 한다. 지방은 폴리에틸렌 분자처럼 긴 사슬 모양의 분자로서, 사슬 중간에 몇 개의 탄소-탄소 이중결합을 가지고 있고, 끝에는 산(酸) 그룹인 COOH가 붙어 있다. 중간에 위치한 이중결합 때문에 시스 및 트랜스 이성질체가 가능해진다. 시스 이성질체는 구부러진 모양이고, 트랜스 이성질체는 직선형에 가깝다. 기하학적 모양이 서로 다른 지방분자들은 생물학적 반응성도 다르다. 트랜스 지방산(脂肪酸)은 혈액 중에 원하지 않는 저밀도 리포단백질형 콜레스테롤(LDL)을 증가시키는 반면 몸에 "좋은" 고밀도 콜레스테롤(HDL)은 감소시킨다. 그래서 "트랜스 형의 불포화" 지방은 몸에 좋지 않은 물질이다.[3]

분자의 사소한 기하학적 모양까지도 우리 몸에 심각한 영향을 미칠 수 있다.

주

1) 화학에 대한 소개서로는 Joesten, Johnston, Netterville and Wood, *World of Chemistry*; Peter W. Atkins, *Molecules*, New York : Scientific American Library, 1987 ; Roald Hoffmann and Vivian Torrence, *Chemistry Imagined*, Washington D.C. : Smithsonian Institution Press, 1933 참고.
2) 이 표에 나타난 수치에는 소위 기하이성질체와 광학이성질체의 수치는 포함되어 있지 않다. 이것들을 모두 포함하면 그 수치는 훨씬 늘어난다. 예를 들면 모든 이성질체를 고려할 경우 $C_{20}H_{42}$에는 3,395,964개의 이성질체가 있다.
3) W. C. Willett and A. Ascherio, "Trans Fatty Acid : Are the Effects Only Marginal?", *American Journal of Public Health* 84, 1994, pp. 722-724.

8. 똑같은 분자도 있을까?

분자는 우리가 배워서 알게 된 그리고 (화학자들이) 사랑하기도 하는 아주 작은 알갱이이다. 한 모금의 물에는 약 10^{24}개라는 믿을 수 없을 정도로 많은 물 분자(H_2O)가 들어 있다. 그 물 분자들은 모두 똑같을까?

엄밀하게 말해서 그 분자들이 모두 똑같지는 않다. 우선 **동위원소**(同位元素)를 생각해보자. 동위원소란 원자핵(原子核)을 구성하는 양성자(陽性子)의 수는 같지만 중성자(中性子)의 수가 다른 원소를 말한다. 동위원소가 가지고 있는 전자(電子)의 수는 똑같다. 수소의 경우에는 세 종류의 동위원소가 있다. 보통 수소(水素)는 한 개의 양성자로 된 원자핵 주위에 한 개의 전자가 있고, "무거운" 수소인 중수소(重水素)는 한 개의 양성자와 한 개의 중성자로 된 원자핵 주위에 한 개의 전자가 있다. 그리고 삼중수소(三重水素)도 전자의 수는 역시 한 개이지만, 원자핵은 한 개의 양성자와 두 개의 중성자로 되어 있다. 공식적인 명명법에서는 양성자와 중성자의 수를 합친 숫자인 질량수(質量數)를 다음과 같이 원소기호의 앞쪽 위에 첨자로 표시한다.

$$^1H = H \qquad ^2H = D \qquad ^3H = T$$
$$\text{수소} \qquad \text{중수소} \qquad \text{삼중수소}$$

원자의 질량은 거의 전부가 양성자와 중성자에 집중되어 있기 때문에 동위원소들의 질량은 서로 다르다. 중수소 원자의 질량은 보통 수소의 약 두 배 정도여서 "무거운" 수소라고 하고, 삼중수소 원자의 질량은 세 배 정도 된다. 게다가 삼중수소는 방사성이어서 그냥 가만히 두어도 스스로 붕괴되어버린다.

질량이 서로 다른 동위원소는 화학적으로도 차이가 있을까? 이런 질문은 어리석은 것이 아니다. 그 대답은 다른 점도 있고 같은 점도 있다는 것이다. 클린트 이스트우드와 우디 앨런은 분명히 다른 성격을 가지고 있다. 그러나 대동맥이 심장으로부터 어느 위치에 있는가를 찾고 있는 외과의사의 입장에서는 두 사람이 그렇게 다르게 보이지 않을 것이다.

근사적(近似的)으로 생각할 때 화학적 성질은 원자핵의 특성에 의해서 결정되지는 **않는다**. 고맙게도 화학반응에 필요한 에너지는 핵반응을 일으키는 데에 필요한 에너지보다 턱없이 작다. 화학적 성질은 원자 속에 있는 전자에 의해서 결정된다. 헤모글로빈이 산소와 결합하고 가스 난로에 불이 붙는 것과 같은 반응은 우리 몸속이나 주변에서 항상 일어나고 있는 기적 같은 화학현상이다. 이런 반응은 원자핵 주위를 바쁘게 돌아다니는 전자들이 서로의 존재를 "느낌"으로써 겉으로 나타나게 되는 변화이다. "화학적"으로 수소 원자를 수소처럼 행동하도록 만드는 것은 원자핵 주위에 있는 한 개의 전자이다. 전자의 수는 원자핵에 있는 양성자의 수와는 같지만 중성자의 수와는 아무런 관계가 없다.

이 때문에 동위원소가 혼합된 원소로 만들어진 분자들이 같기도 하면서 다르기도 한 것이다. 동위원소로 만들어진 분자는 그 차이를 비교적 쉽게 알아낼 수 있을 정도로 다른 면도 있다(그래서 앞에서 설명했던 질량분석기보다도 값이 훨씬 싼 수천 달러 정도의 기계로도 그 질량의 차이를 쉽게 알아낼 수 있다). 그러나 화학적 성질을 살펴보면 쉽게 구

별이 될 정도로 그렇게 다르지는 않다.[1]

물에 대해서 구체적으로 이야기해보자. 지구상에서의 H, D, T의 천연 존재비와 자연에 존재하는 산소의 동위원소들인 ^{16}O, ^{17}O, ^{18}O의 존재비는 다음과 같다.[2]

H	99.985%	^{16}O	99.759%
D	0.015%	^{17}O	0.037%
T	10^{-20}%	^{18}O	0.204%

이 숫자들은 어떻게 얻은 것일까? 동위원소비(同位元素比)는 우주 생성 초기단계에서 일어났던 핵반응과 태양계 및 행성 형성의 독특한 역사에 의해서 결정된 것이다. 이 값들은 먼 은하계의 태양에 속하는 행성에서도 그렇게 다르지 않을 것이다. 동위원소비는 우주 전체에서 거의 같은 값이고, 지질학적 특성에 따라서 아주 조금씩 다를 뿐이다. 방사성 동위원소인 삼중수소의 반감기는 12년에 불과하기 때문에 초기의 삼중수소는 우주가 생성된 직후에 모두 없어져버렸다. 지금 지구에 존재하는 삼중수소의 대부분은 지구에 도달하는 우주선(宇宙線)에 의해서 자연적으로 만들어진 것이다.

수소와 산소가 모두 몇 종류의 동위원소로 존재하기 때문에 자연에 존재하는 물 분자는 한 종류가 아니라 상당히 많다. 정확하게는 18종류가 존재할 수 있다. 그중에서 ^{16}O로 만들어진 6종류의 물 분자만을 그림 8.1에 나타냈다. 이밖에도 ^{17}O를 포함한 6종류와 ^{18}O를 포함한 6종류의 물 분자가 더 존재한다.

다른 종류의 동위원소들로 만들어진 **동위원소체(同位元素體)**의 상대적인 존재비를 계산하는 것은 비교적 간단한 일이다. 가장 흔한 $H_2{}^{16}O$

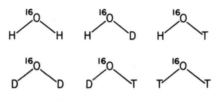

그림 8.1 ^{16}O로 만들어진 H_2O의 동위원소체.

는 $H_2^{18}O$보다 99.8배나 더 많이 존재한다. 가장 적은 양이 존재하는 형태는 $T_2^{17}O$이고, 평균적으로 한 모금의 물도 아닌 지구 전체의 물속에 한 개도 존재하지 않을 정도에 불과하다.

이 동위원소체들은 모두가 천연적인 물 분자이다. T_2O를 마시면 건강에 좋지 않은 것은 화학적인 이유 때문이 아니라 삼중수소의 방사성 때문이다. 보통의 물속에 아주 소량 들어 있는 삼중수소가 수백만 년에 걸친 생물의 진화과정에 어떤 영향을 주었을 수도 있다. 어쩌면 삼중수소에서 나오는 아주 약한 방사선에 의한 돌연변이 때문에 오늘날 인간은 지금과 같은 창조적인 복잡성을 가지게 되었는지도 모른다.

완전히 똑같은 2개의 물 분자가 있을 수 있을까? 충분히 그럴 수 있다. 한 모금의 물속에 있는 10^{24}개의 물 분자 중에서 99.8퍼센트는 똑같은 것이다. 대부분이 동일한 분자라고 할 수 있다.

그러나 물 분자는 너무 간단한 경우이다. 살아 있는 생체조직으로 관심을 돌려서 헤모글로빈이라는 단백질을 생각해보자. 이 분자는 엄청나게 많은 원자로 되어 있다. 정확하게 말하면 2,954개의 탄소와 4,516개의 수소와 780개의 질소와 806개의 산소와 12개의 황과 4개의 철로 되어 있다. 물론 탄소는 천연적으로 세 종류의 동위원소인 ^{12}C, ^{13}C, ^{14}C으로 존재한다. 수소와 산소도 마찬가지이다. 질소에는 2종류의 동위원소가 있으며, 황과 철에도 4종류의 동위원소가 있다(1개의 헤모글로빈에는

4개의 철 원자가 있으며, 철 원자가 헤모글로빈의 생물학적 활성에 핵심적인 역할을 한다). 따라서 헤모글로빈의 동위원소체 수는 그야말로 천문학적이라고 할 수 있다("화학적"이라고 하는 것이 더 적절할 것이다). 가능한 조합의 수를 모두 따져보면, 이 정도로 큰 분자의 경우에는 분자의 숫자가 아무리 엄청나게 많다고 하더라도 동위원소의 수준까지도 똑같은 분자 2개를 찾아낼 수 있는 확률은 지극히 작을 것이다(한 방울의 핏속에는 약 10^{17}개의 헤모글로빈 분자가 들어 있다). 이 이야기를 내게 가르쳐준 헨닝 호프는 이것을 "화합물의 개성화"라고 표현했다.[3]

그래서 앞에서 제기했던 질문에 대한 적절한 대답은 "큰 분자의 경우에는 버마고양이의 몸 전체에서도 똑같은 분자를 2개 이상 찾을 수는 없다"는 것이다. 그러나 이런 사실이 화학적으로나 생물학적으로 문제가 될까? 그렇지는 않다. 그렇게 작은 덩어리인 분자의 화학(그리고 분자가 인간에게 주는 이득과 독성)은 동위원소의 구성이 다르다고 하더라도 차이가 거의 없다. 다르기는 하지만 그렇게 많이 다르지는 않다는 것이다. 마치 갈고리로 긁어모으는 마당에 떨어진 가을 단풍잎들처럼 완전히 같지도 않고, 그렇다고 전혀 다르지도 않다.

1) 동위원소의 화학적 성질에도 약간의 차이는 있다. 그렇지 않다면 동위원소를 그렇게 쉽게 분리하지는 못할 것이다. H_2와 T_2의 끓는점은 거의 5도 정도 다르다. 중수소가 농축된 물을 전기분해할 때 발생하는 H_2/D_2 기체에는 중수소가 거의 들어 있지 않다. N. N. Greenwood and A. Earnshaw, *Chemistry of the Elements*, Oxford : Pergamon, 1984 제3장 참고.

J. Heller, *Catch-22 : Closing Time*, New York : Simon & Schuster, 1994의 후편에는 흥미로운 중수(重水) 이야기가 있다.

2) Robert West 편집, *The CRC Handbook of Chemistry and Physics*, 53판, Cleveland, Ohio : Chemical Rubber Company, 1972.

3) 헨닝 호프와의 개인적 연락. 동위원소체의 상대적인 양에 대한 정보를 제공해준 마이크 셴코와 그리샤 바제닌에게 감사한다.

9. 어둠 속에서의 악수

분자에서 찾을 수 있는 더욱 미묘한 차이점은 키랄성(chirality)이다("키랄[chiral]"은 그리스어로서, "손"을 뜻하는 "케이로스[cheiros]"에서 유래한 말이다). 왼손과 오른손의 관계와 같이 서로 거울상의 관계를 가지는 분자들이 있다. 그런 거울상 분자들로 된 물질의 거시적인 성질은 대부분 똑같다. 그런 물질들은 똑같은 온도에서 녹고 색깔도 똑같다. 그러나 어떤 성질들은 결정적으로 다르기도 하다. 예를 들면, 우리 몸속에서처럼 어떤 키랄성 분자가 다른 키랄성 분자와 반응할 때에는 전혀 다른 특성을 나타낸다. 그래서 (키랄성 분자에서 오른손이나 왼손에 해당하는 분자인) **거울상체**는 전혀 다른 생물학적 특성을 나타낸다. 단맛을 나타내는 분자의 거울상체가 전혀 아무런 맛이 없는 경우도 있다. 훌륭한 진통제인 모르핀의 거울상체는 진통효과가 거의 없다.

키랄성에 대해서는 1850년 당시 26세였던 루이 파스퇴르에 의해서 처음으로 알려지기 시작했다. 이때 파스퇴르는 벌써 미생물을 연구하는 과정에서 우유의 저온살균법과 광견병의 백신을 개발한 후였다. 그는 같을 것으로 생각되는 두 화합물이 이상하게도 차이를 보이는 것이 광

제9장은 저자와 비비언 토런스의 『화학의 명상(*Chemistry Imagined*)』(Washington D. C.: Smithsonian Institution Press, 1993), pp. 95-99에 실렸던 "직접적 접근(A Hands-on Approach)"을 개작한 것이다.

학회전과 관련이 있을 것이라는 생각을 하게 되었다.[1]

이처럼 애매한 현상이 내부세계에 대한 실마리가 되기도 하는 것이 바로 자연의 특징이다. 19세기 초에 프랑스에서 발견된 광학회전은 물질에 의해서 빛의 편광면이 돌아가는 현상으로서, 오늘날까지도 그 원인을 완벽하게 이해하지 못하고 있다. 빛은 파동(波動)이다. 빛의 파동은 공간과 시간에 따라서 함께 진동하는 전기장과 자기장으로 되어 있다. 보통의 빛에서는 전기장의 진동이 아무 평면에서나 일어나는데, 편광유리를 사용하면 그런 빛으로부터 "평면편광"을 걸러낼 수 있다. 평면편광도 역시 빛이어서 색깔과 세기를 가지고 있지만, 빛을 만드는 전기장과 자기장의 진동이 특정한 평면에서만 일어나는 점이 보통의 빛과 다르다. 편광유리를 사용해서 보통의 빛으로부터 평면편광을 걸러내는 장치를 편광기(偏光器)라고 부른다. 편광유리는 선글라스나 비행기 창문에 많이 사용되며, 폴라로이드 사(社)는 편광기를 제작해서 많은 수익을 올렸다.

화합물 중에는 편광면을 회전시키는 물질이 있다. 즉 어떤 평면에서 진동하는 평면편광을 결정에 통과시키면 편광면의 방향이 바뀌기도 한다. 프랑스 과학자들은 겉모습이 서로 거울상에 해당하는 두 개의 수정(水晶) 결정이 편광면을 서로 반대 방향으로 회전시킨다는 사실을 발견했다.

한편, 프랑스 문화의 중요한 한 부분인 포도주 제조과정에서 이상한 화학적 현상이 관찰되었다. 여러분도 백포도주 속에서 작은 무색 결정을 본 적이 있을 것이다. 이런 결정은 흔히 백포도주 병의 코르크 마개에서 만들어지기 시작한다. 타르타르산의 염(鹽)인 이 물질은 포도주 제조과정에서 만들어지는 것으로서 포도주 통이나 발효장치 속에서 흔히 발견된다. 자연적으로 만들어지는 이 물질은 많은 생화학적 분자들과 마찬가지로 광학활성을 가지고 있다. 포도주의 발효과정에서는 또다른 물질인 라세미산이 생성되어 분리되기도 한다. 이 물질은 타르타르산과 그 조성이 완전히 똑같지만, 편광면을 회전시키지 않는 광학 비활성 물질이다. 같기도 하지만 다르기도 하다.

파스퇴르는 라세미산의 염을 재결정(再結晶)* 방법으로 정제해서 현미경으로 결정의 모습을 관찰하던 중에, 라세미산이 매우 비슷하기는 하지만 서로 거울상처럼 겹쳐지지 않는 두 가지 결정의 혼합물이라는 사실을 발견했다. 그는 작은 집게를 사용해서 거울상에 해당하는 작은 결정들을 조심스럽게 분리해서 모았다. 분리한 결정들을 따로 물에 녹였더니 놀랍게도 하나는 편광면을 시계방향으로 회전시키고 다른 하나는 반시계방향으로 회전시켰다. 그뿐만 아니라, 두 결정 중 하나가 바로 천연적으로 얻어지는 타르타르산과 똑같은 것임을 발견하게 되었다.

라세미산은 광학활성의 타르타르산과 타르타르산의 거울상에 해당하는 거울상체가 1 : 1로 혼합된 것이다. 타르타르산의 경우에는 운이 좋게도 두 거울상체의 결정구조가 눈으로 구별할 수 있을 정도로 다르기 때문에 쉽게 분리할 수 있다(타르타르산은 매우 드문 예외에 해당하고, 대부분의 경우에는 두 거울상체가 함께 섞여서 결정을 만들기 때문에 타르타르산과 같은 방법으로는 분리되지 않는다). 더욱이 타르타르산의 결정을 물에 녹인 용액상태에서도 광학활성이 유지되는 것을 보면, 광학활성은 거시적인 결정의 성질일 뿐만 아니라 그 결정을 구성하는 분자 자체가 가지고 있는 고유한 성질이라는 사실도 알 수 있다.

---

* 역주/불순물이 포함된 고체를 적당한 용매에 녹였다가 다시 결정화시킴으로써 불순물을 제거하는 방법.

그림 9.1 사면체형 탄소 원자.

파스퇴르의 보고를 그대로 믿을 수 없었던 프랑스 광학회전 연구실의 책임자 장 비오는 파스퇴르를 자신의 실험실로 불러서 직접 실험을 재현하도록 했다. 화학의 역사에서 가장 극적인 순간이었다고 할 수 있는 장면이었다. 파스퇴르의 방법에 따라서 비오가 직접 라세미산의 염을 만든 후에, 그가 보는 앞에서 파스퇴르가 현미경을 이용해서 결정을 분리했다. 따로 분리한 결정을 비오가 직접 물에 녹여서 광학회전을 측정함으로써 파스퇴르의 보고가 옳다는 것이 확실하게 확인되었다. 실험의 재현 가능성은 실험에서 얻어지는 지식의 신뢰도에 가장 중요한 근거가 된다.

광학활성이 나타나는 이유를 분자 수준에서 설명할 수 있게 된 것은 그로부터 25년이 지난 후였다. 당시 20대의 젊은 화학자들이었던 레이던의 반트 호프와 스트라스부르의 르 벨의 연구 덕분이었다. 그들은 탄소 원자가 "사면체형"이라고 주장했다. 즉 탄소가 만드는 네 개의 결합은 그림 9.1과 같이 정사면체의 꼭짓점을 향하게 된다는 것이다. 이 그림에서는 화학자들이 3차원 구조를 나타내는 데에 사용하는 원시적이고 시각적인 기호를 이용했다. 실선은 종이 평면에 있는 결합을 나타내고, 점선은 종이 "뒤쪽"을 향한 결합을 나타내며, 쐐기 모양은 앞쪽을 향한 결합을 나타낸다.

이제 탄소의 사면체 구조를 이용해서 거울상 형태의 가능성과 정체에

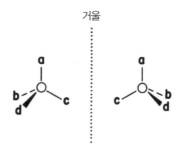

거울

그림 9.2 서로 겹쳐지지 않는 거울상.

대해서 생각해보자. 탄소 원자에 하나나 둘 또는 세 개의 서로 다른 치환기(置換基)가 결합된 경우에는, 거울 앞에 있는 분자와 거울 속에 만들어지는 거울상은 실제로 서로 겹쳐지는 동일한 분자이다. 그러나 그림 9.2와 같이 탄소에 네 개의 서로 다른 치환기가 있는 경우에는 그렇지 않게 된다.

왼쪽에 있는 분자는 오른쪽의 것과 정확하게 같지는 **않다**. 그런 사실을 확인하는 유일한 방법은 두 분자가 서로 겹쳐지는가를 시험해보는 것이다. 그림 9.2에서 a와 b가 겹쳐지도록 하면 c와 d가 일치하지 않게 된다. 그렇다고 a와 d를 겹쳐지도록 하면 이제는 b와 c가 맞지 않게 된다. 그림 9.3에는 서로 겹쳐질 수 없는 거울상체라고 부르는 거울상 분자들을 겹쳐보려고 노력하는 과정을 나타냈다. 이처럼 왼손성(性) 또는 오른손성으로 존재할 수 있는 분자를 **키랄성 분자**라고 부른다.

이 이야기가 도대체 사람의 손과 무슨 관계가 있을까? 처음부터 확실하게 이해하기는 어려울 수도 있겠지만, 손을 나타내는 핵심적인 요소는 엄지손가락, 새끼손가락, 손바닥 그리고 손등이다. 이것들이 바로 거울상체를 구별하는 그룹인 a, b, c, d와 같은 역할을 한다. 물론 손에 지문이나 손금처럼 더 자세한 부분이 있는 것처럼 분자에도 역시 더 자

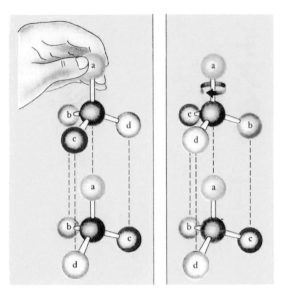

그림 9.3 겹쳐질 수 없는 거울상 분자들을 겹쳐보려는 시도(출전 : J. Joesten, D. Johnston, J. Netterville, and J. Wood, *World of Chemistry*, Philadelphia : Saunders, 1991, p. 363).

세한 부분이 있기는 하다. 그렇지만 손이나 분자에서 위상학적으로 중요한 요소는 지금 설명한 네 개의 표지물이라고 할 수 있다.

거울상 분자들을 어떻게 구별할 수 있을까? 파스퇴르가 사용했던 결정의 분리방법은 그렇게 유용하지는 않다. 파스퇴르는 거울상체 혼합물을 살아 있는 유기체에 먹이는 방법도 제안했다. 박테리아는 한 종류의 거울상체만을 대사에 이용하고, 나머지 거울상체는 그대로 배설해버린다. 그렇지만 박테리아가 아무 물질이나 먹는 것은 아니기 때문에 이 방법도 역시 그렇게 유용하지는 않다. 거울상체를 분리하는 데에 가장 흔하게 사용되는 "광학분리" 방법은 다음과 같은 안토니오니의 미완성 영화 장면과 같은 것이다.

오른손잡이인 당신이 마네킹에 사용될 오른손과 왼손이 가득 들어 있는 깜깜한 방으로 들어가고 있다. 깜깜한 방 안에서 마네킹의 오른손과 왼손을 따로따로 분류하지 못하면 큰 재앙이 닥쳐올 것이다. 그러나 아무 문제 없다. 마네킹 손과 악수를 해보아서, 편안하게 악수할 수 있는 손은 한 쪽에 놓고 그렇지 않은 손은 다른 쪽에 밀어놓으면 된다.

광학분리는 왼손성과 오른손성 분자의 혼합물에 키랄성 분자를 넣어주었을 때 물리학적으로 명백하게 구별되는 두 가지 화합물이 만들어지는 반응을 사용한다. 오른손으로 마네킹의 왼손을 잡고 있는 것은 오른손으로 마네킹의 오른손을 잡고 있는 것과는 모양이 서로 다를 뿐만 아니라, 더 이상 서로 거울상의 관계도 아니다. 따라서 이 둘은 전혀 다른 성질을 나타내고 쉽게 분리할 수 있다. 분리한 다음에 적당한 후속반응을 거쳐서 키랄성 반응물을 떼어내면 원래의 물질을 다시 얻을 수 있다.

오른쪽과 왼쪽을 구별하는 것도 그렇게 간단한 일은 아니다. 훌륭한 미술사학자인 하인리히 뵐플린에 따르면 미술 강연에서 슬라이드를 잘못 넣는 경우가 흔히 있다고 하는데, 그런 때에 잘못 넣어서 좌우가 뒤바뀐 거울상이 스크린에 나타나면 직감적으로 "이것은 잘못되었다"고 느껴진다고 한다. 뵐플린에 따르면 뒤집어진 글씨나 왼손에 칼을 잡고 있는 군인처럼 확실하게 잘못된 부분도 없으면서 좌우에 대해서 중립인 것처럼 **보이는** 그런 그림에서도 무엇인가가 잘못되었다고 느껴지는 이유를 깊이 생각해볼 필요가 있다고 한다.[2]

뵐플린은 그림 9.4와 같이 주로 유럽의 예를 이용해서 화가와 감상자 사이에 공통된 암호가 있다는 점을 설득력 있게 주장했다. 그런 암호가

그림 9.4 라파엘로의 "시스티나 성당의 마돈나." 어느 것이 거울상일까?

바로 심리적으로 깊은 뿌리를 가지고 있는 문화에 의해서 다듬어진 그림 감상법으로 발전된다는 것이다.

분자로 구성되어 있는 우리 몸도 전체적으로 키랄성이기 때문에 오른쪽과 왼쪽은 생물학적으로도 문제가 된다. 우리 몸속의 단백질은 암실 시나리오에서 나오는 손과 같아서 키랄성 분자에 대해서 다른 반응을 나타낸다. 그림 9.5에는 두 개의 거울상체인 d-카르본과 l-카르본을 2

차원과 3차원으로 나타냈다(d-카르본은 캐러웨이와 시라[蒔蘿]라는 식
물의 열매에서 추출할 수 있고, l-카르본은 스피어민트에서 얻을 수 있
다). 이 물질들은 모두 이 식물들이 내는 맛과 냄새의 주요 성분이다.
이 물질들은 천연적으로 추출한 것이거나 실험실에서 인공적으로 만들
었거나에 상관없이 캐러웨이와 스피어민트 같은 냄새를 낸다.

거울상체의 냄새가 서로 다르다는 사실은 우리의 후각세포도 역시 오

그림 9.5 공-막대기 모형(位)과 구조식(아래)으로 표시한 d-카르본과 l-카르본(사진 제
공 : 맥길 대학교의 데이비드 하프).

른쪽 또는 왼쪽 장갑처럼 키랄성 분자로 되어 있다는 것을 뜻한다.

그림 9.6의 왼쪽에 나타낸 거울상체 시료의 겉모습은 그다지 다르게 보이지는 않지만, 우리의 코나 편광의 입장에서 보면 분명히 다르다. 그래서 우리는 이 물질들을 그림 9.6의 오른쪽 사진과 같이 향료로 사용하기도 하고, 치약이나 껌의 첨가제로 사용하기도 한다.[3]

의약품으로 사용되는 키랄성 물질 중에는 두 거울상체 중에서 하나만이 치료효과를 보이는 경우도 있고, 두 가지가 모두 효과를 나타내

그림 9.6 "화학물질"로서의 d-카르본과 l-카르본, 천연 또는 인공 제품으로서의 d-카르본
과 l-카르본(사진 제공 : 맥길 대학교의 데이비드 하프).

는 경우도 있다. 또는 그중의 하나가 독성이나 부작용을 나타내는 경
우도 있다. 류머티스성 관절염에 많이 사용되는 D-페니실아민이 바로
그런 예이다.[4] 탈리도마이드에 대한 슬픈 이야기는 제27장에서 설명
할 것이다.[5]

주

1) Jean Jacques, *The Molecule and Its Double*, Lee Scanlon 번역, New York : Mc
   Graw-Hill, 1993 참고.
2) Heinrich Wölfflin, "Über das Rechts und Links im Bilde", *Gedanken zur Kunstges-
   chichte*, Basel : Benno Schwabe, 1940, pp. 82-96.
3) 카르본 거울상체의 그림은 데이비드 하프가 제공한 것이다. 그가 "화학의 세계" 과목
   을 코넬 대학교에 소개해준 데에도 감사한다.
4) W. F. McKean, C. J. L. Lock and H. E. Howard-Lock, "Chirality in Antirheumatic
   Drugs", *Lancet* 338, 1991, p. 1565.
5) 데이비드 하프는 퍼트리샤 D. 콘웰의 소설 *Body of Evidence*(New York : Avon, 1991),
   pp. 236-247에 왼손성과 오른손성 메토르판에 대한 자세한 이야기가 있다는 사실을
   나에게 알려주었다.

10. 분자 모방

분자의 세계에는 다양한 복잡성이 있기 때문에 분자를 구별하는 문제도 즐거울 정도로 풍요롭다고 할 수 있다. 어떻게 A와 B를 구별하고, 오른손과 왼손을 구별할까? 어떻게 친구와 적을 구별하고, 자신과 남을 구별할까? 분자의 세계에서는 분자를 인식하는 것도 중요하지만 의도적인 파괴와 속임도 중요하다. 이것이 바로 독성물질이 우리 몸에 해를 끼치는 방법이기도 하고, 의약물질이 우리를 도와주는 방법이기도 하다.

왜 그렇지 않겠는가? 모방하지 않을 이유가 없다. 모방은, 어머니의 묵인하에 냄새와 감촉을 위장해서 아버지 이삭과 형 에서를 속임으로써 상속권을 탈취했던 야곱에게도 효과가 있었고, 트로이도 속임수에 의해서 함락되었다(보는 시각에 따라서 그런 행동이 긍정적일 수도 있고 부정적일 수도 있지만, 어떻게 보는가와는 상관없이 역사적으로는 중요한 일이다). 화학적 속임수에 대한 네 가지의 짧은 이야기를 살펴보자. 자연적인 것에 대한 이야기도 있고, 인공적인 것에 대한 이야기도 있다.

1. 헤모글로빈이라는 단백질은 산소를 폐에서 세포로 운반하는 역할을 한다. 그림 10.1은 매우 복잡한 헤모글로빈 분자의 대략적인 모양이다. 헤모글로빈은 일반적으로 엄청나게 복잡한 생체분자들 중에서 가장 잘 알려신 분자라고 할 수 있다.[1] 이 분자는 짝이 잘 들어맞는 4개의

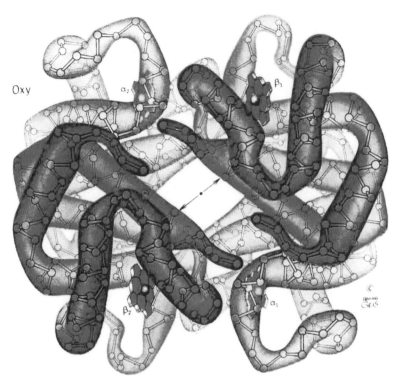

그림 10.1 산소가 결합된 형태의 헤모글로빈(그림 : 어빙 가이스).

"소단위"로 구성되어 있다. 놀랍게도 이 분자는 태아가 성장하는 동안 두 번씩이나 그 구조가 바뀌면서 태아에게 적절한 양의 산소가 공급되도록 한다.

산소를 운반하는 각각의 소단위는 약 440개 원자의 길이를 가진 "폴리펩타이드"*라는 뒤엉킨 원자 사슬로 되어 있다. 생체의 생존에 유용한 기능을 갖추기 위해서 꼭 필요한 복잡성을 가진 이 뒤엉킨 분자는 자연의 걸작품 중의 하나라고 할 수 있다. 헤모글로빈의 품 안에는 납작

---

* 역주/아미노산들이 펩타이드 결합으로 연결된 사슬로서 단백질의 구성단위이다. 자연에서는 20종류의 아미노산들이 활용되고 있다.

한 모양의 헴(heme)이라고 부르는 분자단위가 숨어 있다. 헴의 한가운데에 바로 산소 분자가 결합하게 되는 철 원자가 자리잡고 있다. 각각의 소단위에는 단백질로 둘러싸여 만들어진 주머니 모양의 공간이 있고 심지어 분자로 만들어진 대문도 있다. 산소는 그 공간을 통과해서 헴 분자의 한가운데에 위치한 철 원자와 결합하게 된다.

그렇지만 이런 헤모글로빈도 일산화탄소(CO)가 있을 경우에는 심각한 문제가 생긴다. 아마도 진화과정에서 헤모글로빈이 만들어지던 때에는 공기 중에 일산화탄소가 거의 존재하지 않았던 모양이다. 그러나 시간이 지나면서 인간의 몸속에서 일어나는 불완전 연소 또는 인간이 사용하는 자동차 엔진과 같은 장치에서의 불완전 연소 때문에 일산화탄소의 농도가 부분적으로 상당히 높은 경우가 생기게 되었다. 헤모글로빈 속의 주머니는 산소(O_2)를 위해서 정교하게 고안되었지만, 산소와 비슷한 모양의 일산화탄소도 이 주머니 속으로 들어가서 헴의 철 원자와 결합할 수 있다. 불행하게도 일산화탄소가 헴의 철(Fe)과 결합하는 능력은 산소보다 수백 배나 더 크다. 따라서 일산화탄소가 헤모글로빈과 결합해버리면 헤모글로빈은 원래의 기능을 잃게 되고, 세포는 더 이상 산소를 공급받지 못하게 되어 죽고 만다.

일산화탄소가 원래 의도했던 산소보다 더 잘 결합하게 됨으로써 헤모글로빈은 그 본래의 기능을 상실하게 된다. 일산화탄소 자체가 어떤 의지를 가지고 있는 것은 아니기 때문에 이런 일을 일산화탄소의 "속임수"라고 부르는 것은 조금 심한 표현이라고 할 수도 있다. 분자는 단순히 할 수 있는 일을 할 뿐이다. 일산화탄소가 화학적으로 산소보다 조금 더 효과적일 뿐이다. 이것은 같기도 하면서 다르기도 한 분자의 이야기이다. 일산화탄소는 크기가 작지만 산소와 비슷한 점이 많아서 단백질

주머니 속으로 들어갈 수 있을 뿐이다. 제35장에서는 내연기관의 배기구로부터 배출되는 일산화탄소를 줄이기 위한 촉매를 어떻게 고안하는가를 살펴볼 것이다.

2. 다른 분자와의 경쟁적인 결합은 죽이기 위한 일뿐만 아니라 살리기 위한 일에서도 이용된다. 부동액으로 사용하는 에틸렌글리콜을 먹게 되는 경우가 있다. 실수로 그런 경우도 있지만 의도적으로 먹기도 한다. 에틸렌글리콜 자체는 독성이 없지만, 몸속의 여러 가지 효소와 반응해서 옥살산으로 바뀌면 콩팥에 해를 끼치게 된다. (옥살산은 장군풀 잎에도 들어 있다).

실수로 부동액을 먹었을 때, 부동액 속의 에틸렌글리콜에 처음으로 작용하는 효소는 알코올 수소제거 효소이다. 효소는 작은 화학공장으로서, 특별한 화학반응을 효과적으로 촉매화시키는 단백질이다. 효소의 이름은 대부분 그 기능을 평범하게 표현한 것이다. 그래서 알코올 수소제거 효소는 그 이름이 뜻하는 것처럼 몸속에서 알코올 분자로부터 몇 개의 수소를 떼어내는 기능을 가지고 있다. 에틸렌글리콜도 흔히 볼 수 있는 에탄올과 같은 알코올의 일종이다.

에틸렌글리콜에 중독된 사람을 치료하는 방법은 바로 에탄올을 거의 취할 정도로 마시게 하는 것이다. 과량의 에탄올은 알코올 수소제거 효소를 독점하게 됨으로써 에틸렌글리콜이 변환될 수 있는 길을 막아버린다. 따라서 효소와 반응할 기회를 찾지 못한 에틸렌글리콜은 무해한 형태 그대로 몸 바깥으로 배설된다.[2] 에틸렌글리콜과 에탄올은 그림 10.2와 같이 생겼다.

이 두 분자는 모양도 정말 비슷하게 생겼지만 화학적 성질은 더 비슷

$$H_2C—OH \qquad\qquad H_2C—OH$$
$$H_2C—OH \qquad\qquad H_2C—H$$

그림 10.2 에틸렌글리콜(*왼쪽*)과 에탄올(*오른쪽*).

하다. 모두 화학적으로 OH 그룹을 가지고 있는 알코올이다. OH와 같은 "작용기(作用基)"는 분자의 색깔과 반응성 등의 독특한 특성을 결정하는 요인이 된다. COOH(유기산), HCO(알데하이드), CN(사이안), ROR (에테르, R는 유기 그룹을 나타낸다) 등과 같은 것들이 작용기의 예이다. 분자에 붙어 있는 작용기는 항아리에 붙어 있는 고유한 모양의 손잡이와 같다고 할 수 있다. 시험관 속에서 문자 그대로 미친 듯이 돌아다니면서 충돌하는 분자들이 서로를 알아볼 수 있는 표식이기도 하다.

3. 1909년 파울 에를리히가 매독 치료약으로 아르스페나민으로 조제한 살바르산을 개발함으로써 합성 화학물질을 이용한 화학요법이 본격적으로 시작되었다. 고도로 발달되었던 독일의 염색공업에서 양성된 유능한 화학자와 생물학자, 약학자 그리고 의사가 조직적으로 협력해서 원생동물성(原生動物性) 질병과 열대 풍토병의 치료방법을 성공적으로 개발하기 시작했다. 화학자들은 수백 종류의 새로운 화합물들을 합성하는 일을 담당했고, 의사들은 합성한 물질들을 동물과 사람에게 체계적으로 실험하는 역할을 맡았다(50년 후에 일어났던 탈리도마이드 사고는 새로운 물질이 인체에 미치는 영향을 확실하게 실험하지 않았기 때문에 일어났다).

화학요법 개발의 초기단계에서 이룩했던 괄목할 만한 성공에도 불구하고 효과적인 힝균제가 알려지기 시작한 것은 실파제가 개발된 1930

년대 중반부터였다. 설파제로 사용된 파라-아미노벤젠설폰아마이드 또는 설파닐아마이드라고 부르는 물질은 이미 1908년에 독일의 화학재벌인 IG 파르벤인두스트리가 염료로 사용하기 위해서 합성했던 것이다. 이 물질을 비롯해서 이와 유사한 구조를 가진 염료들이 살균력을 가지고 있다는 사실도 이미 알려져 있었다. 그러나 이 물질의 생리활성에 대한 체계적인 연구를 처음 시작한 사람은 1932년부터 1935까지 IG 파르벤의 실험병리학 및 세균학 연구책임자였던 게르하르트 도마크였다. 당시 IG 파르벤에는 이런 연구에 필요한 다양한 화합물을 합성할 수 있는 재능을 가진 화학자들이 많았다.[3]

이 연구에서 설파제가 다양한 연쇄상 구균성 감염에 효과가 있다는 사실이 곧 밝혀졌다(도마크의 딸이 설파제로 치료를 받은 첫 환자였다). 도마크가 "세균감염에 대한 화학요법의 기여(A Contribution to the Chemotherapy of Bacterial Infections)"라는 제목으로 1935년에 발표한 논문은 "훌륭한 논문이었을 뿐만 아니라, 엄격한 실험과 통계 처리 측면에서도 새로운 치료약물에 대한 주의 깊고 엄밀한 평가의 걸작품"으로 알려지고 있다.[4] 설파제 덕분에 뇌막염, 폐렴, 산욕열(産褥熱)에 감염된 환자들의 생존율은 놀랄 정도로 높아졌다. 루이스 토머스는 그 성과를 그의 자서전적인 글에서 다음과 같이 생생하게 묘사했다.[5]

1937년 보스턴 시립병원의 감염병동에서는, 의사들이 환자들에게 편안한 휴식을 제공하고 정성 어린 간호를 해주는 것 이외에는 별로 할 일이 없었다.

그때 설파닐아마이드의 획기적인 소식은 그야말로 의학계에 일대 혁명을 불러왔다.

나는 1937년에 폐렴 구균성 패혈증(敗血症)과 연쇄상 구균성 패혈증을 치료했는데, 그때의 놀라움을 아직도 생생하게 기억하고 있다. 그 결과는 도저히 믿을 수 없는 것이었다. 죽음이 확실하던 말기의 환자에게 약물을 투여했더니, 몇 시간도 지나지 않아서 상태가 호전되기 시작했고, 다음 날부터는 완전히 회복되었다.

이런 기상천외의 사건으로부터 가장 큰 충격을 받은 사람은 바로 수련 의들이었다. 나이 든 의사들도 마찬가지로 놀라기는 했지만 비교적 담담 했다. 그러나 수련의들에게는 완전히 새로운 세상이 시작된 것이었다. 자 신들이 받았던 직업교육을 활용해보기도 전에 직업 자체가 바뀌어버린 것이다. 설파닐아마이드와 비슷한 약품들이 다양하게 개발되고 있었고, 페니실린을 비롯한 항생물질들이 개발될 것이라는 소식이 이미 널리 알 려져 있었다. 하룻밤 사이에 이제는 정복하지 못할 것은 아무것도 없다고 확신하게 된 것이다.

(게르하르트 도마크에 대해서는 할 이야기가 많지만, 20여 년 뒤에 소련의 시인 보리스 파스테르나크와 마찬가지로 독재정권의 압력 때문 에 1939년 노벨상 수상을 거부할 수밖에 없었다는 점만을 밝힌다.)

설파제가 어떻게 효과를 나타내게 될까? 바로 분자 수준의 모방에 의해서이다. 세포의 중요 성분인 엽산(葉酸) 또는 엽산염은 우리의 몸속 에서 매우 복잡한 분자가 합성되는 과정에서 만들어지는 중간물질이다. 사람은 체내에서 만들어지지 않는 비타민 B의 일종인 이 물질을 식품을 통해서 섭취해야만 한다. 그러나 대부분의 세균은 그림 10.3의 왼쪽의 파라-아미노벤조산이라는 화합물로부터 효소를 이용함으로써 엽산이 나 엽산염을 체내에서 직접 만들 수 있다. 오른쪽에 나타낸 것이 바로

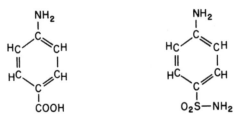

그림 10.3 파라-아미노벤조산(*왼쪽*)과 파라-아미노벤젠설폰아마이드(*오른쪽*).

설파닐아마이드이다. 다른 설파제도 몸속에서 이와 매우 유사한 분자들로 바뀐다. 설파닐아마이드는 파라-아미노벤조산과 너무나도 닮아서 세균이 가지고 있는 엽산합성 효소마저 속아 넘어갈 정도이다. 바로 그런 속임수 때문에 설파닐아마이드가 세균의 성장을 방해하게 된다.

설파제는 우연하게 발견되었지만 그런 속임수 기법은 오늘날 거의 모든 의약물질 설계에서 의도적으로 사용하는 전략이 되었다. 물론 그런 속임수 또는 방해효과가 병원체에만 선택적으로 작용하고 우리 몸에는 영향을 주지 말아야 한다.[6]

항생제로는 설파제가 먼저 개발되었고 페니실린이 그 뒤를 이었다. 그러나 그 순서는 바뀔 수도 있었다. 에릭 포스너에 의하면,

얄궂게도 바로 그 시기에 런던의 세인트 메리 병원의 사람들은 더욱 강력한 항세균제인 페니실린이 담긴 우무 배양기에 대해서 까맣게 잊어버리고 있었다. 그 배양기의 주인인 알렉산더 플레밍은 화농성 세균감염에 특효약인 프론토질과 뒤를 이어 개발된 설폰아마이드 유도체에도 대단한 관심을 가지고 있었다. 그렇지만 1938-1940년에 발표했던 항세균 치료와 방부제 치료에 관한 많은 논문에서, 그 자신이 이미 1928년에 항구균 효과를 관찰했던 페니실린에 대해서는 전혀 언급하지 않았다.……

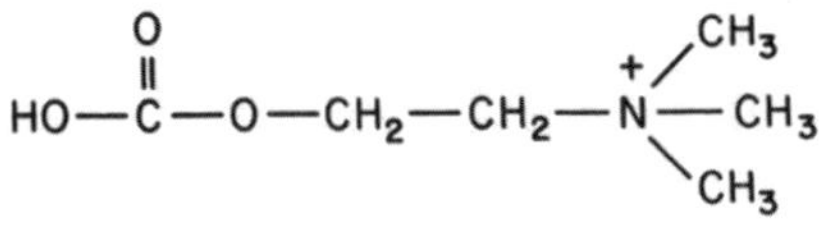

그림 10.4 신경전달 물질인 아세틸콜린.

유능한 화학자들의 도움을 충분히 받을 수 있었던 도마크와는 달리 그런 도움을 받을 수 없었던 플레밍은 페니실린 연구에서 11년 동안이나 아무런 진전도 이룩할 수 없었다.[7]

4. 실 모양의 근육과 신경이 만나는 곳에는 신경-근육 접합부위라는 틈새가 있다. 신경신호가 전달되기 위해서는 신경과 근육세포 사이의 갈라진 틈을 쉽게 건너뛸 수 있는 작은 분자가 필요하며, 그런 분자 중에서 가장 잘 알려진 것이 바로 그림 10.4와 같은 구조를 가진 아세틸콜린이다. 근육세포막에는 아세틸콜린을 받아들이는 몇 개의 "수용기(受容器)"가 있고, 이 수용기는 매우 복잡하기는 하지만 단백질 덩어리로 된 세포막에 뚫린 구멍 이상으로 신비로운 것은 아니다. 이 수용기에 아세틸콜린이 결합되면 곧 근육이 수축된다.

쿠라레는 식물에서 얻을 수 있는 놀라운 신대륙의 조제약으로서, 남미의 인디오들이 전통적으로 화살촉에 발라서 사용하던 독약이다. 쿠라레의 활성성분 중의 하나가 그림 10.6과 같은 구조를 가진 d-투보쿠라린이라는 것이다(모든 것이 혼합물임을 기억해야 한다).

쿠라레의 활성성분은 아세틸콜린 수용기 자리에 아세틸콜린보다 더 잘 결합하지만, 일단 결합되고 나서는 근육수축을 일으키는 연쇄반응을 일으키지 못한다. 그래서 신경신호가 전달되어도 아무런 소용이 없게 되고 근육은 마비되어버린다.

그림 10.5 베네수엘라의 아마존 유역에 사는 야노마모 인디오가 쿠라레를 조제하는 모습 (사진 : 국립 지질학회[National Geographic Society]의 로버트 매든).

d-투보쿠라린은 수술할 때 근육 이완제로 사용되기도 한다. 20-30밀리그램 정도만 투여해도 30분 정도 근육마비가 계속된다. 그러나 이 약물을 사용하면 남미 인디오들이 사냥하던 동물과 마찬가지로 호흡기 근육도 함께 마비되기 때문에 인공호흡 장치를 준비해야 한다.[8]

아세틸콜린을 인식하도록 진화된 수용기에 d-투보쿠라린이 어떻게 그렇게 효과적으로 결합될 수 있을까? 독약의 구조를 살펴보면 그 이유를 곧 알 수 있다. 육각형 고리에는 두 개의 CH_3이 연결되어 있고 양전하를 가진 질소 원자가 두 개 있다. 그런 "트라이알킬암모늄" 구조는 생화학물질에서는 쉽사리 찾아보기 어려운 것이기 때문에 아세틸콜린 수용기는 d-투보쿠라린의 이런 끝부분만 보고 아세틸콜린이라고 잘못 인식하는 것이다.

야곱은 형의 옷을 입고 털이 많은 형을 흉내내기 위해서 손과 목에

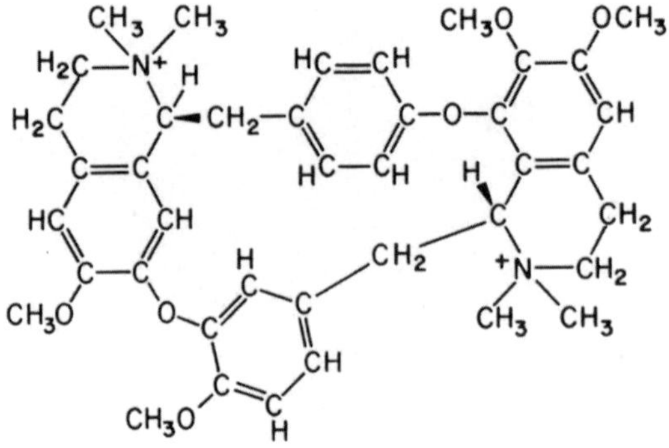

그림 10.6 d-투보쿠라린의 분자구조.

양가죽을 둘렀었다. 그렇게 해서 형의 감촉과 냄새를 흉내내는 것만으로도 아버지인 이삭을 속일 수 있었다. 이삭이 어리석고 지각없는 사람은 아니었다.

d-투보쿠라린과 아세틸콜린은 부분적으로 닮기는 했지만 그 "닮음"의 정도는 매우 초보적인 수준이다. 그림 10.6의 구조는 원자들이 결합된 관계만을 보여주고 있다. 이미 제7장에서 설명했고 앞으로도 여러 번 이야기하게 되겠지만, 분자를 나타내고 인식할 수 있는 방법은 여러 가지가 있다. 단순히 원자들 사이에 연결하는 줄을 그어서 나타낼 수도 있고, 분자의 3차원 모양을 나타낼 수도 있다. 아니면 소위 "공간 채움 모형"과 같이 원자의 덩어리를 나타낼 수도 있고, 분자에서 전기장의 세기를 나타낼 수도 있다. 아니면 다른 분자로 "흔적"을 만들 수도 있다. 화학자나 분자가 다른 분자를 "보거나" "느낄 수 있는" 방법은 너무나도 다양하다. 이삭이나 화학자나 분자가 "어떤" 분자들이 서로 같거나 같지 않다고 판단할 수 있는 방법은 너무나도 다양하다는 뜻이다.

1) 헤모글로빈에 대해서 Lubert Stryer, *Biochemistry*, 3판, New York : Freeman, 1988, 제7장 참고.

2) 알코올 수소제거 효소에 대해서는 앞의 책, pp. 195, 363 참고. 다른 알코올 수소 효소 "억제제"가 임상실험 중에 있다. George A. Porter, "The Treatment of Ethylene Glycol Poisoning Simplified", *New England Journal of Medicine* 319, 1988, pp. 109-110. 에틸렌글리콜($HOCH_2CH_2OH$)과 화학적으로 비슷하면서 단맛과 독성이 있는 분자는 디에틸렌글리콜(diethylene glycol, $HOCH_2CH_2OCH_2CH_2OH$)이다. 1980년 중반에 오스트리아의 포도주 생산업자가 이 화합물을 포도주에 넣어서 큰 사회적 문제가 되었다. William Drozdiak, "Bonn Seizes Austrian Wine", *Washington Post*, July 12, 1985, p. A30 참고.

3) L. Goodman and A. Gilman, *The Pharmacological Basis of Therapeutics*, 8판, New York : Pergamon, 1990.

4) Erich Posner, *Dictionary of Scientific Biography* 4, pp. 153-156, New York : Scribner's, 1970-.

5) Lewis Thomas, *The Youngest Science*, New York : Viking, 1983, p. 35.

6) 의약물질 설계와 면역체계 활동을 설명할 때에 군사용어를 사용하는 경향에 대한 비판과 흥미로운 야곱 이야기의 후편에 대해서는 R. Hoffmann and S. Leibowitz, "Molecular Mimicry, Rachel and Leah, the Israeli Male, and the Inescapable Metaphor in Science", *Michigan Quarterly Review* 30, 1991, pp. 382-397 참고.

7) Erich Posner, *Dictionary of Scientific Biography* 4, pp. 153-156, New York : Scribner's, 1970-.

8) 쿠라레를 비롯한 분자 모방의 예에 대해서는 John Mann, *Murder, Magic, and Medicine*, Oxford : Oxford University Press, 1992 참고.

제2부

화학의 표현방법

11. 화학논문

과학자들은 자신들에 대해서 이야기할 때 지독한 양면성을 나타낸다. 한편으로는 오직 사실만을 보고하면 되기 때문에 구체적인 언어표현 방법은 조금도 중요하지 않다고 생각한다. 명백한 수식(數式)과 화학구조식만 있으면 세상 어디에서나 정확하게 자신들의 이야기를 전달할 수 있다고 믿는 것이다.

그러나 다른 한편으로는 말과 글보다 더 중요한 것은 없다고도 생각한다. 많은 노력과 재능으로 얻은 결과가 믿을 만한 것이고, 때로는 같은 분야에서 일하는 다른 사람들의 결과보다 더 우수한 것이라는 사실을 사람들에게 설득시킬 수 있는 방법은 말이나 글뿐이라고 생각한다. 화학에서 발견이나 창조를 어떻게 세상에 알리는가를 살펴보면 분자과학의 바탕에 깔려 있는 심각한 긴박감을 이해할 수 있다.

전 세계적으로 그 권위를 인정받고 있는 독일의 『앙게반테 케미(*Angewandte Chemie*)』나 미국의 『미국 화학회지(*Journal of the American Chemical Society*)』와 같은 현대 화학의 정기 학술지를 펴보면 무엇이 보일까? 한없는 풍요로움이 담겨 있다. 어제까지만 해도 만드는 것은

제11장, 제12장, 제13장은 『앙게반테 케미』 100, (1988), pp. 1653-1663과 『앙게반테 케미』 27, (영어판, 1988), pp. 1593-1602에 실렸던 저자의 "화학논문에 숨겨진 것들(Under the Surface of the Chemical Article)"을 개작한 것이다.

물론 생각조차 할 수 없었던 신비로운 분자들이 만들어졌다는 보고와, 재현성 있는 새로운 발견에 대한 보고가 끝없이 이어지고 있다. 그에 따라서 화학자들은 고온초전도체, 유기 강자성체, 초임계 용매에 대한 믿기 힘들 정도로 독특한 성질에 대해서 읽을 수 있다. 또한 EXAFS, INEPT, COCONOESY와 같은 약자로 무장한, 새로운 측정방법을 이용해서 새롭게 만든 화합물의 구조를 신속하게 밝힐 수 있게 되었다. 정보들이 그저 떠다니고 있다. 사용한 언어가 독일어이든 영어이든 문제가 되지 않는다. 모든 것이 바로 화학이다. 자극적이고 생동하는 정보가 화학자들 사이에 교환되고 있는 것이다.

그러나 조금 다른 면을 살펴보자. 이 학술지의 몇 페이지를 셰익스피어, 푸슈킨, 조이스, 파울 첼란과 같은 사람들의 글에 익숙한 지각 있고 재능 있는 인문학자에게 보여주었다고 생각해보자. 그 사람은 학술지에 담긴 글의 내용은 물론 그 글을 쓴 이유와 방법에 주목할 것이다. 우선 대부분의 논문이 한 페이지에서 열 페이지 정도로 짧다는 사실에 주목할 것이다. 인문학자들도 참고문헌을 논문의 장식물로 사용하지만 과학 논문에는 훨씬 더 많은 참고문헌이 실려 있다는 사실도 알아챌 것이고, 인쇄 면적의 상당한 부분이 그림으로 채워져 있는 것도 인상적일 것이다. 많은 그림들이 분자를 나타내는 것이 확실하지만 원자를 나타내는 기호는 전혀 없고 이상하게 기호화된 것들도 있다. 3차원의 대상을 나타내는 것 같기는 하지만 등척투영(等尺投影)도 아니고 실제의 원근표현(遠近表現)도 아닌 이상한 표현도 보인다.

본문의 내용은 전문어가 너무 많아서 화학을 전공한 친구의 도움이 없이는 조금도 이해하지 못할 정도이다. 더러 의례적인 표현도 보인다. 흔히 논문의 첫머리는 "X 형태 분자의 구조와 결합 그리고 분광학적

그림 11.1 코넬 대학교의 자연과학 도서관에서 화학 학술지를 읽고 있는 저자.

성질에 대한 상당한 연구가 있었다.[a-z]"와 같은 상투적인 문장으로 장식되어 있다. 3인칭과 수동형이 많고, 개인적인 동기나 역사적인 발전과정에 대한 언급은 거의 찾을 수가 없다. 성과나 우선순위가 중성의 언어로 표현된 것을 여기저기서 볼 수 있다. "새로운 대사(代謝) 산물", "최초의 합성", "일반적인 전략", "파라미터가 필요 없는 계산" 등이 바로 그런 것들이다. 몇 편의 논문을 살펴보고 나면 깜짝 놀랄 정도의 유사성을 발견하게 된다. 새로움의 땅에서 말이다! 그럼에도 불구하고 화학의 세계를 보여주는 명백하면서도 연관성 있는 과학적, 서술적, 그래픽적 표현방법에는 일종의 스타일이 있다는 사실도 어렵지 않게 발견할 수 있다.

이제부터는 제3자의 눈에 의지하지 않고, 화학 학술지에 실린 학문적으로 중요한 논문에서 사용되고 있는 화학의 언어에 대해서 살펴보기로

한다. 우선 화학논문에는 상상하는 것보다 훨씬 더 많은 의미가 담겨
있다는 사실을 지적하고 싶다. 화학자가 꼭 표현해야 한다고 생각하는
패러다임이나 규범적인 결론과, 그의 주장이나 성과를 다른 사람들에게
설득시키기 위해서 꼭 필요한 것들 사이에서의 일종의 변증법적 노력이
담겨 있다고 할 수 있다. 그런 노력 때문에 평범하게 보이는 대부분의
논문에서 상당한 정도의 억제된 긴박감을 느끼게 된다. 그런 긴박감은
어떤 약점이나 불합리성에서 기인하는 것이 아니라, 오히려 과학의 창
조적인 활동에도 인간적인 면이 뿌리 깊게 담겨 있음을 나타내는 것이
라고 생각한다.

12. 화학논문의 역사

화학 학술지가 발간되기 전에도 물론 화학은 있었다. 새로운 소식은 책으로 출판되기도 했고, 팸플릿이나 신문에 실리기도 했고, 과학단체의 간사들에게 편지로 전해지기도 했다. 1662년 런던에서 설립된 왕립학회(Royal Society)나 1666년 파리에서 창립된 과학원(Académie des Sciences)과 같은 학술단체들은 과학정보의 전파에 결정적인 역할을 했다. 이 학술단체들에서 발행하던 정기 간행물들은 당시 신과학(新科學)의 성공에 바탕이 되었던 세심한 측정과 수식화의 독특한 조합방법을 정립하는 데에 크게 기여했다.[1]

당시의 과학논문은 저자의 주관적인 입장에서 본 동기, 방법, 역사가 담긴 개인적인 관찰과 논의가 신비롭게 혼합된 것이었다. 치열한 논쟁이 일상적이었다. 샤핀, 디어, 홈스 등의 논문은 17세기에 프랑스와 영국에서 과학논문의 형식이 어떻게 자리잡게 되었는가를 잘 설명한다.[2] 오늘날과 같은 화학논문의 형식이 완성된 것은 1830-1840년대 독일에서부터라고 생각된다. 유스투스 폰 리비히와 같은 독일 현대 화학의 아버지와 자연철학자들이라고 하면 괴테의 추종자들을 말하지만, 그 이전인 18세기부터 유럽의 다른 지역에서도 비슷한 생각을 가지고 있던 사람들이 있었다. 이 "자연철학자들"은 자연이 어떻게 움직여야 하는가에 대해서는 상당한 이론을 정립하고 있었지만, 실제로 자연이 무엇을 하는가와 같은 실질적인 문제에는 관여하고 싶어하지 않았다. 어쩌면 그들은 "자연"을 자신들의 독특한 철학적, 심지어 시적(詩的) 구도에 맞추려고만 노력했고, 우리 자신 또는 그 연장이라고 할 수 있는 실험장치가 말해주는 사실에는 조금도 관심이 없었다. 19세기 초의 과학논문들은 그런 자연철학자들의 좋지 않은 영향에서 벗어나보려고 노력하는 과정에서 발전하게 되었다. 이상적인 과학연구의 보고서는 명시적으로나 묵시적으로나 "진실"이라고 생각되는 사실에만 근거를 두어야 한다고 생각하게 되었다. 사실이란 누가 설명하건 상관없이 신뢰할 수 있어야만 했다. 시간이 흐르면서 그런 사실을 감정개입 없이 표현해야 한다는 생각에서 3인칭을 사용하게 되었고, 구조나 인과성에 대한 선입견이 없어야 하기 때문에 행위자가 명시되지 않는 수동형이 도입되었다.

이런 보고형식이 발전되면서 남긴 소득은 대단했다. 실험적 사실을 강조했기 때문에 재현성이 중요하게 여겨졌다. 당시의 젊은 화학자들은 독일어의 압축성이 새로운 패러다임을 표현하는 데에 가장 적합하다는 교육을 받았다. 그후 영국과 독일에서 이룩된 염료산업 발전은 새롭게 조직화된 화학의 산업적 응용을 가장 명백하게 보여주는 예로 많이 연구되었다.

이 시기를 통해서 기본적인 또는 의식적(儀式的)인 과학논문의 정형(定型)이 완성되었다. 그림 12.1은 당시의 대표적인 논문의 일부를 보여준다.[3] 참고문헌, 실험, 논의, 표와 같은 현대 논문의 특징들이 고스란히 담겨 있음을 볼 수 있다. 단지 독일 연구원 또는 국립 과학재단에게 감사를 표시하는 부분이 빠져 있을 뿐이다.

그림 12.2에서는 현대 논문의 대표적인 형식을 볼 수 있다. 이 논문은 볼프강 오폴처와 투멘 라디노프가 사향노루 수컷에게서만 얻을 수 있는

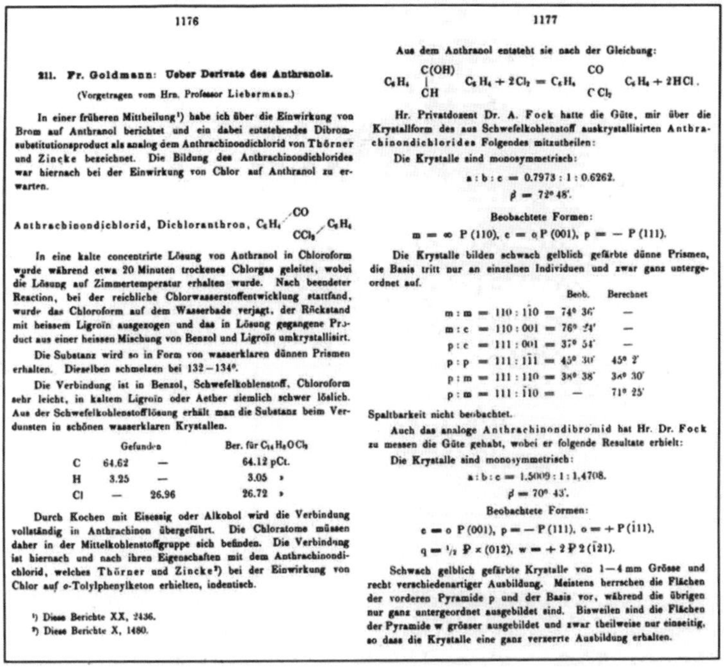

211. Fr. Goldmann: Ueber Derivate des Anthranols.

(Vorgetragen vom Hrn. Professor Liebermann.)

In einer früheren Mittheilung[1] habe ich über die Einwirkung von Brom auf Anthranol berichtet und ein dabei entstehendes Dibromsubstitutionsproduct als analog dem Anthrachinondichlorid von Thörner und Zincke bezeichnet. Die Bildung des Anthrachinondichlorides war hiernach bei der Einwirkung von Chlor auf Anthranol zu erwarten.

Anthrachinondichlorid, Dichloranthron, $C_6H_4 \genfrac{}{}{0pt}{}{CO}{CCl_2} C_6H_4$

In eine kalte concentrirte Lösung von Anthranol in Chloroform wurde während etwa 20 Minuten trockenes Chlorgas geleitet, wobei die Lösung auf Zimmertemperatur erhalten wurde. Nach beendeter Reaction, bei der reichliche Chlorwasserstoffentwicklung stattfand, wurde das Chloroform auf dem Wasserbade verjagt, der Rückstand mit heissem Ligroïn ausgezogen und das in Lösung gegangene Product aus einer heissen Mischung von Benzol und Ligroïn umkrystallisirt.

Die Substanz wird so in Form von wasserklaren dünnen Prismen erhalten. Dieselben schmelzen bei 132—134°.

Die Verbindung ist in Benzol, Schwefelkohlenstoff, Chloroform sehr leicht, in kaltem Ligroïn oder Aether ziemlich schwer löslich. Aus der Schwefelkohlenstofflösung erhält man die Substanz beim Verdunsten in schönen wasserklaren Krystallen.

	Gefunden	Ber. für $C_{14}H_8OCl_2$
C	64.62 —	64.12 pCt.
H	3.25 —	3.05 »
Cl	— 26.96	26.72 »

Durch Kochen mit Eisessig oder Alkohol wird die Verbindung vollständig in Anthrachinon übergeführt. Die Chloratome müssen daher in der Mittelkohlenstoffgruppe sich befinden. Die Verbindung ist hiernach auch in ihren Eigenschaften dem Anthrachinondichlorid, welches Thörner und Zincke[2] bei der Einwirkung von Chlor auf o-Tolylphenylketon erhielten, identisch.

[1] Diese Berichte XX, 2436.
[2] Diese Berichte X, 1480.

Aus dem Anthranol entsteht sie nach der Gleichung:

$$C_6H_4 \genfrac{}{}{0pt}{}{C(OH)}{CH} + 2Cl_2 = C_6H_4 \genfrac{}{}{0pt}{}{CO}{CCl_2} C_6H_4 + 2HCl.$$

Hr. Privatdozent Dr. A. Fock hatte die Güte, mir über die Krystallform des aus Schwefelkohlenstoff auskrystallisirten Anthrachinondichlorides Folgendes mitzutheilen:

Die Krystalle sind monosymmetrisch:

$a:b:c = 0.7973 : 1 : 0.6262.$

$\beta = 72° 48'.$

Beobachtete Formen:

$m = \infty P (110)$, $c = \infty P (001)$, $p = - P (111)$.

Die Krystalle bilden schwach gelblich gefärbte dünne Prismen, die Basis tritt nur an einzelnen Individuen und zwar ganz untergeordnet auf.

		Beob.	Berechnet
m : m =	110 : 110 =	74° 36'	—
m : c =	110 : 001 =	76° 24'	—
p : c =	111 : 001 =	37° 54'	—
p : p =	111 : 111 =	45° 30'	45° 2'
p : m =	111 : 110 =	38° 38'	3° 30'
p : m =	111 : 110 =	—	71° 25'

Spaltbarkeit nicht beobachtet.

Auch das analoge Anthrachinondibromid hat Hr. Dr. Fock zu messen die Güte gehabt, wobei er folgende Resultate erhielt:

Die Krystalle sind monosymmetrisch:

$a:b:c = 1.5009 : 1 : 1.4708.$

$\beta = 70° 43'.$

Beobachtete Formen:

$c = \infty P (001)$, $p = - P (111)$, $o = + P (111)$.

$q = \frac{1}{2} P x (012)$, $w = - + 2 P 2 (121)$.

Schwach gelblich gefärbte Krystalle von 1—4 mm Grösse und recht verschiedenartiger Ausbildung. Meistens herrschen die Flächen der vorderen Pyramide p und der Basis vor, während die übrigen nur ganz untergeordnet ausgebildet sind. Bisweilen sind die Flächen der Pyramide w grösser ausgebildet und zwar theilweise nur einseitig, so dass die Krystalle eine ganz verzerrte Ausbildung erhalten.

그림 12.1 F. R. 골드먼의 논문(출전 : *Berichte der Deutschen Chemischen Gesellschaft* 21, 1888, pp. 1176-1177).

진귀하고 값비싼 향료성분인 무스콘의 두 가지 거울상체 중에서 한 가지만을 합성하는 데에 성공했음을 보고하는 것이다. 연구업적 자체도 기발하고 중요한 것이지만 여기서는 내용보다는 표현방법에 주목하고 싶다.

이 논문과 100여 년 전에 발표되었던 논문의 차이는 무엇일까? 우선 지정학적(地政學的) 이유 때문에 주된 언어가 영어로 바뀌었다는 사실이 흥미롭다. 화학논문의 구성이나 특징은 그렇게 많이 바뀌지 않은 것처럼 보이지만, 논문의 내용은 계속해서 새롭고 훌륭한 것들로 발전되었다. 평생이 걸렸던 측정이 수천분의 1초에 끝나버리게 되었다. 100년

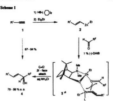
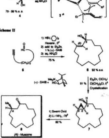

그림 12.2 오폴처와 라디노프의 논문 첫 페이지(출전: *J. Am. Chem. Soc.* 115, 1993, p. 1593. Copyright © 1993 American Chemical Society).

전에는 상상도 할 수 없었던 분자들이 쉽게 합성되고 있고, 그 정체도 밝혀지고 있다. 학술지의 종이 질은 더 나빠졌는지 몰라도, 훨씬 더 좋은 그래픽과 컴퓨터 조판기술이 활용되고 있다. 그런 변화에도 불구하고 화학논문은 근본적으로 같은 형식을 유지하고 있다. 이것은 좋은 것인가? 그렇지 않은 것인가?

아마도 두 가지 면을 다 찾을 수 있을 것 같다. 정기적으로 발간되는 학술지를 통한 학술정보의 교환이 훌륭할 정도로 효과적이었음은 과거 200년에 걸쳐서 명백하게 증명되었다. 그러나 지금 사용되고 있는 논문의 기본적인 형식에는 심각한 위험이 도사리고 있는 것도 사실이다. 실제 사실을 보고하고 있기는 하지만 과학논문의 표현은 상당히 비현실적이기도 하다. 화학에서의 창조적인 면과 발견과정에서의 인간적인 면이 제대로 표현되지 않고 있다. 이제, 단순한 사실교환 이상의 의미가 있어야만 할 과학논문이 "실제로" 어떻게 작성되며 읽히고 있는가를 분석해 보기로 하자.

주

1) E. Garfiled, *Essays of an Information Scientist*, Philadelphia : ISI(Institute of Scientific Information) Press, 1981, pp. 394-400.
2) S. Shapin, "Pump and Circumstance", *Social Studies of Science* 14, 1984, p. 487 ; P. Dear, "Totius-in-Verba—Rhetoric and Authority in the Early Royal Society", 같은 책 76, 1985, p. 145 ; F. L. Holmes, "Scientific Writing and Scientific Discovery", 같은 책 78, 1987, pp. 220-235.
3) 과학논문 작성방법의 변화에 대해서는 B. Coleman, "Science Writing : Too Good to Be True?", *New York Times Book Review*, September 27, 1987, p. 1 ; R. Wallsgrove, "Selling Science in the Seventeenth Century", *New Scientist*, December 24-31, 1987, p. 55 참고.

13. 표면 아래

겉으로 볼 때 과학논문은 진실을 알리고, 가능한 메커니즘이나 이론에 대해서 공평하면서도 이성적으로 검토하고, 어느 것을 선택하는 것이 설득력이 있는가를 설명하고 있는 것처럼 보인다. 새로운 측정기술이나 새로운 이론을 소개하는 경우도 있다. 과학논문은 그런 목적에 합당한 역할을 훌륭히 해왔다. 일본의 오카자키나 러시아의 크라스노야르스크에서 일하고 있는 사람이라도 어느 정도의 언어능력만 있다면 아무런 문제없이 화학 학술지에 러시아어나 영어로 설명된 실험절차를 재현할 수 있다(물론 얼마나 쉽게 재현할 수 있는가는 다른 이야기이다). 실험의 재현 가능성이 바로 과학의 신뢰도를 높여주는 요인이라고 생각한다.[1]

그러나 과학논문에는 겉으로 보이는 것 이상의 의미가 있는 경우가 많다. 과학논문에는 다음과 같은 면들이 담겨 있기도 한다. 데이비드 로크는 『저술로서의 과학(*Science as Writing*)』에서 이 문제를 훨씬 깊이 있게 다루었다.[2]

우선 화학논문도 문학적 창작물이다. 따라서 화학논문도 예술적이라는 것이다. 극단적인 과장이라고 할 수도 있는 이런 주장에 대해서 좀더 설명해보겠다. 예술이란 무엇인가에 대해서는 사람들마다 다른 의견을 가지고 있을 것이다. 예술은 미학(美學)이라고 할 수도 있고, 예술이 감정적 반응을 유발한다는 점도 중요하다. 예술을 어렵게 정의한다면 인간이 자연이나 감정의 핵심을 다양한 방향에서 추구함으로써 우리의 삶을 살찌우는 활동이라고 할 수도 있다. 따라서 예술은 인간적이면서도 지극히 인위적으로 꾸며진 것이다. 예술은 강렬하고 집중적이면서 균형을 이루고 있는 것이다.

과학논문에 표현된 것은 실제로 일어났던 일만을 그대로 충실하게 표현한 것은 아니다(엄밀한 의미에서 과연 그런 표현이 가능한지도 의심스럽다). 논문이 실험 노트일 수는 없다. 실험 노트마저도 실제로 일어났던 일을 부분적으로 설명한 것에 지나지 않는다는 것은 누구나 인정할 것이다. 즉 과학논문도 세심하게 만들어진 인위적인 글에 지나지 않는다. 합성하는 과정이나 분광기를 사용하는 과정에서 겪었던 어려움은 대부분 제외되어버린다. 어쩌다 볼 수 있는 애로사항에 대한 설명은 오히려 저자가 얼마나 훌륭한가를 스스로 과장해서 자랑하기 위한 것이고, 그런 설명이 없다고 해도 전혀 문제가 되지는 않는다. 어려움을 극복한 이야기가 성공담을 조금 더 빛나게 할 뿐이다.

화학논문은 화학연구를 인위적이고 추상적으로 구성한 것이다. 그런 구성이 가끔씩 독자들에게 감정적이거나 미학적인 반응을 일으키기도 한다.

우리의 정보교환 수단이 사실을 완벽하게 반영하지 못하고, 부분적으로는 문학적 글에 지나지 않는다는 사실을 인정하는 것이 과연 부끄러운 일일까? 나는 그렇지 않다고 생각한다. 반대로 과학논문에는 우아할 정도로 아름다운 면이 있다고 생각한다. 데리다[3]가 "포기하는 메시지"라고 불렀던 과학논문이 전 세계 모든 나라에 있는 독자들에게로 흘러가서 원래 쓰인 언어로 읽히고 이해된다. 그런 과정을 통해서 독자에게 기쁨을 줄 뿐만 아니라, 실제 화학반응으로 재현되어서 새로운 물질을 합성하는 데에 활용되기도 한다. 그런 일이 하루에도 수천 번씩 일어나고 있다는 사실이 쉽게 믿어지지 않을 것이다.

과학에서는 연대성(年代性)을 매우 중요하게 여기는 점이 바로 과학과 예술의 다른 특징이라고 흔히들 말한다. 풍부한 참고문헌이 바로 그런 특징을 나타내는 것이라고 한다. 그러나 이것이 과연 진짜 역사일까, 아니면 아름답게 꾸며진 허구일까?

현대의 화학논문 작성지침은 다음과 같이 충고하고 있다.

> 연구하고 있는 문제와 관련된 역사적 사실 전체를 서술식으로 설명하는 것은 바람직하지 않다. 연구와 관련된 초기의 잘못된 추정, 틀린 실마리, 연구방향 설정에서의 실수와 예기치 않았던 사건 등에 관한 이야기는 강연에서 흥미를 유발하는 데에는 유용할지 몰라도 공식적인 논문에는 적당하지 않다. 논문에서는 연구목적과 결과 및 결론을 가능하면 직설적으로 표현해야 한다. 연구과정에서 우연히 발생한 사건들은 영구기록으로 남길 가치가 전혀 없다.[4]

나도 경제적으로 표현된 간략한 논문이 좋다고 생각한다. 그러나 이런 작성지침을 그대로 따르는 것은 과학자의 인간적인 면을 완전히 무시하는 것으로, 죄악이라고까지 생각한다. 화학 연구의 이야기를 그렇게 걸러낸 모범적인 논문에서는 연구과정에서 필요했던 창조적인 요소들을 억제해야만 한다. 그런데 그런 요소들 속에는 우연한 발견이나 창조적 직관의 요소인 "우연한 사건"이나 "예기치 않았던 상황"에 대한 우리의 정신적, 육체적 반응이 포함되어 있다. 우연한 발견과 우리의

창조성이 반영된 경험들이 논문에서는 모두 사라져버리게 된다.[5]

어쩌면 우수한 과학논문을 위한 이런 지침이 바로 화학논문이 연구과정에서 일어났던 일과 교훈을 정확하게 그대로 표현한 것이 아니라 인위적으로 구성한 글임을 가장 확실하게 보여준다고 할 수 있다.

주

1) 이 글은 J. Ziman, *Reliable Knowledge*, Cambridge : Cambridge University Press, 1978에서 인용한 것이다. 과학이 무엇이고, 무엇이 되어야만 하는가에 대해서 가장 우수하고 인간적으로 쓴 책이다.

2) David Locke, *Science as Writing*, New Haven : Yale University Press, 1993.

3) J. Derrida, "Signature Event Context", *Margins of Philosophy*, A. Bass 번역, Chicago: University of Chicago Press, 1982, pp. 307-330. 원서는 *Marges de la philosophie*, Paris : Edition de Minuit, 1972, pp. 365-393.

4) L. F. Fieser and M. Fieser, *Style Guide for Chemists*, New York : Reinhold, 1960.

5) P. B. Medawer, "Is the Scientific Paper Fraudulent?", *Saturday Review*, August 1, 1964, pp. 42-43. 저자는 일반적인 과학논문의 형식은 발견을 위한 사고(思考)의 과정을 제대로 나타내지 못한다고 주장한다.

14. 화학의 기호언어

과학자들은 자신들이 이용하는 용어는 자신들이 발견하거나 수식화한 물질적 실체를 나타내는 것이기 때문에 독일어, 프랑스어, 중국어 등 어떤 언어를 사용하는가는 중요하지 않다고 생각한다. 용어를 잘 선택해서 엄밀하게 정의하기만 하면 그런 실체를 정확하게 나타낼 수 있을 것이므로 어떤 언어라도 사용할 수 있다는 것이다.

이와 같은 생각이 사실인 경우도 있다. 고온 초전도체로 밝혀진 $YBa_2Cu_3O_{-7}$의 합성방법이 알려지자마자 전 세계에 있는 수백 개의 실험실에서 그 합성을 재현할 수 있었던 일이 바로 그런 사실을 보여준 것이라고 할 수 있다.

그러나 실제로는 상황이 훨씬 더 복잡하다. 어떤 언어에서나 용어의 정의가 그다지 명확하지 않고 애매한 경우가 많다. 사전도 지극히 자기 인용적이라고 할 수 있다. 사전에서 한 단어의 의미를 계속 따라가보면 결국에는 같은 단어로 되돌아오게 됨을 쉽게 알 수 있다. 과학에서 정보교환의 핵심이라고 할 수 있는 추리와 논증은 용어를 이용해서 진행되고, 이론(異論)의 가능성이 있는 논증일수록 더욱 단순하고 의미 깊은 단어가 필요하다.

화학자들은 이런 어려움에 어떻게 대처하고 있을까? 지난 세기 동안 언어학자들과 문학평론가들이 알아낸 방법들을 응용하고 있는지도 모르겠다.[1] 용어란 한 조각의 암호라고 할 수 있는 기호이다. 그 기호는 확실히 무엇인가를 심각하게 나타내고 있지만, 그 의미는 독자에 의해서 해독되고 해석되어야만 한다. 두 사람이 서로 다른 해독 메커니즘을 사용하면 서로 다른 의미를 읽어내게 될 것이다. 그럼에도 불구하고 화학이 전 세계적으로 통용되고 있고, BASF가 화학공장을 독일이나 브라질에 짓더라도 아무 문제없이 가동할 수 있는 이유는 바로 화학자들이 똑같은 기호로 교육을 받고 있기 때문이다.

이것이 바로 카를 F. 폰 바이츠제커가 "물리학의 언어"라는 논문에서 지적했던 것이다.[2] 물리학의 연구결과를 설명하는 강연을 자세히 분석해보면, 정확하지 않은 표현과 불완전한 문장 등을 수없이 발견하게 된다. 물리학 분야의 세미나는 대부분 노트도 없이 즉흥적으로 진행되지만, 인문학 분야의 강연에서는 흔히 준비된 강연문이 그대로 읽혀진다. 물리학이나 화학 강연에서는 언어를 엄밀하게 사용하지 않음에도 불구하고, 과학자들이 강연의 내용을 이해하는 데에 큰 어려움이 없다. 그 이유는 과학 분야의 강연에서는 공통된 지식을 서로 나누어 가질 수 있는 암호가 사용되기 때문이다. 강연자가 한 문장의 절반 정도만 이야기해도 대부분의 청중은 그 문장이 무슨 뜻인지를 알아차릴 수 있다.

언어와 화학은 항상 그런 관계를 가지고 있었다. 그래서 라부아지에는 그의 혁명적인 저서 『화학원소 논고(Traité élémentaire de chimie)』의 첫머리에 "우리는 말을 통해서만 생각할 수 있다. 언어는 진정한 분석적 수단이다"라는 아베 드 콩디야크의 말을 인용했다.[3] 그리고 나서 자신의 업적에 대해서는 "내 스스로는 명명법을 만든 것밖에는 한 일이 없는 것 같은데……나의 연구업적이 어쩔 수 없이 화학원소에 대한 논고가 되어버렸다"고 했다.[4] 단체행동에 대한 훌륭한 저서(『군중과 권력

그림 14.1 자크 L. 다비드가 그린 라부아지에 부부의 초상화(© 1986).

[*Crowds and Power*]』, 1963)와 1930년대의 충격적인 소설(『화형[*Auto-da-Fé*]』, 1935)을 남긴 유럽의 훌륭한 작가 엘리아스 카네티는 화학분야 박사학위를 가지고 있었으며, 화학에서 구조의 중요성을 배웠다고 했다. 언어형성 문화에 대한 연구로 유명한 미국의 언어학자 벤저민 리 워프도 MIT에서 화학공학을 전공했고, 가끔씩 "화학적 직유(直喩)"를 즐겨 사용했다. 언어와 논리에 대한 글에서 그는 "쇼니어*와 누트카

어*의 문장에서는 구성요소들이 화합물과 같이 조합되지만, 영어에서는 기계적 혼합물과 비슷하게 조합된다"고 했다.[5]

피에르 라슬로는 언어와 화학의 관계를 설명하는 훌륭한 저서를 남겼다.[6] 그는 형태소(形態素), 음소(音素), 표의문자와 표음문자, 양식과 서술의 변화 등과 같은 언어학적 구조가 분자 및 분자의 변환과 흥미로운 유사관계가 있다고 지적했다. 라슬로는 화학에서 언어가 어떻게 사용되고 있는가를 살펴보았을 뿐만 아니라, 화학과 언어학의 비교구조를 찾을 수 있다는 사실도 지적했다.

화학 학술지의 거의 모든 페이지를 장식하고 있는 화학의 기호언어는 언뜻 보기에도 화학논문임을 인식할 수 있도록 해주는 분자구조에서 가장 확실하게 나타난다.[7] 분자구조가 중요하다는 것은 한 세기 이상 인식되어왔다. 분자들이 어떤 원자들로 구성되어 있는가뿐만 아니라 그 원자들이 서로 어떻게 연결되어 있고, 3차원 공간에서 어떻게 배열되어 있으며, 평형의 위치로부터 얼마나 쉽게 움직일 수 있는가도 중요하다. 분자구조는 분자의 모든 물리적, 화학적, 생물학적 성질을 결정한다.

화학자들은 3차원 구조에 대한 정보를 서로 교환해야만 한다. 그러나 정보교환의 매체는 종이나 스크린과 같이 2차원이기 때문에 표현방법의 문제에 직면하게 된다.

---

* 역주/옛날 미국 중동부에 살았고 현재는 오클라호마 주에 살고 있는, 알곤킨족에 속하는 아메리카 인디언의 한 부족인 쇼니족이 쓰는 언어.
* 역주/캐나다 서남부의 밴쿠버 섬 서해안에서 쓰이는 언어.

주

1) 근대 문학 이론의 입문에 대해서는 T. Eagleton, *Literary Theory*, Minneapolis : University of Minnesota Press, 1983 참고.
2) C. F. von Weizsäcker, *Die Einheit der Nature*, Munich : DTV, 1974, p. 61.
3) Antoine-Laurent Lavoisier, *Elements of Chemistry*, Robert Kerr 번역, New York : Dover, 1965, p. xiii.
4) 같은 책, p. xiv.
5) B. L. Whorf, "Languages and Logic", *Language, Thought, and Reality*, Cambridge: MIT Press, 1956, p. 236.
6) Pierre Laszlo, *La parole des choses*, Paris : Hermann, 1993.
7) 유기화학에서의 기하학적 및 위상학적 정보에 대한 설명은 N. J. Turro, "Geometric and Topological Thinking in Organic Chemistry", *Angewandte Chemie* 98, 1986, p. 872 참고.

15. 분자는 어떤 모습일까?

화학자들이 서로 교환해야 하는 분자구조에 관한 정보는 근본적으로 도형적인 것이기 때문에 그림으로 나타낼 수밖에 없고, 그래서 문제가 생긴다. 반드시 입체적인 3차원 정보를 사용해야 하는 전문가라고 해서 그런 정보를 전달하는 데에 보통 사람보다 특별한 재능을 가지고 있는 것은 아니다. 화학자들이 예술적인 재능 덕분에 화학자가 된 것이 아니라는 뜻이다. 더욱이 모든 화학자들이 그림에 대한 기초적인 교육을 받는 것도 아니다. 나의 경우에 사람 얼굴을 그리는 능력은 열 살 정도 아이의 수준에서 더 이상 발전하지 못했다.

그러면 우리 화학자들은 이 문제를 어떻게 해결하고 있을까? 놀랍게도 이 문제에 대해서 화학자들 자신은 편안하게 느끼고 별로 깊이 생각하지도 않는다. 그렇지만 화학자들이 스스로 생각하는 것보다 훨씬 더 애매하게 대처하고 있는 것이 사실이다. **표현**은 실존하는 것을 기호로 변환시키는 것으로서, 도형적인 것인 동시에 언어학적인 것이고, 역사적인 사실성을 가지고 있으며, 예술적이면서도 과학적이다. 화학에서의 표현과정이 바로 화학분야에서 공유되는 기호라고 할 수 있다.

우리는 이미 그림 12.2에서 대표적인 현대 과학논문의 예를 보았다. 화학자들은 서로의 대화에서 비공식적인 그림으로 정보를 전달하기도 한다. 식당에서 저녁식사를 한 후에 휴지조각이나 식탁보에 남기는 그

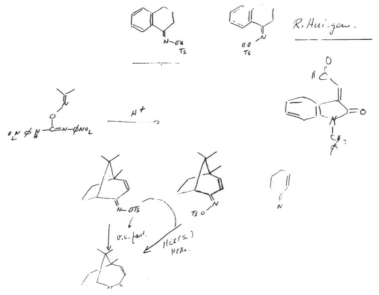

그림 15.1 로버트 우드워드가 1966년경에 그린 그림.

런 그림들 말이다. 그림 15.1은 위대한 유기화학자였던 로버트 우드워드가 남긴 그림이다.

　언뜻 보아도 상당한 양의 도형적인 정보가 담겨 있음을 알 수 있다. 화학을 전공하지 않은 사람들은 이해할 수 없는 작은 그림들로 가득 차 있다. 롤랑 바르트가 『기호의 제국(The Empire of Signs)』에서 잘 묘사했던 것처럼, 처음 일본을 방문했을 때 느끼는 그런 비슷한 느낌을 받을 것이다.[1] 도대체 이 부호들은 무엇을 뜻하는 것일까? 분자가 원자들로 만들어진 것이라고는 알고 있지만, 그림 15.2와 같은 다각형은 어떤 원자들로 만들어진 것일까? 이 분자는 캠퍼*라고 부르는 강한 향기를 가진 흰색의 왁스와 같은 의약물질이다. 산소를 나타내는 O만이 익숙하게 보일 뿐이다.

---

* 역주/장뇌(樟腦)라고도 함.

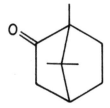

그림 15.2 캠퍼를 나타내는 대표적인 화학구조.

그림 15.2는 분자구조를 속기식(速記式)으로 줄여서 나타낸 것이다. "국제연합 교육, 과학, 문화 기구(United Nations Educational, Scientific and Cultural Organization)"라는 긴 이름에 싫증이 나면 UNESCO라고 줄여서 쓰는 것과 마찬가지로, 화학자들도 탄소나 수소와 같이 명백한 원소들을 반복해서 그리는 것에 싫증이 나서 탄소의 골격만을 나타내기로 한 것이다. 캠퍼를 나타낸 그림 15.2의 표현에서, 원소기호가 표시되어 있지 않은 모든 꼭짓점에는 탄소가 있다는 뜻이다. 탄소의 경우에는 형성할 수 있는 결합의 수를 나타내는 원자가(原子價)가 4이기 때문에 각각의 꼭짓점에 몇 개의 수소가 필요한가를 바로 알 수 있다. 즉 그림 15.2의 다각형은 그림 15.3의 분자를 간단하게 나타낸 것이다.

그러나 그림 15.3이 캠퍼 분자의 실제 구조를 나타낸 것일까? 어느 정도까지는 사실이다. 그러나 화학자들이 3차원의 그림을 보고 싶어할

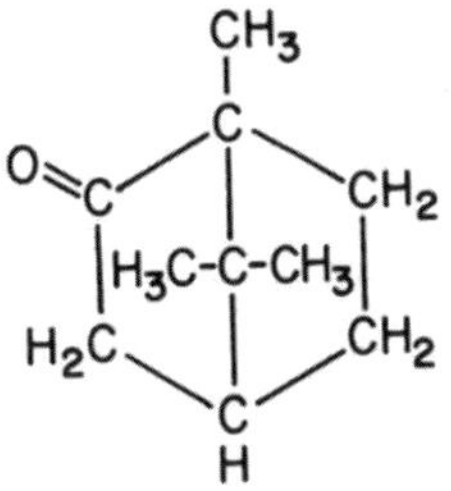

그림 15.3 모든 원소를 표시한 캠퍼의 구조.

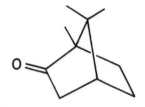

그림 15.4 캠퍼의 3차원 표현.

경우에는 그림 15.4와 같은 표현방법을 사용하기도 한다.

또 어떤 경우에는 원자들 사이의 "진짜" 거리를 알고 싶어하는 경우도 있다(즉 분자를 정확한 원근법으로 나타내고 싶어한다). 그런 자세한 정보도 이미 설명했던 X-선 결정학 방법으로 그렇게 큰 비용을 들이지 않고 비교적 쉽게 얻을 수 있다. 그런 방법으로 얻은 정보를 컴퓨터로 처리하면 그림 15.5와 같은 그림을 얻을 수 있다.[2]

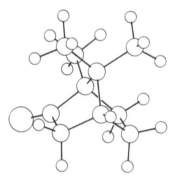

그림 15.5 캠퍼의 공-막대기 모형.

이것이 소위 공-막대기 모형이고, 아마도 금세기에 사용하게 된 가장 익숙한 표현방법이라고 할 수 있다. 탄소와 수소와 산소를 나타내는 공의 크기는 어느 정도는 임의로 정한 것이다. 원자가 차지하는 부피를 좀더 현실적으로 표현하는 방법이 바로 그림 15.6에 나타낸 공간 채움

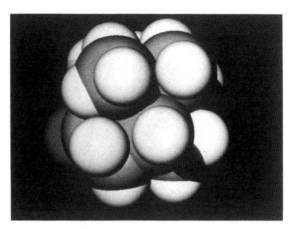

그림 15.6 캠퍼의 공간 채움 모형.

모형이다. 그러나 이 방법은 원자의 (더 정확하게는 원자핵의) 위치가 확실하게 보이지 않는다는 것이 단점이다. 그리고 그림 15.5와 15.6의 모형들은 그리기가 쉽지 않다는 것도 단점이다. 즉 강연자가 빠른 속도로 보여주는 새롭고 흥미로운 강연에서 보통 스크린 위에 그림이 보여지는 20초 동안에 옮겨 그릴 수 있을 정도로 단순하지는 않은 것이다.

분자구조의 표현이 훨씬 더 복잡하거나 단순한 것도 있다. 물리화학자들이 원자가 공간에 멈추어 서 있는 것이 아니라 실제로는 평형위치에서 조화운동(調和運動)을 하고 있다는 사실을 보여주기 위해서 개발한 표현방법도 있다. 즉 분자는 정적 구조를 가지고 있는 것이 아니라 진동(振動)하고 있다는 것이다. 또다른 화학자는 "원자핵의 위치만 나타내는 것으로는 충분하지 않다. 실제로 분자의 화학적 특성은 전자의 분포에서 나타나는 것이기 때문에, 어떤 순간에 어떤 위치에서 전자를 발견할 확률에 해당하는 전자분포를 나타내어야 한다"고 주장하기도 한다. 그림 15.7이 바로 그런 시도이다.

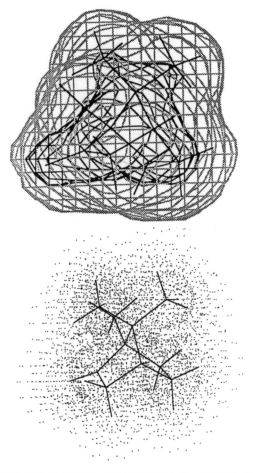

그림 15.7 캠퍼 분자에서의 전자분포를 나타내는 두 가지 방법.

이런 이야기는 얼마든지 더 계속할 수 있다. 실제 화학문헌을 보면 훨씬 더 다양한 방법들을 찾을 수 있다. 그러나 여기서 잠깐 멈추어서 지금까지 본 일곱 가지 표현방법 중에서 어느 것이 정말 옳은 것인가를 생각해보자. 어느 것이 실제 분자의 모습을 나타내는 것일까? 모두가 맞는 것이기도 하지만, 모두가 틀린 것이라고도 할 수 있다. 더 심각하게 말해서는 이런 표현방법은 어떤 목적에는 알맞지만 또다른 목적에는 맞지 않는 **모형**에 불과한 것이다.[3] 때로는 그저 **캠퍼**라고 부르는 것으로 충분한 경우도 있고, $C_{10}F_{16}O$라고 표현해야 하는 경우도 있다. 단순히 구조가 필요한 경우에는 그림 15.2, 15.3, 15.4와 같은 모형이 적절할 수도 있다. 물론 그림 15.5나 15.6과 같은 표현이 필요한 경우도 있고, 그림 15.7이 요구되는 경우도 있다.[4]

캠퍼에 대한 마지막 이야기를 해야겠다. 이 이야기는 피에르 라슬로와 내가 함께 발표했던 논문을 근거로 한 것이다. 우리는 캠퍼가 사람들에게 익숙한 분자일 뿐만 아니라 적당하게 복잡한 분자라고 생각해서 캠퍼 분자를 선택했다. 그리고 그 구조를 기억하지 못했던 내가 교과서를 찾아본 후에 나의 친구에게 캠퍼의 구조적 특성을 설명해주고 멋있는 그림을 그려달라고 부탁했다. 그런데 그 그림은 놀랍게도 이 책에서 지금까지 보여준 구조의 거울상에 해당하는 것이었다. 지금까지 보여준 그림은 천연적으로 얻어지는 분자의 구조이다.

논문을 주의 깊게 읽는 사람으로 유명한 료지 노요리는 1990년 코넬대학교의 베이커 강연 도중에 우리가 잘못된 "절대 배열"을 사용하고 있다는 사실을 지적했다. 그래서 문헌검색을 해본 결과, 흔히 사용되는 화학 참고문헌인 머크 색인을 비롯해서 대부분의 교과서와 수없이 많은 문헌과 논문들이 우리와 마찬가지로 틀린 배열을 사용하고 있음을 발견했다. 그러나 시그마, 알드리치, 플루카의 화합물 카탈로그에는 정확한 구조가 그려져 있었다. 소비자보다는 납품업자들이 자신의 제품을 정확하게 표현해야 한다는 의무감을 더 많이 느끼고 있다는 증거이다.

1) Roland Barthes, *The Empire of Signs*, Richard Howard 번역, New York : Hill and Wang, 1982. 원서는 *L'empire des signes*, Geneva : Skira, 1980.

2) 그림 15.2에서 15.5까지를 그려준 데니스 언더우드와 돈 보이드에게 감사한다.

3) 화학에서 모형이 어떻게 이용되는가에 대한 방법론적 설명에 대해서는 C. J. Suckling, K. E. Suckling and C. W. Suckling, *Chemistry Through Models*, Cambridge : Cambridge University Press, 1978 ; C. Trindle, "The Hierarchy of Models in Chemistry", *Croatica Chemica Acta* 57, 1984, p. 1231 ; J. Tomasi, "Models and Modeling in Theoretical Chemistry", *Journal of Molecular Structure (Theochem)* 48, 1988, pp. 273-292 참고. "모형"이 뜻하는 의미의 범위에 대해서는 N. Goodman, *Languages of Art*, 2판, Indianapolis : Hackett, 1976, p. 171 참고.

4) 분자구조를 보는 방법이 여러 가지라는 것은 화학계에 잘 알려져 있는 사실이고, 새로운 이야기가 아니다. 예를 들면 G. Ourisson, *L'Actualité Chimique*, January-February 1986, p. 41 ; David S. Goodsell, *The Machinery of Life*, New York : Springer, 1993 참고.

16. 표현과 현실

단순하게 생각하면 화학구조식이 현실과 비슷하다고 주장할 수도 있고, 사실 어느 정도는 그렇다고 할 수도 있다. 유기분자의 구성단위 중에서 가장 흔한 벤젠 고리의 사진을 물리적인 방법으로 얻어보면 그 모양이 화학자들이 사용하는 벤젠 고리의 모양인 그림 16.1과 비슷한 경우도 있지만 그렇지 않은 경우도 있다.

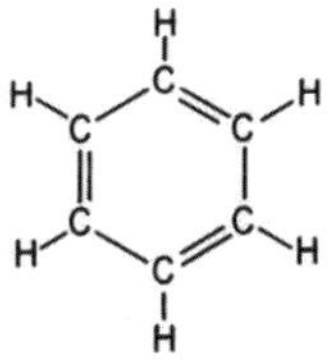

그림 16.1 화학자들이 사용하는 벤젠 고리의 구조.

과학자들은 최근에 개발된 주사 터널 현미경법(scanning tunneling microscopy, STM)*이라는 첨단기법으로 마침내 분자를 구성하는 원자를 직접 볼 수 있게 되었다. 그러나 그렇게 믿고 있는 과학자들은 흑연의 STM 사진을 보고 깜짝 놀라지 않을 수 없을 것이다.[1] 흔히 흑연은

---

* 역주/양자역학적인 터널 효과를 이용해서 고체 표면의 구조를 원자의 크기에 해당하는 10^{-8}센티미터 정도까지 정밀하게 알아낼 수 있는 실험방법으로, 1980년대에 개발되었다.

그림 16.2 노르보르네인(C_7H_{12})을 나타내는 세 가지 방법.

벤젠 고리로 만들어진 2차원의 "닭장망"과 같은 구조일 것으로 생각하는데, STM 사진을 보면 육각형 격자를 구성하는 원자들 중에서 반만 보이고 나머지 반은 보이지 않는다. 물론 그렇게 보이는 데에는 충분한 이유가 있다.[2] 일반적으로 보는 것과 믿는 것 사이에는 복잡한 관계가 있다. 화학자들이 사용하는 벤젠 고리는 상당히 엉성한 근사(近似)이고 분자를 표현하는 한 가지 비유에 지나지 않는다고 할 수 있다.

　대표적인 수준의 표현이라고 할 수 있는 그림 15.2나 15.4의 다각형이나, 다각형을 3차원적으로 이상화해서 표현하는 방법을 중심으로 생각해보자. 과학논문을 가득 채우고 있는 그런 이상한 그림들은 과연 무엇을 나타내는 것일까? 화가나 도안가의 입장에서 보면 이 그림들은 등척투영(等尺投影)도 아니고 그렇다고 사진이라고 할 수도 없다. 그럼에도 불구하고 이 그림들은 3차원 구조를 가진 대상의 중요한 내용을 다른 사람에게 전달하려는 목적에서 2차원으로 표현된 것임에는 틀림없다.

　거의 모든 화학논문에서 볼 수 있는 이런 화학구조에 담겨 있는 정도의 정보에서 마음속의 눈으로 실제 분자의 모습을 이해할 수 있다는 사실은 정말 신기하다고 하겠다. 이런 그림이 3차원의 구조를 나타내고 있다는 실마리는 전혀 찾을 수 없다. 그림 16.2는 캠퍼의 핵심부분이라고 할 수 있는 노르보르네인(C_7H_{12})이다. 왼쪽의 분자는 마치 공중에 떠 있는 모양이다. 가운데 그림과 같이 참고가 될 수 있는 평면을 함께 그리면 더 좋겠지만 대부분의 경우에는 그렇게 하지 않는다.

그림 16.3 두 마리의 들소가 그려진 라스코 동굴의 벽화(© 예술권리학회[Artists Rights Society]).

화학자들만의 암호에 심하게 의존하는 사람들은 왼쪽과 같이 그리는 대신 오른쪽처럼 그리기도 한다. 왼쪽과 오른쪽 그림의 차이가 무엇일까? 직선 하나가 "끊어지는" 대신 "교차하고" 있다. 끊어진 직선은 분자의 한 부분이 다른 부분의 뒤쪽에 있다는 사소한 실마리이다. 이런 정도의 기법을 프랑스 예술학교에서 배워야만 하는 최신기법이라고 할 수는 없다. 그림 16.3은 라스코 동굴 벽화의 일부분이다.[3] 들소의 몸 뒤쪽에 있는 다리를 어떻게 표현했는가를 주목해보자. 영리한 화학자라면 1만 5,000년 전의 동굴인들이 할 수 있었던 정도는 할 수 있어야 하지 않겠는가? 그렇지만 화학자들은 많은 경우에 그런 부분에도 관심이 없다.

화학자들의 그림에서는 그림 12.2에서와 같이 가지 달린 쐐기와 점선을 흔히 볼 수 있다. 제9장에서 이미 설명했던 것처럼 이것들은 단순한 시각적 암호조각으로서, 실선은 종이 평면에 있는 것이고, 쐐기는 앞으로 튀어나온 것이며, 점선은 뒤쪽으로 들어간 것을 나타낸다. 화학자들은 그런 암호에 익숙하기 때문에 그림 9.1을 정사면체 모양의 메테인 분자(CH_4)를 나타내는 것이라고 쉽게 인식할 수 있다. 정사면체는 화학에서 가장 중요한 기하학적 모양이다.

기호에 대한 단순한 설명만으로도 이런 구조의 입체성을 이해할 수 있는 사람이 있을 것이다. 그러나 컴퓨터를 이용하지 않고 기호로 표시된 그림을 보면서 공과 막대기로 분자의 모형을 한 번이라도 직접 만들어보면, 평생토록 기억에 남을 정도로 확실하게 그 입체성을 이해할 수 있게 될 것이다.

그림 12.2에서처럼 복잡한 분자에는 쐐기-점선의 규칙도 적용할 수 없다. 대부분의 분자에서는 무시할 수 없을 정도로 중요한 여러 개의 평면이 서로 복잡하게 뒤엉켜 있다. 그중에서 가장 중요하다고 생각하는 평면을 강조하기 위해서 규칙을 의도적으로 어기는 경우도 있다. 그런 방법으로 표현한 분자의 모양은 하나의 대상을 여러 시각에서 보여주는 호크니의 포토-콜라주와 비슷한 입체파 표현이 된다.[4] 분자의 모양을 정확하게 표현하기 위해서 다양한 기법을 도입하기는 하지만 엄밀한 의미에서 분자의 모양은 화학자들이 생각하는 것과는 다를 수도 있다. 분자는 인간의 논리성과 비논리성이 적당히 혼합된 채, 화학자가 보여주고 싶은 모양으로 표현되기 때문이다.

학술지의 편집방침과 경제적인 제약, 그리고 활용할 수 있는 인쇄기술 등이 실제로 인쇄되는 내용은 물론 분자에 대한 우리의 인식 자체에도 영향을 미친다. 그림 16.4의 노르보르네인을 예로 들어보자. 1950년까지만 해도 세계의 모든 학술지는 그림 16.4의 왼쪽과 같은 구조를 사용했고, 오른쪽과 같은 구조는 엄두도 내지 못했다. 그러나 이제는 이미

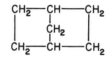

그림 16.4 노르보르네인.

1874년에 밝혀진 것처럼 탄소 원자는 사면체의 중심에 위치하고 네 개의 꼭짓점을 향한 네 개의 결합을 형성하는 사면체형이라는 사실을 누구나 이해하게 되었다. 당시에도 물론 분자의 모형은 있었고 비교적 쉽게 만들 수 있었겠지만, 1925년경까지의 화학자들은 대부분 노르보르네인의 구조를 그림 16.4의 오른쪽이 아니라 왼쪽과 같이 생각했을 것이다. 그들은 학술지나 교과서에서 본 평평한 모양에서 벗어나기 어려웠을 것이고, 때로는 그런 비현실적인 2차원의 모양을 상상하면서 유도체를 합성하려고 노력하는 실수도 했을 것이다.

아마도 화학자들의 이런 입장은 사람들이 소설이나 영화에서 얻은 단편적인 관념을 가지고 생활에서의 낭만을 상상하는 것과 그렇게 다르지 않을 것이다.

1) H. Mizes, S. Park, W. A. Harrison, "Multiple-Tip Interpretation of Anomalous Scan-ning-Tunneling-Microscopy Images of Layered Materials", *Physical Review B* 36, 1977, p. 4491 ; G. Binnig, H. Fuchs, Ch. Gerber, H. Rohrer, E. Stoll & E. Tosatti, "Energy-Dependent State-Density Corrugation of a Graphite Surface as Seen by Scanning Tunneling Microscopy", *Europhysics Letters* 1, 1986, p. 32. 일반적으로 STM으로 볼 수 있는 것과 볼 수 없는 것에 대해서는 R. Hoffmann, "Now for the First Time, You Can See Atoms", *American Scientist* 81, 1993, pp. 11-12 참고.

2) 이 문제는 사실 그렇게 잘 이해되어 있지는 않지만, 안드레이 추그리프와 저자와 황보 명환과 S. N. 마고노프가 이론을 제안했다.

3) 이 사진은 J. Vouvé, J. Brunet, P. Vidal, J. Marsal, *Lascaux en Périgord Noir*, Périgeux : Pierre Fanlac, 1982, p. 31에서 인용한 것이다.

4) 호크니의 초입체주의적 사상에 대한 설명은 David Hockney, *Cameraworks*, New York : Knopf, 1984 참고.

17. 발버둥

화학논문에는 세력 다툼이나 억지가 숨어 있는 경우도 있다. 과학이란 논의(論議)를 통해서 발전하는 것이기 때문에 어쩔 수 없는 일이다. 논의에는 여러 가지의 의미가 있다. 논의가 단순히 무엇을 확인하는 과정이거나 진실의 표현인 경우도 있지만, 상반되는 의견이 대립하는 불화(不和)를 의미하기도 한다. 과학에서는 두 가지의 의미가 모두 필수적이라고 할 수 있다. 이 모형이나 이론이나 측정이 옳고, 다른 것은 틀리다는 주장에 대한 냉정한 논리적 증명도 필요하지만, 그런 주장에 대한 열렬한 신념도 역시 중요하다. 과학적 창조는 내부에 숨겨진 긴박감에서 시작된다고 생각한다. 자신이 옳다는 것을 깨닫고, 자신의 신념을 학술논문을 통해서 다른 사람도 만족할 수 있을 정도로 완벽하게 증명해야 한다는 필요성을 과학자들 스스로 알고 있기 때문에 그런 내적인 긴박감이 일어나게 된다.

겉으로는 점잖고 엄숙한 표현으로 쓰인 과학논문 속에, 강렬한 감정적 저류(低流)와 설득을 위한 책략, 권위의 과시 등이 숨어 있을 수도 있다. 때로는 "내가 옳고 다른 사람은 틀리다"라고 외침으로써 다른 사람을 설득시키려는 욕망이 학술활동을 지배하고 있는 기존 문명의 규칙과 충돌할 수도 있다. 그런 과정에서 어느 선까지 양보할 것인가는 개인적으로 해결해야 할 문제이다.

그림 17.1 콘스턴스 헬러의 카툰.[1]

그림 17.2 콘스턴스 헬러의 카툰.

실험과 이론 사이에도 겉으로 잘 드러나지 않는 대립이 존재한다. 실
험화학자와 이론화학자 사이의 애증관계에 특별한 무엇이 있는 것은 아

니다. 문학에서 "작가"와 "비평가"와의 관계와 매우 흡사하고, 경제학에서도 그런 관계를 찾을 수 있을 것이다. 그런 관계는 쉽게 희화적(戲畫的)으로 표현될 수 있다. 실험화학자들은 이론화학자들이 비현실적이며 허공에 집을 지으려는 사람들이라고 생각하면서도 그들이 제공하는 이론을 절실하게 필요로 한다. 이론화학자들도 실험화학자들을 믿지 않으면서도 자신들이 원하는 핵심적인 측정을 해주기를 바란다. 이론가들도 현실을 떠나서는 아무것도 할 수가 없는 것이다.

실험논문에도 가끔씩 상당한 정도의 이론적 논의가 포함되는 경우가 있다. 이런 논문에서 실험과 이론 사이의 숨겨진 감정이 아주 흥미롭게 표현되는 것을 볼 수 있다. 어떤 면에서는 실험의 결과를 완벽하게 이해하기 위한 노력이라고도 할 수 있지만, 때로는 수학적인 방법을 심하게 과장하여 찬양함으로써 환원적 접근으로 사람들을 설득하려는 의도가 들어 있기도 하다. 이와는 반대로 내가 발표하는 이론논문에는 상당히 많은 실험결과들이 인용되어 있다. 그렇게 함으로써 실험화학자들로부터 내 이론을 "인정받을" 수 있기 때문이다. 내가 실험의 내용을 잘 알고 있다고 주장하면 실험화학자들도 나의 황당한 이론을 귀담아 듣게 될지도 모른다.

순수화학과 응용화학 사이에도 비슷한 대립이 존재한다. 순수와 응용의 구분은 19세기 중엽에 독일에서 시작되었다는 사실이 흥미롭다. 당시 화학의 수준이 독일과 비슷한 정도로 발달되었던 영국에서는 그 구별이 그렇게 명백하지는 않았던 것 같다. 순수화학 논문에서도 산업적 응용 가능성을 근거로 연구결과를 정당화시키는 경우가 많았다. 그렇지만 당시에도 산업적으로 유용한 촉매(觸媒)처럼 엄청나게 복잡한 문제에는 선뜻 도전하지 못하고 의도적으로 회피했던 것 같다. 물론 산업계에서도 순수한 학술적 업적을 추구하려는 경향이 있었다.

과학 분야 중에서도 경제활동과 특별히 깊은 관련이 있는 화학분야에서는, 겉으로 드러나지는 않지만, 연구결과를 공개할 것인가 감추어둘 것인가를 결정하는 것이 그렇게 단순하지 않은 문제이다. 그러나 그런 망설임의 흔적을 화학문헌에서 찾아보기는 쉽지 않다. 일단 공개하기로 결정한 내용은 흠 없이 완벽해야 하기 때문이다. 특히 연구결과가 흥미로운 것일수록 경쟁자가 세밀하게 확인할 가능성이 높고, 그들은 아무리 작은 실수라도 일단 발견하면 흥분해서 비난할 것이 당연하기 때문에 극도로 조심하지 않을 수 없다.

연구결과가 상업적으로 가치가 높을 경우에는 "특허권"의 획득 여부가 연구결과의 공개에 걸림돌이 되기도 한다. 제10장에서 설명했던 게르하르트 도마크의 설파제 개발이 대표적인 예라고 할 수 있다. 독일의 화학재벌이었던 IG 파르벤인두스트리에서 일하고 있던 도마크가 프론토질에 대한 논문을 발표한 것은 1935년이지만, 그 실험은 이미 3년 전에 이루어진 것이었다. 도마크는 특허권을 받고 나서 한 달 후에 논문을 발표했다. 특허권을 획득하기 전에는 논문으로 공개하지 않았다.[2]

1) R. Hoffmann, "Under the Surface of the Chemical Article", *Angewandte Chemie* 100, 1988, pp. 1653-1663.
2) 도마크의 생산시설에 대해서는 J. E. Lesch, *Chemical Sciences in the Modern World*, Philadelphia : University of Pennsylvania Press, 1993, pp. 158-215 참고.

    그의 논문이 발표된 후 몇 달이 지나지 않아서 프랑스의 연구진은 훨씬 단순한 설파닐아마이드도 복잡한 프론토질만큼 효과가 있다는 사실을 발견했다. 그러나 설파닐아마이드 자체에 대해서는 그 합성법과 항균성질이 이미 발표되었기 때문에 특허권이 주어지지 않았다. IG 파르벤인두스트리 사도 이 물질에 대해서 이미 알고 있었지만 특허를 받을 수 있는 대체물질인 프론토질이 개발될 때까지 발표하지 않았다는 설이 있다. J. Le Fanu, *New Scientist*, July, 18, 1985 참고. 나는 이 이야기에 대한 증거를 실제로 보지는 못했다.

18. 이드의 표출

여기서 이드(id)*란 집단적 무의식 속에 잠재하는 복잡한 본능적 욕구
와 공포를 뜻하는 정신분석학적 용어이다. 흔히 응집(凝集)의 형태로 잘
나타나는 이런 비합리적인 충동은 우리의 어두운 면이기도 하지만, 창
조적 활동의 원동력이 되기도 한다.

과학은 인간과 인간이 사용하는 도구에 의해서 이룩된다. 즉 과학은
연약하기 그지없는 인간에 의해서 만들어진다는 뜻이다. 호기심, 이타
심, 합리적 동기 등이 진리를 추구하는 원동력이 된다는 사실은 확실하
다. 한편 인간의 비합리적이면서 어둡고 칙칙한 심리는 공포, 권위, 성
차별, 어린 시절의 충격적인 경험에서 비롯되고, 잘 드러나지 않고, 비
밀스러운 행동에서 시작되기도 한다. 창조는 인간의 그런 비합리적인
심리에서도 가능하다. 그런 심리적 요소가 인간에게 자극제의 역할을
할 수도 있다. 어떤 사람의 창조적 활동에는 그 사람의 성격과 내적 의
욕도 중요한 것이 사실이지만 "바람직하지 않은" 심리적 요인도 큰 도
움이 될 수 있다. 그렇다고 해서 인간의 비윤리성을 정당화시키는 것이

제18장은 『앙게반테 케미』 100, (1988), pp. 1653-1663과 『앙게반테 케미』 27, (영어판,
1988), pp. 1593-1602에 실렸던 저자의 "화학논문에 숨겨진 것들(Under the Surface of
the Chemical Article)"을 개작한 것이다.
* 역주/자아(ego) 및 초자아(superego)와 함께 정신의 일부를 이루며, 무의식중에 잠재하
  는 본능적 에너지의 원천.

아닌가 하고 염려할 필요는 없다. 과학자들도 다른 사람들과 마찬가지로 좋은 사람이 되려는 희망을 가지고 살아간다. 그러나 과학자라고 해서 다른 사람보다 반드시 더 나은 사람이라는 보장은 없다.

과학문헌을 보면 과학자의 비합리성은 비교적 잘 억제되는 것처럼 보인다. 그렇지만 과학자들이 자신들의 비합리성을 감추려고 아무리 노력한다고 해도, 역시 인간이기 때문에 때때로 내면에 숨겨진 비합리적인 면이 노출되는 것은 어쩔 수 없다. 어디에서 그런 경우를 볼 수 있을까? 밝은 대낮이라고 할 수 있는 문헌에서는 그런 경우를 보기가 어렵다. 그러나 많은 부분이 감추어지기 때문에 얼마나 나쁜가를 알아차리기 힘든 어두운 밤에 그런 비합리성이 기어나와 터지는 경우가 있다. 물론 여기서 말하고 있는 것은 바로 익명(匿名)의 "심사과정"이다. 내가 논문을 써서 화학 학술지에 투고하면 편집인은 내 분야의 전문가라고 생각되는 사람들 중에서 적어도 두 명의 심사위원을 선정해서 심사를 의뢰한다. 어느 정도의 시간이 지나면 편집인은 익명의 심사위원이 작성한 심사평을 나에게 보내준다(지금까지의 나의 경험에 따르면 화학분야의 논문심사는 문학이나 인문학의 경우보다 상당히 신속하게 이루어진다).

이런 심사과정에서, 평소에는 매우 훌륭하고 합리적이던 과학자가 믿을 수 없을 정도의 비합리적인 행동을 보여주는 경우가 가끔씩 있다. 내가 지금까지 받아본 심사평 중에는 다음과 같은 것들도 있었다.

논문 1 : 이 논문에서 주장하고 있는 것은 연구계획을 제안하는 설명회가 아니면 맥주잔을 기울이면서 가벼운 환담을 나누는 곳에서나 들을 만한 것이다. 실제로 이 논문에 포함된 내용 중에는 나의 지도를 받고 있는 학생들 중에서 우수한 학생들이 그룹 회의에서 주장했던 것도 있다. 그렇지만 그 학생들마저도 그런 내용이 논문으로 발표할 가치가 있다고 생각할 정도로 오만하고 뻔뻔하지는 않았다. 이런 정도의 내용에 대해서는 다른 사람과 의견을 교환해볼 가치도 없다고 생각했다. 내 판단으로는 이 논문은 『미국 화학회지』는 물론이고 권위 있는 어떤 과학 학술지에도 게재할 수 없는 것이다.

논문 2 (화학 학술지에 투고했지만 물리학자가 심사했다.) : 이 논문을 『피지컬 리뷰(*Physical Review*)』에 발표할 수는 없다. 저자는 단순히 이 구조가 가능하다고 주장만 할 것이 아니라, 이 구조를 가진 분자의 결합 에너지를 계산해서 흑연의 결합 에너지와 비교해보아야만 한다. 확장 휘켈 방법*은 일반적으로 3eV** 정도의 오차가 있기 때문에 화학 학술지에 논문을 발표하기 위한 목적 이외에는 아무 소용이 없다. 화학자들도 연구 수준을 향상시키도록 노력해야 한다.

논문 3 : 나는 호프만이 무기/유기금속 분야에서 한 일에 대해서 한 번도 흥미를 가져본 적이 없다. 카드 놀이를 하는 사람에게는 옆에 서 있는 구경꾼이 아무리 똑똑하다고 하더라도 관심의 대상이 되지 않는다. 호프만이 똑똑한 것은 사실이지만 정말 좋은 일을 할 만큼 똑똑하지는 않다. 아무리 잘한다고 하더라도 옆에서 구경만 한다면 곧 싫증이 날 것이다.
그리고 왜 그가 자신의 논문이면 모두 『미국 화학회지』에 게재되어야

---

* 역주/1960년대에 저자에 의해서 개발된 방법으로서, 분자에서의 전자(電子)의 에너지와 분포를 알아내기 위한 양자화학적 계산방법 중에서 상당히 초보적이기는 하지만 유용한 방법.
** 역주/분자에서의 전자의 에너지를 나타내는 단위. 보통 분자의 결합 에너지는 수십에서 수백 eV에 해당한다.

한다고 고집을 부리는지 알 수가 없다. 결론을 말하자면, 이 논문은 여기에 적절하지 **않다**. 그저 흔해빠진 일들 중의 하나에 불과하다.

300여 편의 논문을 발표해본 경험이 있는 나는 이런 극단적인 평가도 소화할 수 있을 정도로 단련이 되었지만, 초심자들이 이런 심사평을 받으면 참혹하게 느낄 것이다. 물론 나의 논문을 평가한 사람들의 의견은 완벽하게 합리적이고 신사적인 것이다(지금 나는 미소를 짓고 있다).

물론 나의 논문에 대한 대부분의 평가가 여기에 인용한 것처럼 절망적이지는 않았다. 나는 심사평을 받고 화가 날 때에는 문학평론가들이 나의 시(詩)를 낙선시키면서 했던 심사평을 떠올리면서 나 스스로를 위로하려고 애쓴다. 문학평론가들은 대부분 "낙선"이라는 말 이외에는 더 이상 아무 말도 하지 **않는다**.

화학논문은 극도의 긴장상태에서 쓰는 것이기 때문에 그나마 생명력을 유지하고 있다고 할 수 있다. 화학자들은 단순한 언어 이외에도 분자구조를 나타내는 그림, 방정식, 그래프와 같은 것들을 적극적으로 활용하면서, 자신의 감정이 노출되지 않도록 노력한다. 물론 언제나 자신의 감정을 완벽하게 감출 수 있는 것은 아니다. 그렇기 때문에 화학자들의 표현에는 숨겨진 의미가 있는 경우도 많다.

다시 말해서 과학논문에는 많은 의미가 담겨 있다. 어떤 것들은 표면에 노출되어 있지만 그렇지 않은 것들도 있다. 이제부터는 화학자들의 표현방법은 물론 화학자들의 글과 구조의 표현에서 나타나는 감추어진 긴박감으로 관심을 돌려보자. 화학논문을 통해서 전달되는 화학에 대해서 살펴보자는 뜻이다. 화학논문은 한 편의 소설이다. 그 속에 과연 어떤 줄거리가 담겨 있을까?

제3부

분자의 합성

19. 창조와 발견

과학자와 예술가에게 자신이 하고 있는 일을 설명하라고 하면, 과학자는 "발견"에 대해서 이야기하고, 예술가는 "창조"에 대해서 이야기한다. 과학이란 "자연의 비밀을 벗겨내는 것"이라는 진부한 관념이 우리의 가슴속 깊이 자리잡고 있다. 그러나 나의 생각으로는 과학자의 활동에서 발견은 지극히 작은 일부에 지나지 않으며, 특히 화학자의 경우에는 더욱더 그렇다. 그럼에도 불구하고 낡은 고정관념이 그대로 받아들여지고 있는 데에는 역사적, 심리적, 사회적 이유가 있으며, 그것에 대해서 심각하게 생각해볼 필요가 있다.

역사적, 심리적 요인 : 유럽에서 현대과학이 발달하기 시작한 시기는 신대륙을 탐험하던 시기와 일치한다. 사람들은 오랜 항해 끝에 도착한 해변으로부터 미지의 세계를 탐험하기 시작했다. 금세기에 들어와서도 그런 노력은 계속되고 있고, 나와 같은 이름을 가진 탐험가가 서북해협을 통해서 남극으로 갈 수 있는 새로운 항로를 개척했다. 새로운 세계를 발견하기 위한 힘든 항해와 완벽한 지도를 만들어보려고 했던 노력은 정말 인상적이라고 할 수 있다. 번쩍이는 황금 그릇으로 가득 찬 황제의 무덤을 발굴하는 것도 비슷하다. 따라서 과학자가 실험실에서 자신의

제19장은 『아메리칸 사이언티스트(*American Scientist*)』 78, (1990), pp. 14-15에 처음 게재되었던 것을 개작한 것이다.

활동을 이런 의미의 발견으로 적절하게 비유할 수 있다고 생각하는 것은 당연하다. 미지의 세계에 대한 모험이라는 공통요소 때문에 대리만족을 얻는 것일까?

시인이기도 하면서 위대한 화학자이기도 했던 험프리 데이비는 당시의 분위기를 이렇게 표현했다.

> 오! 가장 장엄하고도 숭고한 자연이여!
> 당신을 이렇게 사랑으로 숭배하고 있지 않습니까?
> 불멸의 존재로서 말입니다.
> 눈에 보이는 창조의 권위를 찬미하고,
> 신비로운 당신의 숨겨진 능력을 찾고 있지 않습니까?
> 시인으로서, 사상가로서 그리고 현인(賢人)으로서 말입니다.[1]

들여다보고, 밝혀내고, 침투해 들어가는 남성적 비유는 19세기 과학의 특징으로서, 발견의 이미지와 잘 어울린다고 할 수 있다.

사회적, 교육적 요인 : 일반적으로 물리학자들과 수학자들이 과학철학에 관심을 가졌다. 그런 측면에서 훌륭한 물리화학자이면서 위대한 철학자였던 마이클 폴라니는 매우 드문 예외였다. 전문 철학자를 양성할 때 자신과 같은 분야의 배경을 가진 사람을 선호하는 것은 당연한 일이고, 철학에서는 논리학적 접근법이 특별히 중요한 기여를 하고 있는 것도 사실이다. 그래서 과학철학자들이 자신들의 전공분야에서 사용하고 있는 논리학적 접근법을 철학분야에서도 그대로 사용하는 것은 그리 놀라운 일이라고 할 수 없다. 다만 자신의 분야에서 사용되는 접근법을 모든 분야로 확대해서 일반화하는 것은 세부분야의 특성을 무시하는 것이기 때문에 옳지 않다고 생각한다.

철학적 요인: 천문학과 물리학이 다른 과학 분야보다 먼저 확립되었다는 사실과 프랑스의 합리주의적 전통 때문에, 환원주의적 철학이 과학에서 핵심적인 위치를 차지하게 되었다. 환원주의적 철학에 대해서는 이미 제4장에서 이의를 제기했다. 충분히 깊게 파고들어가면 진실을 발견하게 될 것이라는 발견의 개념은 바로 환원주의적 철학자들의 논리와 일맥상통하는 것이다.

그러나 환원주의는 과학이 추구하는 이해의 한 단면에 불과하다. 과학자들은 풀어헤치고, 잘라내고, 분석만 할 수 있는 것이 아니라, 새로운 것을 만들 수 있는 능력도 있다. 수동적인 이해의 정도를 파악하는 방법으로 능동적인 창조보다 더 엄격한 시험은 없을 것이다. 새로운 것을 만들고 창조하는 것은 환원적 분석과는 근본적으로 다른 것이기 때문에, 여기서 "시험"이라는 말은 그렇게 적절한 표현이 아니라고 할 수도 있을 것이다. 다만 나는 과학에서는 진보적이고 긍정적인 방법도 대단히 중요한 역할을 한다는 사실을 강조하고 싶을 뿐이다.[2] 위대한 물리학자 리처드 파인먼은 언젠가 강연 도중에 "내가 스스로 만들지 못하는 것은 이해할 수 없다"고 했다.[3]

아직도 분석이 가장 중요하게 생각되던 시기에 예지력을 가지고 새로운 물질의 합성을 예찬했던 괴테는 화학결합 이론을 이해하려고 노력했다. 그가 남긴 1809년의 소설 『친화력(*Die Wahlverwandtschaften*)』에서 주인공 에두아르트와 샬로테는 다음과 같은 대화를 나눈다.

"친화력이라는 것은 헤어지기 직전이 되어야만 그 의미가 확실하게 나타납니다."

그림 19.1 괴테 『친화력』의 주역(H. A. 델링의 그림을 하인리히 슈미트가 1811년에 판화로 제작).

"불행하게도 오늘날 흔히 들을 수 있는 그런 슬픈 단어가 자연과학에도 있나요?"

"그럼요. 그 말은 한 물질에서 다른 물질로 헤어지게 만드는 분야에서의 예술가라고 할 수 있는 화학자를 대표하는 말이기도 합니다"라고 에두아르트가 대답했다.

샬로테가 말했다. "그렇다면 다행히도 이제 더 이상 그렇게 생각하지 않아도 되겠군요. 통합은 더 위대한 예술이고 더 좋은 것이죠. 어느 분야에서나 통합을 추구하는 예술가가 세계적으로 환영받을 거예요."[4]

화학자들도 발견의 개념을 인정하고 있다는 사실은 참으로 이상한 일이다. 화학은 분자와 분자의 변환에 관한 과학이다(100년 전까지만 해도 "분자" 대신 "물질"이나 "화합물"이라고 불러야 했다). 어떤 분자는 **자연에 그대로 존재하면서** 알려지게 되었다. 여기서 어떤 분자에 대해서 "안다(know)"라는 말은 그 분자가 어떤 원자들로 되어 있고, 어떻게 연결되어 있으며, 분자의 모양은 어떻게 생겼고, 왜 멋진 색깔을 나타내는가와 같은 정적(靜的) 성질을 알아낸다는 뜻이기도 하지만, 분자의 내부 움직임이나 반응성과 같은 동적(動的) 성질을 알아낸다는 뜻이기도 하다. 단순히 물이나 공작석(孔雀石)과 같이 땅 위에 존재하는 분자도 있고, 비교적 간단한 콜레스테롤이나 더 복잡한 헤모글로빈과 같이 생명체에 존재하는 분자도 있다. 이런 분자들의 연구에는 발견의 패러다임이 확실하게 적용된다.

그러나 화학에서는 화학자들이 실험실에서 인공적으로 만든 분자들을 더 많이 취급한다. 화학자들이 지금까지 인공적으로 합성하고 특성을 자세하게 규명한 화합물의 수가 이미 1,000만 종(種)을 넘는다. 화학자들의 생산성은 놀라운 수준이다. 지구상에 존재하지도 않았던 분자가 1,000만 가지나 알려지게 되었다는 뜻이다. 물론 그런 분자들이 어떤 규칙을 따르고 있는 것은 사실이다. 그래서 만약 A라는 화학자가 어떤 분자를 합성하지 못했다고 하더라도 며칠 후 또는 수십 년 후에라도 다른 화학자 B가 바로 그 분자의 합성에 성공할 가능성은 있다. 그렇지만

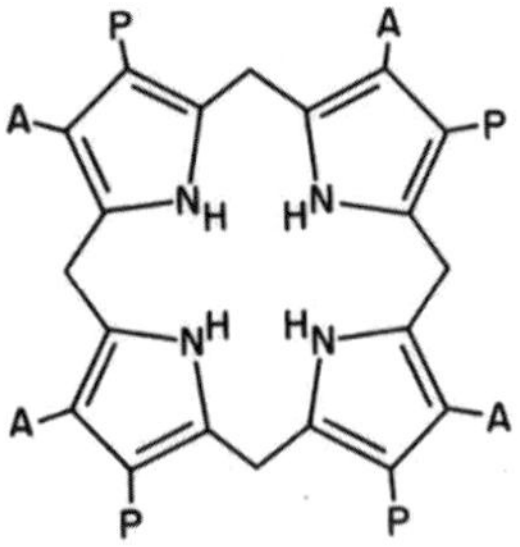

A = CH₂COOH
P = CH₂CH₂COOH

그림 19.2 우로포르피리노겐-III(우로겐-III).

어떤 분자를 어떻게 합성할 것인가를 결정하는 것은 바로 우리 인간,
즉 화학자들이다.[5] 화가들이 물감과 캔버스 그리고 자신이 받았던 교육
의 제한 속에서도 새로운 그림을 "창조하고" 있는 것과 그렇게 다르지
않은 이야기이다.

이미 자연에 존재하는 천연분자들의 구조와 반응특성을 규명하려고
하는 발견적 입장에서 화학연구를 수행하는 경우에도 인공적으로 창조
된 분자를 이용해야 하는 경우가 많다. 언젠가 나는 훌륭한 영국 유기화
학자 앨런 배터스비의 우로포르피리노겐-III 생합성(生合成)에 대한 강
연을 들은 적이 있다. 상업적으로는 우로겐-III라고 부르기도 하는 이
분자는 그 자체로는 그렇게 아름답게 보이는 분자가 아니지만 사실은
매우 훌륭한 기능을 가진 분자이다. 녹색식물은 이 물질을 선구물질(先
驅物質)로 이용해서 광합성(光合成) 작용에 필요한 엽록소를 만들고,
모든 세포의 사이토크롬에서의 전자 전달과정에도 우로겐-III 유도체가
참여한다. 그리고 헤모글로빈에서 산소 전달기능을 가진 철을 포함한
부분도 바로 이 원판 모양의 분자에서 만들어지게 된다.

그림 19.2의 우로겐-III는 네 개의 파이롤 고리들이 서로 연결되어
있는 큰 고리 모양의 분자이다. 각각의 파이롤 고리에 A와 P로 표시된

기호를 주목할 필요가 있다. 이 기호는 아세틸(CH_2COOH)과 프로피오닐(CH_2CH_2COOH)이라고 부르는 원자들의 그룹을 나타낸다. 시계 10시 방향에서 시작해서 큰 고리를 따라서 돌아가면서 보면 두 기호가 같은 순서로 반복되지만, 마지막에는 그 순서가 "뒤집어져" 있다. 즉 기호를 순서대로 읽으면 A-P, A-P, A-P, P-A의 순서가 된다.

"이런 천연분자가 우리 몸에서 어떻게 만들어질까?"라는 의문은 분명히 발명의 패러다임에 속하는 것이다. 실제로 우리 몸속에서는 효소들의 작용에 의해서 네 개의 파이롤 고리들이 사슬 모양으로 연결된 다음에 큰 고리를 형성하게 된다. 이 과정에서는 마지막 파이롤 고리의 기호가 A-P가 아니라 P-A의 방향으로 "잘못" 연결되게 된다. 마지막 파이롤 고리의 잘못된 배열이 제대로 고쳐지기 위해서는 기막힐 정도로 신비로운 별도의 화학반응이 필요하다.

배터스비는 천연분자 대신 일련의 인공분자를 이용해서 이 놀라운 이야기가 실제로 생체에서 일어나고 있는 사실임을 확인했다.[6] 그는 생체에서 일어나는 반응과정의 결정적인 단계에서 만들어지는 분자를 인공적으로 합성하고, 이 가상 중간물질을 실제의 생리환경과 비슷한 상태에 있도록 한 후에 그 결과를 관찰하고 분석했다. 그는 인공분자를 이용함으로써 생체에서 천연적으로 분자가 만들어지는 반응의 모든 과정을 알아낼 수 있었다.

새로운 분자의 합성을 추구하는 화학은 예술이라고 할 수 있다. 100여 년 전에 마르셀랭 베르틀로가 주장했던 것처럼 사람들은 먼저 무엇인가를 창조하고 난 후에 자신이나 다른 사람이 그것을 연구하거나 감상하게 된다.[7] 그것이 바로 작가나 작곡가나 화가가 하고 있는 일이다. 나는 화학에서도 이런 창조적인 특성이 특별히 중요한 역할을 한다고 생각한다. 수학자들도 역시 자신들이 창조한 것을 연구한다. 수학분야가 독특하다는 점은 충분히 인정하지만, 수학자들이 창조하는 것은 실존하는 것이 아니라 정신적인 개념인 경우가 대부분이다. 합성의 창조적인 면에서 생각하면 공학의 일부분야가 화학과 비슷하다고 할 수 있다. 아마도 그런 이유로 프리모 레비의 소설『멍키스패너(*La Chiave a Stella*)』에서 화학을 전공한 해설가가 주인공인 건축가 파우슨에게 호감을 느끼게 되는 것 같다.[8]

데이비드 빌링턴의 다음과 같은 분석을 보면 공학의 건설적인 성격을 명백하게 알 수 있다.

과학과 공학은 발견을 추구하기 위해서 물리적 실험과 수학적 방법 등의 동일한 기술을 공유하기는 하지만, 두 분야에서 그 기술이 전혀 다르게 응용된다는 사실은 쉽게 이해할 수 있다. 공학적 분석에서는 교량과 자동차와 같이 인간이 만든 대상을 관찰하고, 작동 여부를 시험하는 것을 목적으로 한다. 그러나 과학적 분석에서는 엄격하게 조절되는 실험실에서의 실험이나 자연현상의 관찰과 그 결과를 설명하기 위한 일반적인 수학이론이 이용된다. 공학자는 대상을 변화시키기 위해서 연구하지만, 과학자는 대상을 설명하기 위해서 연구한다.[9]

그러나 여기서 빌링턴도 다른 사람들과 마찬가지로 과학을 "발견"으로 여기는 실수를 범하고 있다.

한편 이론과 가설을 구성하는 것은 합성보다도 더 창조적인 활동이다. 상상력을 동원해야 하고, 흔히 불규칙적으로 보이는 관찰결과를 설명하기 위한 적절한 모형을 만들어야만 한다.[10] 물론 규칙이 있다. 새로 고안된 모형은 기존에 확실하다고 인정된 사실들과 일관성이 있어야 한다. 그래서 과거에 비슷한 문제를 어떻게 해결했는가를 살펴봄으로써 힌트를 얻을 수도 있다. 그렇지만 전에는 전혀 알지 못했던 새로운 설명 방법을 추구함으로써 두 세계를 연결하려고 노력하기도 한다. 실제로는 "상호작용하는 두 개의 시스템……두 개의 조화 진동자가 공명을 일으키고 있다고 생각하거나, 에너지 장벽(障壁) 투과의 문제로 생각해보자"와 같은 은유(隱喩)에서 해결책을 찾아내기도 한다.[11] 바깥세상은 상당히 혼란스럽게 보이고, 특히 우리가 이해하지 못하고 있는 부분은 더욱 그렇게 느껴진다. 우리는 어떤 유형(類型)을 찾고 싶어한다. 그래서 "혼돈의 전문가"[12]이면서 현명한 우리는 결국 새로운 유형을 만들거나 창조하게 된다. 이 문제에 대해서 메리 레피는 다음과 같이 말했다.

현실의 복잡성을 전부 고려하면 흥미로운 측면이 대단히 많기는 하지만, 근사(近似)를 이용해서 현실의 복잡성을 단순화하거나 축소하면 문제를 쉽게 해결할 수 있게 된다. 물론 이 두 극단이 적절하게 균형을 이루어야만 한다. 완전히 이해된 (또는 "환원된") 문제는 따분할 뿐이고, 현실과 같은 정도로 복잡한 문제는 좌절감을 일으킬 뿐이다.[13]

나는 화학교육을 받은 사람들이 과학철학에 좀더 관심을 가졌더라면, 전혀 새로운 과학의 패러다임이 정립되었을 것이라고 확신한다.

모든 예술은 창조적이라고 할 수 있을까? 반드시 그렇지는 않다고 생각한다. 『창조와 발견(*Creation and Discovery*)』이라는 제목의 수필집을 썼던 엘리세오 비바스의 말을 생각해보자. 비바스는 대부분의 예술은 창조에 발견의 과정이 녹아들어간 것이라고 주장했다. 그는 시인에 대해서 이렇게 설명했다.

시인이 하는 일이 "태초에 하느님이 하늘과 땅을 창조했다"는 창세기
(創世記) 구절의 하느님이 한 일과 같은 것은 **아니다**. 오히려 시인의 일은
제2절에서 설명한 하느님의 일과 더 비슷하다. 세상에는 시인이 나타나기
전에도 형체와 공간이 존재했고, 깊은 곳에는 어두움이 있었다. 시인은
어두움과 밝음을 구별해주었고, 세상의 질서를 찾아주었다. 시인이 없었
더라면 그런 것들을 인식하지 못했을 것이다.……시인은 자신의 창조적
활동을 통해서 인식한 것을 시로써 우리에게 보여준다.[14]

그리고 계속 이렇게 말한다.

나는 대체가치를 발견하는 것이 시인의 창조적인 마음이라고 생각한
다.……문화적인 관점에서 시인은 그전에 존재하지 않았던 새로운 가치
를 창조한다. 시인은 그런 가치를 발견함으로써 생존의 영역에서 시(詩)
의 영역으로 옮겨가게 되고, 시를 읽는 독자들이 그런 가치를 시장(市場)
을 통해서 유통시키게 된다.[15]

또한 시인 리처드 무어도 이렇게 말했다.

예술가는 아무것도 창조하지 않는다. 다만 그들은 관심이 있는 사람들
을 위해서 발견될 것을 찾을 수 있기를 바라는 마음에서 누구에게라도
기도하고 어떤 의식이라도 마다하지 않을 뿐이다. 시인은 절대 창조하지
않고 빌건할 뿐이나.[16]

나는 비바스와 무어의 의견에 동의하며, 예술이란 상당한 정도까지는 발견이라고 생각한다. 과학이 이해하려고 노력하는 문제들과 겹치는 경우도 있지만 더 많은 경우에는 그런 문제들을 넘어선 정도까지 우리 주변에 있는 것들의 깊은 진실을 발견하려는 것이 바로 예술이다. 예술은 "더욱 완전한 삶과 보이지 않는 도시와 우리 자신의 아름다운 모임을 만들기 위해서",[17] 우리 내부의 유일하지도 않고, 우연에 의한, 환원될 수 없는 세계를 발견하거나 탐구하거나 밝혀내려고 한다. 어떤 표현을 사용하는가는 그렇게 중요하지 않다.

1) J. Davy, *Fragmentary Remains, Literary and Scientific, of Sir Humphry Davy*, London : Churchill, 1858, p. 14 ; David Knight가 *Humphry Davy : Science and Power*, London : Blackwell, 1993에서 인용.

2) 환원주의에 대한 적절한 논의에 대해서는 S. Weinberg, "Newtonianism, Reductionism, and the Art of Congressional Testimony", *Nature* 330, 1987, p. 433 ; *Nature* 331, 1988, p. 475에 실린 와인버그와 E. 메리와의 편지 참고.

3) J. Gleick, *Genius*, New York : Vintage, 1993, p. 437. A. 라이트먼이 *New York Review of Books*, December 17, 1992에 게재했던 글릭의 책에 대한 서평을 통해서 이 책을 알게 되었다.

4) J. W. von Goethe, *Elective Affinities*, R. J. Hollingdale 번역, Harmondsworth : Penguin, 1971, p. 53. 역자가 지적한 것처럼, "Scheidung(이혼)"과 "Scheidekünstler(분석화학자의 전통적인 이름)"를 영어로 정확하게 구별하지 못했다.

5) G. Stent, "Prematurity and Uniqueness in Scientific Discovery", *Scientific American* 227, December 1972, pp. 84-93 ; G. Stent, "Meaning in Art and Science", *Engineering and Science*, California Institute of Technology, September 1985, pp. 9-18.

6) A. R. Battersby and E. McDonald, "Origin of the Pigments of Life : The Type-III Problem in Porphyrin Biosynthesis", *Accounts of Chemical Research* 12, 1979, p. 14 ; A. R. Battersby, "Biosynthetic and Synthetic Studies on the Pigments of Life", *Pure and Applied Chemistry* 61, 1989, p. 337과 "How Nature Builds the Pigments of Life", 같은 책 65, 1993, pp. 1113-1122 ; L. Milgrim, "The Assault on B_{12}", *New Scientist*, September 11, 1993, pp. 39-44.

7) M. Berthelot, *Chimie organique fondée sur la synthèse*, Paris : Mallet-Bachelier, 1860, 제2권 ; J.-P. Malrieu, "Du devoilement au design", *L'Actualité Chimique* 3, 1987, p. ix ; A. F. Bochkov and V. A. Smit, *Organicheskii Sintez*, Moscow : Nauka, 1987.

8) P. Levi, *The Monkey's Wrench*, New York : Simon & Schuster, 1986.

9) D. P. Billington, "In Defense of Engineers", *Wilson Quarterly* 10, 1986, p. 89.

10) B. S. Blumberg, "The Making of a Medical Television Documentary", *American Medical Writers Association Journal* 4, 1989, pp. 19-25.

11) R. R. Hoffman, "Some Implications of Metaphor for Philosophy and Psychology of Science", *The Ubiquity of Metaphor*, Amsterdam : John Benjamin, 1985.

12) Wallace Stevens, *The Palm at the End of the Mind : Selected Poems and a Play*, New York : Vintage, 1971, pp. 166-168.

13) Mary Reppy, 개인 연락.

14) E. Vivas, *Creation and Discovery*, Chicago : Henry Regnery, 1955, p. 137.

15) 같은 책, p. xiii.

16) R. Moore, "Poetry and Madness", *Chronicles* 58, 1991, p. 57.

17) R. Hoffmann, "The Devil Teaches Thermodynamics", *The Metamict State*, Orlando : University of Central Florida Press, 1987, p. 3.

20. 합성 찬가

창조는 좋은 것이다. 우선 우리는 자연의 창조에 매혹되어 있다. 밤새 붉은 단풍잎에 내려앉은 흰 서리처럼 단순한 창조에서부터 하루에도 수천 명씩 태어나는 어린아이의 출생처럼 정교한 창조에 이르기까지, 모든 창조는 매력적이다. 그리고 우리는 인간 자신의 창조에 감동한다. 모차르트와 작사가 로렌초 다 폰테의 작품 "너희들이 알다시피(Voi che sapete)"를 200여 년이 지난 오늘날, 소프라노 엘리 아멜링과 영국의 관현악단이 연주하면 마음이 아플 정도로 감미롭고 깨끗하게 느껴진다. 50여 장의 엉성하게 인화된 사진을 모아서 만든 데이비드 호크니의 포토-콜라주에서는 카메라와 호크니와 감상자들이 모두 마치 사람의 눈과 같이 어느 곳의 세밀한 부분에 집중하기도 하고 건너뛰기도 하고 확대하기도 한다. 필 이턴과 토머스 콜은 그림 20.1과 같이, 한 개의 수소 원자와 결합되어 있는 탄소 원자 여덟 개가 정육면체 모양을 이루고 있는 분자인 큐베인을 만들었다. 인간의 이런 창조도 역시 감동적이다.

나는 새로운 분자를 만드는 화학합성을 찬양하려고 한다. 합성은 화학의 핵심이 되는 멋진 활동으로서, 합성이 있기 때문에 화학은 예술에 가깝게 된다. 합성은 창조적이기도 하면서 분자를 만드는 전략을 찾아

제20장은 저자가 『네거티브 케이퍼빌리티(*Negative Capability*)』 10, (1990), pp. 162-175 에 같은 제목으로 게재했던 것을 개작한 것이다.

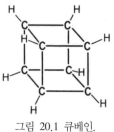

그림 20.1 큐베인.

내는 컴퓨터 프로그램을 만들 수 있을 정도로 상당한 논리성을 가지고 있기도 하다.

화학자들은 분자를 만든다. 물론 다른 일도 한다. 분자의 성질을 연구하기도 하고, 앞에서 살펴본 것처럼 분석을 하기도 하고, 왜 분자들이 안정하며 그런 모양과 색깔을 나타내는가를 설명할 수 있는 이론을 만들기도 하며, 분자들이 어떻게 서로 반응하는가를 알아내기 위해서 메커니즘을 연구하기도 한다. 그렇지만 화학의 핵심에는 역시 자연적인 과정에 의해서나 아니면 인간에 의해서 만들어지는 분자가 있기 마련이다.[1]

분자를 만드는 방법은 한 가지가 아니라 여러 가지이다. 이제 몇 가지 다른 종류의 화학합성을 살펴보자. 이 방법들은 과학적인 필요성, 경제적인 고려, 전통 그리고 미학적인 고려 등에 의해서 발전되었다.

1. 단순합성 : 원소이거나 화합물이거나에 관계없이 물질 A를 물질 B와 혼합한 다음, 열이나 빛을 쪼여주거나 전기방전을 쏘아준다. 고약한 냄새와 번쩍이는 불빛 또는 폭발음이 생긴 후에 원하는 물질 C의 멋진 결정이 나타난다. 이것이 그림 20.2의 만화에서 묘사하고 있는 화학합성의 방법이다. 그러나 화학계에서는 일반적으로 그런 단순합성을 현명한 합성방법이라고 생각하지 않는다. 물론 생성물이 지구상에서 전

그림 20.2 작업 중의 화학자. "월트 디즈니의 도널드 덕 모험(Walt Disney's Donald Duck Adventures)" 중에서(글과 그림 : 칼 바크스).

에 보지 못했던 것일 경우에는 예외이다. 테트라플루오로제논(XeF_4) 분자는 단순한 열기술(熱技術)만은 아니지만 단순합성으로 만들어진다.[2]

$$Xe + 2F_2 \xrightarrow{\text{열}} XeF_4$$

이 합성은 XeF_4가 실제로 존재할 것임을 예측한 닐 바틀릿의 노력으로 가능하게 되었다.[3] 이 분자는 비활성 기체*와 할로겐족 원소**의 화합물 중에서 처음으로 알려진 것이다. 이 분자의 합성방법은 매우 단순하다. 그러나 이 분자의 독특함이 합성방법의 평범함을 압도하기에 충분할 정도이다.

2. 계획과 우연에 의한 합성 : 놀라울 정도로 많은 화학합성은 실제로 우연과 논리의 중간에 의해서 이루어진다. 처음에는 어느 곳의 결합을 끊고 새로운 결합을 만들 것인가와 같은 정도의 엉성한 생각에서 시작해서, 어느 정도 닮은 모양을 가진 분자의 비슷한 반응에 대한 논문들을 읽어보고, 직접 또는 대학원 학생에게 시켜서 반응을 시도해본다. 첫 시도에 성공하기도 하지만 실패하기도 한다. 실패한 경우에는, 반응조건이 잘못되었거나, 온도가 맞지 않거나, 넣어주는 시료의 양이 틀렸거나, 섞어주는 시간이 잘못되었거나와 같은 이유를 찾아낸다. 대부분의 경우에는 반응용기 밑바닥에 녹지 않는 갈색 덩어리가 생긴 다음, 용액을 분리해서 다른 용매로 추출(抽出)하고 결정화시키면 반투명의 엷은

---

* 역주/헬륨, 네온, 아르곤, 크립톤, 제논, 라돈, 오가네손과 같이 다른 원소와 화합물을 잘 만들지 않는 기체 원소.
** 역주/플루오르(불소라고도 한다), 염소, 브로민, 아이오딘, 아스타틴, 테네신의 여섯 원소의 총칭.

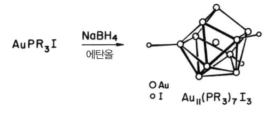

AuPR₃I → (NaBH₄, 에탄올) → Au₁₁(PR₃)₇I₃

$$AuPR_3I \xrightarrow[\text{에탄올}]{NaBH_4} Au_{11}(PR_3)_7I_3$$

O Au
o I

그림 20.3 금 클러스터 화합물의 합성. 클러스터 화합물의 가운데 부분을 보여주기 위해서 바깥에 위치한 금 원자에, 덩어리의 안쪽에서 바깥쪽을 향해서 결합된 PR_3는 생략했다.

자색(紫色) 결정 형태의 생성물이 나타난다.

그림 20.3에 나타낸 것이 그런 합성의 예인데, 이 반응에서는 훌륭한 금 클러스터 화합물이 만들어진다. 이 반응[4]을 처음 시도했던 밀라노의 화학자들은 단순한 포스핀 아이오딘화 금에서 시작했다. 그들은 다른 반응에서 금과 금 사이에 결합을 만들어주는 것으로 알려진 반응조건인 테트라하이드로붕소산 소듐($NaBH_4$)과 에탄올에 이 물질을 넣으면서, 어쩌면 흥미로운 반응이 일어날 것이라고 기대했다. 그들이 끝까지 반응을 따라가서 플라스크 속에 어떤 분자가 만들어졌는가를 확인할 준비를 하고 있기는 했지만, 실제로 무엇이 일어날 것인가를 미리 알지는 못했다고 하는 것이 정확한 표현이라고 생각한다. 물론 끝까지 노력할 준비를 하고 있었던 것이 매우 중요했다. 그들이 얻은 것은 놀랍게도 한 개의 금 원자가 가운데에 위치하고 그 주위에 (정십이면체보다 두 개가 부족한) 열 개의 다른 금 원자가 둘러싸고 있는 믿을 수 없을 정도로 놀라운 클러스터 화합물이었다.

3. 산업적 합성 : 그림 20.4는 아스피린을 상업적으로 합성하는 방법 중의 하나이다. 미국에서 연간 생산되는 아스피린 알약의 수는 미국 국

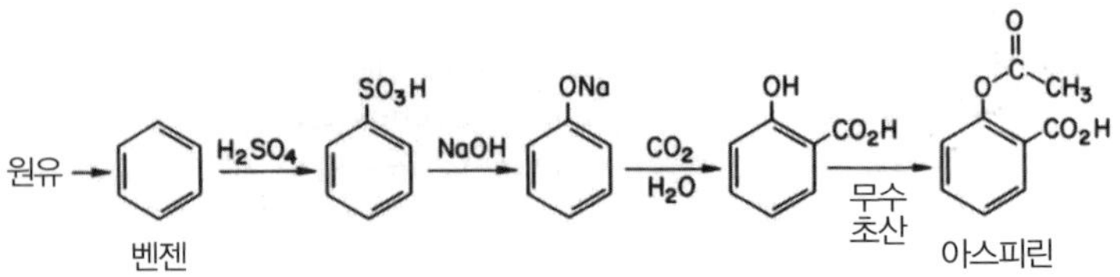

그림 20.4 아스피린의 상업적 합성방법 중의 하나.

방예산 총액을 달러로 표시한 것만큼이나 된다.

원유의 일부에서 벤젠을 분리한 다음 황산, 수산화소듐(석회), 드라이아이스와 물, (아세트산에 숨어 있는) 무수(無水) 아세트산과 순서대로 반응시키면 아스피린이라고 알려진 아세틸살리실산이 만들어진다.

몇 년 전에 『펀치(Punch)』라는 잡지에 합성에 대한 "화학의 원료들(chemical feedstocks)"이라는 좋은 시가 게재되었다.

일생의 작은 놀이에서 아름답거나 유용하다고
부를 수 있는 것은 거의 없지만,
검은 콜타르에서는
기름이나 연고나 왁스나 포도주를
증류기나 병에 추출시킬 수 있습니다.
아름다운 색을 가진 아닐린이라는 물질도.
검은 콜타르에서는 (방법을 알기만 하면)
도료(塗料)에서 별까지 무엇이나 만들 수 있습니다.

대부분의 정제(精製) 화합물 생산과 마찬가지로 아스피린 생산도 원유의 정제과정에서 얻어지는 물질에서 출발한다. 그것이 바로 문제이다. 이세는 쉽게 없어지지 않을 원료에서 복잡한 구조를 가진 물질을

그림 20.5 정유공장(사진 : 로버트 스미스). 합성에 사용되는 화학물질의 대부분은 원유에서 얻어진다.

생산하는 방법을 찾는 것이 도전할 만한 가치가 있게 되었다.

산업적 합성에서 안전성은 매우 중요하다. 생산과정에서 작업에 종사하는 사람의 건강에 해를 끼쳐서는 안 된다. 그리고 깨닫는 데에 시간이 걸리기는 했지만 환경에 해를 끼쳐서도 안 된다. 물론 최종 생산물이 소비자에게도 안전해야 한다. 이런 관점에서 아스피린이 시장에 나오기 시작했다면 지금과 같이 아무런 처방도 없이 누구나 살 수 있는 약품으로 취급되지는 않았을 것이라고 생각하는 사람도 있다.

산업적 합성에서 가장 중요한 것은 역시 생산원가이다. 출발 원료와 시약은 흙, 공기, 불, 물에 가까운 것일수록 좋다(최근에는 불이 엄청나게 비싸지고 있기는 하다). 아스피린 합성에 필요한 시약들은 모두 화합물 생산량 "최고 50위" 안에 포함되는 것들이고, 원가는 최저 50위에 들어가는 것들이다. 생산자는 원가를 절감하기 위해서 합성의 효율을 최적화시키려고 노력한다. 이론적으로 가능한 양 중에서 얼마가 얻어지는가를 나타내는 수득률(收得率)이 90퍼센트인 합성단계에 새로운 촉매를 사용해서 수득률을 95퍼센트로 향상시키면, 수백만 달러의 추가수익을 올릴 수 있을 정도의 경쟁력을 얻을 수도 있다. 과거에는 이런 목적을 달성하기 위해서 "창고에서 찾을 수 있는 화합물에서 시작해보는" 전략을 사용하기도 했다. 그러나 오늘날 산업계는 화학반응이 실제로 어떻게 진행되는가를 알아내기 위한 기초적인 연구에 투자하는 훨씬 더 합리적인 전략을 사용하고 있다.

원가를 절감하려는 경쟁적인 압력이 산업적 합성에서 창조성의 원천이 되기도 한다. 학술적인 연구에 전념하는 화학자들은 한 반응이 제대로 진행되지 않으면 관심 있는 다음 반응으로 훌쩍 넘어가버리고 만다. 그러나 산업계의 화학자들에게는 그런 선택의 여지가 주어지지 않는다. 그래서 한 반응에 집착할 수밖에 없고, 그 과정에서 훌륭한 해결방법을 발견하기도 한다.[5]

1) 화학의 특별한 역할, 물리학과의 비교, 예술 및 공학과의 유사성에 대한 생각은 J. -P. 말리외의 글에서 얻은 것이다. 그는 화학의 특성을 표현하기 위해서 "기술시(技術詩, technopoïese)"라는 단어를 만들었다.

2) H. H. Claassen, H. Selig, J. G. Malm, "Xenon Tetrafluoride", *Journal of the American Chemical Society* 84, 1964, p. 3593.

3) N. D. Bartlett, "Xenon Hexafluoroplatinate (V) Xe$^+$[PtF$_6$]$^-$", *Proceedings of the Chemical Society*, 1962, p. 218.

4) L. Malatesta, L. Naldini, G. Simonetta and F. Cariati, "Triphenylphosphine-Gold(0)/Gold(I) Compounds", *Coordination Chemistry Reviews* 1, 1966, p. 255 ; V. G. Albano, P. L. Bellon, M. Manassero and M. Sansoni, "Intermetallic Pattern in Metal-Atom Clusters", *Chemical Communications*, 1970, p. 1210 ; F. Cariati and L. Naldini, "Trianionoeptakis(triarylphosphine) undecagold", *Inorganica Chimica Acta* 5, 1971, pp. 172-174. Au$_{11}$ 클러스터 화합물의 존재를 말해주는 중요한 결정구조는 싸이오사이안 유도체에서 얻어졌다. M. McPartlin, R. Mason, and L. Malatesta, "Novel Cluster Complexes of Gold(0)-Gold(I)", *Chemical Communications*, 1969, p. 334.

5) 기업과 대학에서의 창조적 화학의 비교에 대한 빈틈없는 고찰에 대해서는 G. S. Hammond, "The Three Faces of Chemistry", *Chemtech*, 1987, pp. 140-143 참고.

21. 큐베인과 합성의 예술

산업적 합성의 경우에서와 같이 처음부터 계획적으로 추구하는 합성이
또 있다. 합성의 걸작품이라고 여겨지는 것들의 대부분은 학술적 연구
환경에서 얻어졌다. 원가의 제한이 전혀 없는 것은 아니지만 그렇게 심
각하지 않고 상상력이 자유롭게 활용될 수 있어서 훌륭한 합성방법이
개발될 수 있다. 앞에서 이미 이야기한 것처럼 큐베인이 그런 예 중의
하나이다. 큐베인이라고 부르는 주사위 모양의 분자는 인공적으로 만들
어진 것이다. 이 분자는 유용할 것이라고 생각되어서 합성된 것이 아니
라, 단순히 플라톤의 입체* 중의 하나에 속한다는 점에서 아름답기 때
문에 합성된 것이다. 그리고 이 분자는 "산이 그곳에 있기 때문에 간다"
라는 속담과 마찬가지로 만들어지기를 기다리고 있었기 때문에 만들어
졌을 뿐이다. 여러 사람들이 시도했지만, 1964년 시카고 대학교의 두
화학자가 처음으로 큐베인의 합성에 성공했다.[1]

그림 21.1은 이턴과 콜이 이 분자를 어떻게 합성했는가를 보고한 논
문에 실렸던 합성방법을 나타낸 것이다. 10개의 분자가 있고, 그 분자들
을 연결하는 화살표로 표시된 9개의 반응이 그려져 있다. 각각의 화살
표 위에는 반응조건을 나타내는 기호들이 표시되어 있다. 각 반응은 5

---

* 역주/입체의 면이 모두 같은 다각형으로 이루어진 입체로서, 정사면체, 정육면체, 정팔
면체, 정십이면체, 정이십면체가 있다.

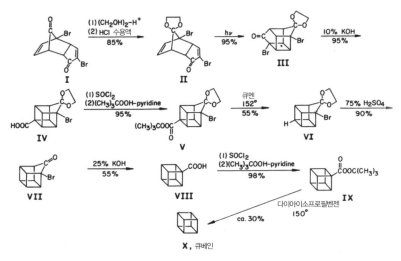

그림 21.1 콜과 이턴의 큐베인 합성방법.

에서 20단계에 이르는 물리적인 작업으로 구성되어 있다. 그것은 시료의 무게를 측정하고, 용매에 녹이고, 섞고, 젓고, 가열하고, 거르고, 따르는 것과 같은 작업을 말한다. 한 단계에 한 시간이 걸릴 수도 있고 일주일이 걸릴 수도 있다. 더욱이 반응 중간에 생성되는 분자를 확인하기 위한 길고 교묘한 분석화학적 방법은 이 그림에 표시하지 않았다.

합성의 마지막 단계에서 큐베인이 얻어진다. 합성은 분자 I이라고 표시된 것으로부터 시작한다. 쉽게 얻을 수 있는 물질에서부터 작업을 시작해야 할 것이라고 생각하겠지만, 이 물질은 그렇게 단순해 보이지는 않는다. 그러나 출발물질 I은 비교적 쉽게 만들 수 있다. 시카고의 연구팀은 1그램에 1센트 정도로 값이 싼 다른 물질에서 시작해서 3단계의 합성단계를 거쳐서 이 출발물질을 합성하는 방법을 개발했다.

화살표 밑에 표시된 퍼센트 숫자는 이론적으로 얻을 수 있는 양 중에서 실제 얼마만큼 얻었는가를 나타내는 수득률이다.

뷰타다이엔이라고 부르는 C_4H_6에 2개의 탄소 원자와 4개의 수소 원자를 가진 에틸렌(C_2H_4)을 넣어서 사이클로헥센(C_6H_{10})으로 변환시키는 반응을 생각해보자.

$$C_4H_6 + C_2H_4 \rightarrow C_6H_{10}$$

"원자질량 단위"라고 하는 단위를 사용하면 수소와 탄소는 각각 1단위와 12단위의 질량을 가진다. 따라서 반응물질 C_4H_6은 4×12+6×1=54 원자질량 단위이고 생성물질 C_6H_{10}은 6×12+10×1=82 원자질량 단위에 해당한다. 실제로 생성되는 물질의 질량은 처음에 얼마만큼의 C_4H_6을 가지고 있었는가에 의해서 결정된다. C_4H_6 1그램으로 시작할 수도 있고, 1톤으로 시작할 수도 있으며, 1밀리그램으로 시작할 수도 있다. 시작할 때에 C_4H_6을 얼마만큼 가지고 있었는가와는 상관없이, C_4H_6으로부터 최대로 얻을 수 있는 C_6H_{10}의 무게는 원래 무게의 54분의 82가 될 것이다. 아무것도 없는 곳에서 무엇을 만드는 것은 불가능하며, 핵반응이 일어나지 않는다면 반응물의 질량은 보존되어야 한다.

콜과 이턴은 큐베인 합성의 첫 단계에서 이론적으로 얻을 수 있는 양의 85퍼센트를 얻었고, 그후의 반응에서는 수득률이 30퍼센트에서 98퍼센트의 범위의 값이 되었다. 이들이 합성의 효율을 자랑하기 위해서 이런 수득률을 적어놓았을 것이라고 생각할 수도 있다. 만약 각 단계에서의 수득률이 10퍼센트 이하였다면, 1밀리그램의 큐베인을 얻기 위해서는 몇 트럭분의 출발물질을 사용해야 했을 것이다. 그러나 그런 이유만으로 수득률을 적어놓은 것은 아니다.

화학반응에서의 수득률은 미학적인 기준이 된다. 이것이 무슨 뜻인가를 이해하기 위해서 수득률이 10퍼센트가 되는 경우를 생각해보자.

화학반응은 완전하지 못한 도구를 사용하는 연약한 인간에 의한 물리적 작업으로 이루어진다. 용액을 플라스크에서 여과 깔때기로 옮기는 과정에서 90퍼센트의 용액을 쏟아버리면 수득률이 10퍼센트가 되겠지만, 과학이나 예술에서 그런 엉성한 작업으로 사람들을 감동시키지는 못한다.

모든 옮김 작업을 충분히 정교하게 수행했다고 생각해보자. 그런 경우에 기술은 상당한 수준이지만 여전히 10퍼센트의 수득률을 얻을 수 있다. 이제는 사람의 손이 문제가 되는 것이 아니라 정신이 문제가 된다. 자연은 우리의 계획과는 상관없이 90퍼센트의 물질을 다른 용도로 사용해버린 것이다. 그렇다면 정신이 물질을 통제하지 못한 경우가 되기 때문에 감탄의 대상이 될 수 없다. 그 반응을 더 나은 방법으로 진행시킬 수 있을지도 모른다. 큐베인 합성 반응에서 볼 수 있는 것과 같은 고(高)수득률을 가진 일련의 반응이 바로 화학에서의 우아함이라고 할 수 있다.

합성의 전략에도 상당한 논리가 있다. 여러 단계의 합성을 계획하는 것은 체스 문제를 푸는 것과도 같다. 큐베인이 바로 승리에 해당하는 마지막 단계이고, 그 중간에 말의 움직임은 합성의 규칙을 따라야 한다. 물론 합성의 규칙은 체스의 규칙보다 훨씬 재미있고 자유롭다. 합성화학자는 체스 판에서의 상황을 미리 계획하려고 한다. 가장 평범하게 보이는 상황으로부터 시작해서 한 사람의 화학자 또는 한 팀의 화학자들은 묘한 움직임을 이용해서 고집 세고 가장 정복하기 힘든 대국자(對局者)인 자연이 무엇을 하거나에 상관없이 승리의 고지를 점령하려고 한다.

훌륭한 합성화학자이기도 한 존 콘포스는 그런 대국자(그는 "진실"이

라고 불렀다)가 "때로는 합성이 진행되는 동안에 스승이나 친구로 변하기도 한다"고 지적했다.[2]

합성에 내재하고 있는 명백한 논리성에 감동한 사람들은 합성화학자의 마음을 흉내내기 위한 컴퓨터 프로그램을 만들기도 했다. 그런 프로그램을 개발하는 것은 화학자에게는 물론 "인공지능"이나 "전문가 시스템" 분야의 연구자들에게도 대단히 어려운 문제이다. 프로그램 개발은 대단한 가치가 있는 교육활동이다. 그런 프로그램 개발에 참여했던 화학자들은 스스로 생각하는 과정을 분석함으로써 자신의 전공분야에 대해서 많은 것을 배우게 된다. 그런 프로그램들은 일상적인 합성에 도움이 되기 때문에 산업계의 실험실에서도 많이 사용되고 있다.

합성 프로그램이 훌륭한 화학 학술지에 실릴 수 있을 정도의 흥미로운 합성을 제시할 수 있을까? 아직은 더 두고보아야 할 것으로 생각된다. 컴퓨터를 이용하는 합성분야의 논문을 보면, 흔히 컴퓨터를 이용하지 않았던 과거의 화학자들이 고안했던 화합물의 어려운 합성방법을 재현할 수 있는가를 근거로 자신들이 개발한 프로그램의 성능을 확인하고 있다. 그러나 나는 아직도 다음과 같이 시작되는 논문이 나타나게 될 것을 기대하고 있다.

카스텔라 마누엘렌시스라는 변형균(變形菌)에서 추출된 새로운 항 바이러스 부사코마이신-F17에 대한 관심이 높아지고 있다. 15개의 비대칭 중심이 있는 이 분자의 전합성을 시도했지만 성공하지 못했다. 그래서 우리는 MAGNASYN-3이라는 프로그램을 이용하게 되었고, 그림 1과 같이 성공적인 합성방법을 알아내게 되었다.……

그러나 인간의 심리는 다른 것은 몰라도 우리 자신이 컴퓨터 프로그램으로 대체될 수도 있다는 가능성을 쉽게 인정하려고 하지는 않는다.

화학합성은 명백한 건축과정이다. 따라서 합성에는 건축학적인 면도 고려되고 있으며 건축분야의 미학도 확실하게 볼 수 있다. 예를 들면 큐베인의 합성과정에서 나타나는 중간물질은 출발물질이나 생성물질보다 훨씬 복잡하다. 왜 그럴까? 한 부분이 조립되는 동안 다른 부분의 구조물을 받치고 있는 역할을 해줄 받침대가 필요하기 때문이다. 실제 경우를 보면 더 많은 내용을 이해할 수 있게 된다. 그림 21.1에서 I에는 "케톤"이라고 부르는 2개의 일산화탄소(CO)가 있다. II로의 반응에서 그 중에 위쪽에 있는 하나는 오각형 고리로 바뀌지만 다른 하나는 그대로 남는다. 콜과 이턴은 그대로 남은 케톤을 CO에서 COOH로(III→IV), COOH를 $(CH_3)_3COOCO$로(IV→V), 그리고 다시 H로(V→VI) 변환시켜야만 했다. VI→VII에서는 두 번째 케톤을 다시 살려내서 첫 번째 케톤과 같이 VII→VIII→IX→X의 변화를 거치게 했다. 얼마나 많은 노력의 낭비인가? 왜 2개를 함께 변환시키지 않았을까?

여기서 살펴본 것이 바로 분자의 한 부분을 변환시키는 동안에 다른 부분을 덮어두거나 감추어두는 기본적이고 간단한 "보호기(保護基)"의 기법을 보여주는 예이다. 보호기는 나중에 제거해버린다. 큐베인을 처음 합성할 때 이턴과 콜은 이 분자가 매우 불안정할 것이라고 걱정했다. 그래서 이런 보호전략을 사용해서 조심스럽게 한 단계씩 전진했던 것이다.

그러나 사실은 걱정할 필요가 없었다. 오늘날에는 한 단계의 반응에서 2개의 케톤을 함께 COOH로 변환시킬 수 있다고 필 이턴에게서 직접 들었다. 처음부터 그런 시도를 하지 않았다는 사실은 합성의 업적에 아무런 흠집이 되지 않는다. 그 이유는 바로 인간 활동의 "역사성" 때문이다. 오늘날과 같이 좋은 방법이 아니고 잠정적인 방법이기는 하더라도, 인간의 재능과 능력으로 역사상 처음으로 무엇을 창조했다는 것이 중요하다는 뜻이다.

합성이 건축의 과정이기는 하지만 직접 우리 손으로 건축하는 것은 아니다. 육면체 모양의 나무상자를 못질해서 만드는 것도 아니고 팔라디오스 식*의 별장을 짓는 것과도 다르다. 반응이 일어나고 있는 플라스크 속에는 오직 1개의 분자가 있는 것이 아니라 10^{23}개의 분자가 들어 있다. 분자들은 매우 작고, 이리저리 튀어다니면서 마음대로 혼란스럽게 돌아다닌다. 그럼에도 불구하고 평균적으로 보면, 그 분자들은 우리가 제공하는 외부의 거시적 조건과 열역학 법칙에 따라서 우리가 원하는 방향으로 변환되고 있는 것이다. 주변의 무질서도(度)를 증가시킴으로써 부분적인 질서를 창조하게 된다.

위대한 합성유기화학자였던 우드워드는 이렇게 말했다.

자연에서 만들어지는 물질의 합성이 유기화학의 어떤 분야보다도 과학의 조건과 능력을 가장 잘 보여준다고 할 수 있다. 합성의 대상물질은 절대로 우연에 의해서 선택되지 않으며, 아무리 가혹하고 영감이 담긴 순전히 관찰적인 노력이라고 하더라도 합성에는 충분하지 않다. 합성은 언제나 계획적으로 이루어져야만 하며, 합성의 최첨단은 모든 가능한 정신적, 물리적 도구를 활용한다는 전제 아래 얼마나 현실성 있는 계획이 가능한가 하는 정도에 따라서 정의될 수 있다. 30단계 이상을 거친 합성의 성공적인 결과가 전례 없는 과학의 예측능력이나 주변환경에서 일정한 부분

---

* 역수/이탈리아의 건축가 안드레아 팔라디오 양식의 건물.

에 대한 이해의 정도를 시험하는 것이라는 점은 부정할 수 없다.[3]

현존하는 최고의 합성화학자인 코리도 다음과 같이 말했다.

합성화학자는 단순한 논리가나 전략가가 아니다. 추측하고 상상하고 창조까지 할 수 있는 탐험가이다. 이런 추가된 요소 때문에 합성의 기본 원리에는 어렵기는 하지만 예술적인 감각이 생기게 되고, 그래서 매우 현실적이고 매우 중요하다.

흔히 훌륭한 합성연구에서는, 이미 알려진 방법론과 현재의 이론에 근거를 둔 환원적 분석의 사상과 발명은 물론 심지어 추측까지도 강조하는 사상의 서로 다른 두 가지의 연구철학이 균형을 이루고 있다고 할 수도 있다. 합성에서의 문제와 매력은 합성 전문가의 창조성과 독창성과 상상력에 대한 명백한 도전이 문제가 될 때에는 언제나 실용적인 측면에 대한 고려를 완전히 잃어버릴 수도 있다는 점이다.[4]

합성의 힘과 스타일을 통해서 화학자들에게 "합성의 예술"이 고도의 예술이라는 사실을 이해할 수 있도록 해준 사람이 바로 우드워드였다는 사실은 매우 흥미로운 것이다. 코리는 『화학합성의 논리(*The Logic of Chemical Synthesis*)』라는 책을 발간했다.

물질을 만드는 과정에서 예술과 논리는 서로 다른 방향을 향하고 있다고 볼 수도 있지만, 창조가 있는 곳에는 또다른 종류의 합성, 즉 예술과 논리를 모두 포함한 합성이 존재한다.[5]

1) P. E. Eaton and T. W. Cole, Jr., "Cubane", *Journal of the American Chemical Society* 86, 1964, pp. 3157-3158.

2) J. W. Cornforth, "The Trouble with Synthesis", *Australian Journal of Chemistry* 46, 1993, p. 159.

3) R. B. Woodward, "Synthesis", *Perspectives in Organic Chemistry*, New York : Interscience, 1956, p. 155.

4) E. J. Corey, "General Methods for the Construction of Complex Molecules", *Pure and Applied Chemistry* 14, 1967, p. 30.

5) J. W. Cornforth, 앞의 책 ; R. Hoffmann, "How Should Chemists Think?" *Scientific American* 268, 1993, pp. 66-73.

22. 아가니페 분수

스톡홀름 근교의 리딩괴 섬에 있는 밀레스가든에 가면 스웨덴의 위대한 조각가 칼 밀레스의 훌륭한 작품을 볼 수 있다. 얼마 전 그곳을 방문했을 때 "아가니페 분수"라는 새로운 조각작품을 볼 수 있었다. 그 작품의 주제는 고전적인 것이지만 밀레스의 해석은 독특했다. 그리스의 헬리콘 산기슭에 있는 아가니페의 봄은 예로부터 많은 화가와 시인들을 감동시켜왔다고 한다. 밀레스는 연못가에 기대어 있는 여인의 모습으로 아가니페를 묘사했다. 연못에서 솟구쳐 오른 몇 마리의 돌고래가 공중에서 아치 모양을 이루고 있다. 세 마리의 돌고래는 각각 음악, 그림, 조각을 상징하는 남자들을 한 명씩 등에 태우고 있고, 돌고래의 주둥이에서 뿜어져 나오는 물이 분수를 이루고 있다. 밀레스가 디자인한 분수는 그림 22.1과 같다.

나는 뉴욕의 메트로폴리탄 미술관의 정원을 장식하고 있었던 아가니페의 조각들을 대단히 좋아했다. 지금은 그 조각들이 사우스캐롤라이나의 찰스턴 교외의 브룩그린 정원으로 옮겨져 있다. 밀레스가든에 있는 것은 조금 작은 규모의 복제품이기는 하지만 역시 훌륭한 작품이다.

제22장부터 제26장까지는 『뉴 잉글랜드 리뷰 앤드 브레드 로프 쿼터리(*New England Review and Bread Loaf Quarterly*)』 12, (1990), pp. 323-335에 실렸던 저자의 "자연적/비자연적(Natural/Unnatural)"을 개작한 것이다. 이 글을 정성껏 편집해준 에밀리 그로숄츠에게 감사한다.

그림 22.1 스톡홀름 근교의 리딩괴 섬의 밀레스가든에 있는 밀레스의 아가니페 분수(사진 : 저자).

분수는 움직이고 갈라지고 다시 합쳐지는 물을 상징한다. 또한 실존과 상상, 자연적인 것과 인공적인 것을 교묘하게 상징하기도 한다. 여기에서는 자연적인 것과 인공적인 것의 구별에 대해서 좀더 생각해보기로 하자. 예술가들과 과학자들이 그 차이에 대해서 혼동하는 이유를 먼저 살펴보고, 그런 구별이 결국은 근거가 있다는 점을 주장하려는 것이다.

분수에서 위로 솟구쳐 오른 돌고래의 등에 올라서 있는 젊은 남자는 조각(彫刻)을 상징한다. 남자는 실물 크기로 멋지게 형상화되어 있고 축소된 돌고래보다 훨씬 크지만, 이런 불균형이 조금도 어색해 보이지 않는다. 남자는 춤을 추고 있고, 중력(重力)의 영향도 받지 않는 것처럼 보인다. 밀레스는 그의 작품에서 중력에 대한 저항을 거듭해서 주장하고 있다. 청동조각을 통해서 말이다. 돌고래의 주둥이에 설치된 몇 개의 구멍으로부터 위로 뿜어져 나오는 물줄기는 결국 중력이라는 자연의 힘 때문에 아래로 휘어지면서 남자의 몸에 뿌려진다. 남자는 몸을 뒤로 젖히고 있고, 쭉 뻗은 팔 끝의 손바닥에는 한 마리의 말이 있다(밀레스의 표현대로 말이 "균형을 이루고 있다"고 말하는 것이 더 적절할 것 같다). 그 말은 남자의 팔뚝 정도로 작은 크기이고 허공을 향해서 전속력으로 질주하고 있는 모습이다. 말의 머리에는 역시 중력을 거역하는 또다른 작은 남자가 균형을 유지하고 있다. 그림 22.2에서와 같이 날고 떨어지고 날고 떨어지는 모습이 반복되고 있다.

분수이기도 하면서 조각이기도 한 이 작품에서 무엇이 자연적인 것이고 무엇이 인공적인 것일까? 모든 분수가 그런 것처럼 이것도 독창적일 정도로 합성적이고 인공적이며 비자연적이다. 누군가가 생명과 지구의 핵심적 요소인 물을 미학적 목적으로 교묘하게 조작하기 위해서, 예술과 유체공학을 결합한 기막힌 장비를 고안해낸 것이다. 분수는 물을 조각의 한 요소로 이용하는 독특한 특징을 가진 조각이다. 그

그림 22.2 밀레스의
아가니페 분수의 자세
한 모습(사진 : 저자).

리고 분수가 흥미를 끄는 가장 큰 이유는 단단한 청동이나 돌이, 움직
이면서 자유로워 보이는 물과 같이 대립되는 요소와 이루는 긴박감
때문이다. 이런 요소들을 어떻게 이처럼 동적인 조각에 함께 표현할
수 있었을까?

물이 그냥 솟아오르는 것도 아니고 돌고래의 주둥이에서부터 어떤 의
도된 길을 따라서 흐르도록 하는 것이 바로 그런 목적을 달성하기 위한
교묘한 수법이다. 분수에는 물을 흐르게 하기 위한 정교한 메커니즘이
필요하나. 펌프로 물을 위로 쏘아 올려서 자연스럽게 아래로 흘러내리

도록 해야 하고, 어떤 곳에서는 똑바로 흐르도록 만들어야 한다. 펌프와 미터와 차단기와 밸브와 같은 인공적인 기계들이 어디엔가 감추어져 있다. 이런 인공적인 기계들로 만들어진 분수보다 더 인공적인 것이 뭐가 있겠는가?

분수의 조각들은 청동으로 되어 있고, 기계적인 부품들은 또다른 금속으로 되어 있다. 청동 자체가 인공적인 것이다. 정말일까? 청동은 구리와 주석의 합금이고, 납과 아연도 조금 섞여 있다. 청동은 인류 역사에서 매우 중요한 역할을 했기 때문에 "청동기 시대"라고 이름이 붙여진 시기도 있었다. 이 합금은 주성분인 구리나 주석보다 더 단단하면서도 더 쉽게 녹는다. 구리와 주석은 광석에서 제련된 것이고, 사람의 힘과 기계를 사용하는 야금(冶金)이라는 공정을 거쳐서 정제된다. 동람(銅藍), 적동광(赤銅鑛), 주석석(朱錫石) 등의 구리와 주석의 광석은 확실히 천연적인 것이다. 그렇지만 그런 천연광석들이라고 해도 땅속에서 아무런 변화 없이 묻혀 있었던 것은 아니다. 그런 광물들은 인간의 야금술보다 훨씬 오랜 기간 동안에 지구화학적 과정을 거쳐서 서서히 만들어지기도 했고, 우주가 창조될 당시의 수초 동안에 핵변환에 의해서 격렬하게 만들어지기도 했다.

그래서 밀레스의 분수는 자연적인 존재인 인간이 자연적인 광석과 인공적인 제련과 합금기술을 이용하여, 명백하게 인공적인 조각이라는 예술을 통해서, 가장 자연적인 요소인 물을 조작하고 자연적인 인간과 말과 돌고래를 형상화한 것이라고 할 수 있다. 이런 모든 것들이 내 눈에는 즐겁게 느껴지고, 내가 직접 보지는 못했지만 자연적이면서도 인공적으로 만들어진 종이 위에 인공적으로 그려진 로마 시대의 분수와 비교할 수 있는 훌륭한 분수로 생각하게 해준다. 밀레스의 분수뿐만 아니라 우리가 일상생활에서 볼 수 있는 어떤 대상이라도 미학적으로 또는 과학적으로 깊이 있게 분석해보면 자연적인 것과 인공적인 것의 구분은 언제나 이렇게 혼돈스러운 것이다.

23. 자연적/비자연적

과학자들은 아마도 제22장의 마지막 부분의 주장을 좋아할 것이고, 화학자들은 더욱 그러할 것이다. 화학자들은 흔히 그들이 "비자연적인" 물질을, 그것도 때로는 대단히 위험한 물질을 만든다고 믿고 있는 사회인식을 부당하다고 생각한다. 언론의 보도를 대강 살펴보면 항상 화학에 대해서 부정적인 의미가 담긴 말들이 사용되고 있는 사실을 발견할 수 있다. 화학을 상징하는 이름이나 명사의 앞에는 언제나 선전문구처럼 "폭발성", "독성", "유해성", "오염성" 등의 형용사를 빠짐없이 붙이고 있다. "자연적", "유기농법으로 키운", "순수한"과 같은 말들은 긍정적인 의미를 나타내는 것으로 인식되는 반면에, 합성된 것은 기껏해야 한정적으로 좋을 수도 있다는 정도로 인식되고 있다. 그럼에도 불구하고 오늘날 엄청난 양의 합성물질이 생산되어 소비되고 있다. 그런 합성물질이 실제로는 우리가 생활할 수 있는 공간을 제공하고, 우리의 병을 치료해주며, 우리의 생활을 더욱 편리하고 흥미롭고 색채감 있게 만들어주기 때문이다. 화학자들은 사회로부터 실망스러울 정도로 서로 모순된 신호를 받고 있다. 즉 한편으로는 경제성과 보상에 감사하는 측면도 있지만, 언론과 일부 지식인들의 횡포에 가까운 태도도 명백히 존재한다. 아마도 중세 유럽에서의 유대인 대금업자(貸金業者)에 대한 사회적 인식과 비슷한 것이 아닌가 생각된다.

화학자들은 순수한 연구에만 몰두해야 하고, 욕심 많고 때로는 비윤리적이기도 한 위험한 화학물질의 생산자와 판매업자 때문에 파생되는 문제에 대해서 죄책감을 느낄 필요가 없다고 할 수도 있을 것이다. 그러나 그 문제만 하더라도 심각한 논의의 대상이 되어야 할 정도로 어려운 것이다. (두 측면이 다 있기는 하지만) 옳든지 그르든지 간에 대부분의 화학자들은 언론과 사회가 기업가들뿐만 아니라 화학과 화학자에 대해서도 지나치게 부정적이라고 느끼고 있다.

그리고 "인공적", "합성적", "비자연적"이라는 말도 분명히 구분해야 할 필요가 있다. 이런 단어들은 그 속에 서로 다른 의미가 숨어 있어서 함부로 사용할 수 없는 것들이다. 인공적과 비자연적이라는 말에 포함된 부정적인 의미의 정도는 상당히 다르다. 그럼에도 불구하고 이 말들은 화학물질이나 사람들에게 아무런 구별 없이 사용되고 있기 때문에 여기서도 특별히 구별하지 않고 사용하도록 하겠다.

나는 예술, 과학, 상업, 육아에 이르기까지 인간의 모든 활동에서 자연적인 것과 인공적인 것의 구별은 아무런 의미가 없다고 굳게 믿는다. 결국 과학자들도 이런 나의 주장을 환영할 것이다. 자연적인 것과 인공적인 것의 구별은 원천적으로 애매한 것이고 사실은 구별할 수 없을 정도로 밀접하게 서로 혼합되어 있다고 보는 것이 더욱 타당하다.

나의 경험에 의하면 자신의 일에 대해서 심각하게 생각해본 예술가는 비자연적인 것을 예술과 과학에서 공통된 창조적 고리로 평가하는 것에 반대하지 않는다. 『음악의 시론(詩論)(Poetics of Music)』을 썼던 이고리 스트라빈스키는 한 걸음 더 나아간 주장을 했다. 그는 자연적인 소리가 음악이라고 생각하거나, 음악은 자연과 밀접한 관련이 있어야만 한다는 생각을 통렬하게 비판했다.

그 자체만으로도 즐거우면서 귀에 달콤하게 들리고 상당히 완벽한 기쁨을 주는 음악의 원재료가 되는 기본적인 자연음이 존재한다는 것은 인정한다. 그러나 그런 수동적인 기쁨 이외에도, 우리에게 질서감과 생명감과 창조성을 주는 정신활동에 우리 스스로가 적극적으로 참여하게 만드는 그런 음악도 있다. 모든 창조의 뿌리에는 단순히 맛있는 과일에 대한 식욕과는 다른 욕구가 있기 때문이다.[1]

화학자들은 더 나아가서, 물이나 청동이나 청동에 생긴 동록(銅綠)이나 밀레스의 손이나 나의 눈이나 할 것 없이 모든 것들이 미시적인 구조를 가지고 있다는 사실을 지적할 것이다. 모든 것이 분자로 구성되어 있다. 구성원자와 원자들의 공간적인 배열이 거시적인 물질의 물리학적, 화학적 그리고 생물학적 성질을 결정한다. 앞에서 설명한 것처럼 한 분자가 다른 분자의 거울상이 되는 정도의 사소한 차이 때문에 단맛을 내는가, 습관성인가, 아니면 독성인가 하는 성질이 결정된다. 왜 산소분자(O_2)가 적혈구의 헤모글로빈에 잘 결합하고, 일산화탄소(CO)는 보다 더 잘 결합하는가와 같은 자연적이고 생물학적인 과정의 직접적인 메커니즘을 명백하게 밝힐 수 있다는 사실에서, 현대 생화학의 아름다움이 나타나게 된다. 여성들의 스타킹이 실크에서 나일론으로 대체된 것은 아무 이유 없이 단순하게 이루어진 것이 아니었다. 분자 수준에서 보면 두 고분자의 조성과 구조에는 상당히 비슷한 점이 있다(두 고분자가 모두 아마이드와 카보닐 기[基]를 가지고 있고, 넓게 펴진 평면구조를 가지고 있으며, 수소결합을 하고 있는 점이 비슷하다). 분자의 구조를 이해하게 된 것이 현대 화학의 가장 뛰어난 성과라고 하겠다. 순수한 물에서부터 청동합금이나 우리 눈의 시신경을 구성하고 있는 로돕신 단

백질에 이르는 모든 분자의 구조를 완전히 이해하게 되었다.[2]

그러나 과학자들이 너무 편하게만 느끼지 않도록 "자연적"과 "비자연적"을 구별하도록 노력해보겠다. 이런 구별이 역사적으로 계속되어온 데에는 이유가 있다. 소위 "합리성"을 아무리 추구하더라도 이에 대한 이성적인 관심은 사라지지 않을 것이고, 과학자들도 다른 사람들과 마찬가지로 이 문제에 지속적인 관심을 가질 것이기 때문이다.

화학에서 자연적/비자연적이라는 이원론은 흥미로운 역사를 가지고 있다. 1845년 헤르만 콜베가 처음으로 아세트산을 인공적으로 합성함으로써, 자연적인 물질을 무기적이고 비생명체적인 방법으로 합성할 수 있다는 사실을 밝혔다. 그에 따라서 옛날부터 전해오던 유기물질(有機物質)과 무기물질(無機物質)의 구분*은 없어지게 되었다.[3] 여기서는 "자연적"과 "비자연적"이 아니라 "유기"와 "비유기"가 대비되고 있다는 점을 주목하기 바란다. 유기분자와 무기분자가 동일하다는 것을 보이기 위해서는 인간의 노력이 필요했다.

오늘날까지도 물질의 정체(正體)는 논란의 대상이 되고 있고, 경제적으로도 가치가 있는 주제이다. 예를 들면, 화학자들은 건강식품상들이 장미 열매에서 추출한 비타민 C가 인공적으로 합성한 비타민 C와는 다른 것이라고 선전하면서 비싼 값에 팔고 있는 것을 비난한다. 만약 A라는 화학자가 보고한 합성방법이 재현되지 않는다고 B라는 화학자가 주장하면 A는 매우 흥분할 것이다. 아마도 A가 합성에서 사용했던 시약 중에 우연히 그 시약을 만드는 과정에서 어떤 촉매작용을 하는 물질이

---

* 역주/원래 유기물질은 "생체에서만 만들어지는 물질"을 의미하고, 무기물질은 "생체 밖에서도 만들어지는 물질"을 의미했다. 지금은 유기물질은 탄소를 위주로 구성된 물질을 뜻하는 것으로 그 의미가 바뀌었고, 유기물질과 무기물질의 구분도 그렇게 명백하지 않게 되었다.

섞여 들어갔을 수도 있다. A의 경우에는 그런 "오염물질"인 촉매가 반응을 일으키도록 해주었지만, B의 플라스크 속에는 그런 물질이 없었을 수도 있다. 실험실에서 합성된 순수한 비타민 C는 천연 비타민 C와 똑같은 물질이다. 그러나 수천분의 일 수준에서 보면, 장미 열매에서 추출한 비타민 C 한 병과 화학 제조업체가 생산한 비타민 C 한 병은 완전히 동일하지는 않을 것이다. 어떤 중대한 차이가 있다는 뜻이 아니라 단순히 어쩔 수 없이 포함된 불순물 때문에 원칙적으로 서로 다를 수 있다는 말이다.

화학에서는 유기/무기의 구별과 자연적/비자연적의 구별이 적절하지 않음에도 불구하고, 화학자들 스스로의 언어와 사회구조에서는 그런 이원론이 의미가 있다는 사실을 심각하게 생각해볼 수도 있다. 예를 들면 화학자들은 자연에 존재하는 분자를 합성하는 것을 지구상에 존재한 적이 없는 분자를 합성하는 것과 구별하기 위해서 "천연물 합성"이라고 부른다. 그렇지만 더 중요한 사실은 어떤 화학자도 농담할 때가 아니면 **비천연물**이라는 말은 쓰지 않는다는 것이다. 흔히 농담이 그러는 것처럼, 이런 하찮은 농담도 화학자들이 이 문제에 대해서 가지고 있는 애매한 감정을 나타내는 것이다.

또한 화학자들은 살아 있는 생명체에서 일어나는 기본적인 화학현상의 특성과 메커니즘을 취급하는 생화학 분야를 특별히 구별한다. 생화학자들은 그런 현상들을 개별적인 화학적 과정으로 환원시킴으로써 그 메커니즘을 이해하려고 노력하지만, 그런 개별적이고 기본적인 단계를 주로 연구하는 유기화학자나 무기화학자나 물리화학자는 생화학과에서 조금도 환영받지 못한다. 그럼에도 불구하고 합성화학자들은 천연적인 합성과정을 모방하려고 하는 **생체모방** 방법에 대해서 당당하게 이야기

그림 23.1 비타민 알약(사진 : 토니 스톤 이미지 사의 켄 휘트모어).

한다. 마치 "생(生)"이라는 접두사가 어떤 심리적이고 사회적인 가치를 부여받은 것처럼 보인다. 그런 전문적인 분화와 특성화가 화학에서조차 자연적/비자연적의 이원론을 계속 존재하게 만들고 있다.

1) Igor Stravinsky, *The Poetics of Music*, Cambridge : Harvard University Press, 1956, p. 29.

2) H. Markl, "Die Natürlichkeit der Chemie", *Chemie und Geisteswissenschaften*, Berlin : Akademie Verlag, 1992, pp. 139-157.

3) 요소(尿素)에 대한 업적은 일반적으로 F. 뵐러의 것으로 인정하고 있다. 그러나 L. 그레이엄이 나에게 알려준 D. McKie, "Wöhler's 'Synthetic' Urea and the Rejection of Vitalism : A Chemical Legend", *Nature* 153, 1944, pp. 608-609에 의하면, 당시의 사람들은 F. 뵐러의 합성을 믿지 않았다고 한다.

24. 점심식사

과학자들의 개인적인 활동도 매우 흥미롭다. 이 이야기는 최근에 내가 직접 겪었던 일에서 생각해낸 것이다. 얼마 전에 나는 대규모 화학회사 중역들과의 점심식사에 초대를 받았다. 우리는 개점한 지 얼마 되지 않은 고급 식당에 앉아서 미국에서 요리한 최고급 프랑스 요리를 즐기게 되었다. 가벼운 목재로 만들어진 의자에는 섬세한 무늬가 새겨져 있었고, 냅킨은 고급 리넨과 같은 감촉이었다. 테이블 위에 놓인 꽃은 일본의 이케바나에서 교육받은 사람의 작품 같았다.

나는 가볍고 평범한 대화와 가벼운 과학 이야기가 오갈 것이라고 예상했다. 그러나 나를 초청했던 사람은 곧바로 그날 아침 기자회견에서 그를 괴롭히던 몇몇 젊은 사람들에 대한 감정의 앙금을 털어놓기 시작했다.

식사가 끝날 때까지 계속된 그의 이야기에 등장하는 젊은 사람들은 그 회사가 최근에 발표한 새로운 살충제와 제초제 공장 건설계획에 대한 사회여론을 주도하고 있었다. 그 젊은 사람들은 회사의 중역에게 그 공장에서 생산하게 될 화학물질의 돌연변이성을 충분히 시험했는가 또는 폐수의 배출은 잘 관리될 것인가 등에 대해서 강한 의문을 제기했다. 그들은 그 회사의 다른 공장에서 있었던 사고를 공격적으로 지적했고, 그 대도는 거민하게 느껴질 징도였다고 한다. 그 회사의 중역은 그들의 비난이 단순한 두려움 때문이고 비과학적이며 비합리적이라고 생각했다. 그들은 해충을 관리하는 자연적인 방법으로 충분하다고 생각해서인지 해충을 없애기 위한 살충제 자체의 필요성에 대해서 의문을 제기하는 것 같다는 것이다. 훌륭한 화학자이고 기업가임이 틀림없는 이 나이 든 사람은 아마도 기자회견장에서는 흥분할 수 없었기 때문인지 점심식사 자리에서 몹시 흥분해 있었다. 그 사람들의 혼란스러운 무정부주의적 태도에 열을 올렸고, 어쩌면 조직적인 정치적 배후가 있을지도 모른다고 의심하기까지 했다. 그는 뉴욕의 훌륭한 포도주와 생테 에밀리옹 포도주를 몇 잔 마신 후에야 안정을 되찾아서 당시에 이야깃 거리였던 오스트리아의 포도주 스캔들에 대한 농담을 할 수 있게 되었다(오스트리아에서는 포도주를 "달게" 만들기 위해서 부동액의 주성분 인 디에틸렌글리콜을 사용했다). 그리고는 그가 최근에 골동품 가게에서 찾아낸 신기한 인디언 바구니에 대한 이야기를 계속할 수 있었다(우리는 모두 미국 원주민의 예술품에 깊은 관심을 가지고 있었다). 점심을 마친 후에는 식당 주변의 정원에 활짝 피어 있던 자주색과 검은색의 튤립을 감상하며 산책을 즐겼다.

25. 자연적인 것을 좋아하는 이유

이 이야기에는 회사 중역이나 훌륭한 현대식 식당이 등장하지는 않는다. 자연적인 것과 비자연적인 것을 구별할 수 없다는 주장에 강력하게 반대하는 사람의 집에는 아름다운 풍경이 보이는 창문이 있겠지만, 색다른 풍경을 담은 커다란 사진은 걸려 있지는 않을 것이라고 생각한다. 그들은 진짜 꽃을 키우기는 해도 플라스틱이나 헝겊으로 만든 조화(造花)를 사용하지는 않을 것이다. 알가르브*나 바하마에서의 일광욕에 버금가는 일광욕실도 없을 것이고, 플라스틱으로 만든 지붕 널빤지를 사용하지도 않을 것이며, 나무 무늬를 흉내낸 모조 목재로 만든 식탁도 사용하지 않을 것이다. 그리고 유럽 경제 공동체(European Economic Community, EEC)**가 계획 중인 맥주에 대한 규제에 대해서도 불평할 것이다. 그러나 자연적인 것과 합성적인 것을 구별할 수 없다는 사실을 이해하지 못하는 "비합리적인" 사람들에 대해서 불평하는 과학자나 기술자도, 자신들의 일상생활에서는 분명히 그런 구별을 할 것이라고 생각한다.

우리가 누구이고 무엇을 하는 사람이거나에 상관없이, 왜 우리가 자연적인 것을 좋아하는지에 대해서 생각해보자. 서로 관련된 심리적이고

---

* 역주/포르투갈 남부의 역사 휴양지.
** 역주/유럽 연합(EU)의 전신.

그림 25.1 차이콥스키의 "스페이드의 여왕" 제2막에 나오는 전원곡의 피아노와 성악 악보.

감정적인 힘이 바탕에 깔려 있다고 생각한다. 그중에서 여섯 가지를 꼽으면, 낭만, 지위, 소외감, 겉치레, 규모, 기분 등이다.

낭만 : 차이콥스키의 오페라 "스페이드의 여왕" 제2막에 나오는 가면극 또는 전원곡(田園曲)인 "충성스러운 목녀(牧女)"는 푸슈킨의 원작에는 없는 부분을 삽입한 것이다. 다프니스와 클로에가 훌륭한 모차르트풍의 이중창으로 자연에서 느끼는 즐거움을 노래한다(그림 25.1).[1]

전원곡의 전통은 분수만큼이나 오래되었다. 이런 종류의 낭만은 더이상 존재하지 않거나 존재할 수 없는 것을 비현실적일 정도로 추구하는 데서 나타난다. 전원곡은 전원에서 멀어지려는 노력이라고도 할 수 있다. 자연적인 것에 대한 비현실적이고 비자연적이기는 하지만 황홀할 정도로 아름다운 비유를 통해서 전원이란 그곳에서 살 수밖에 없는 사람을 제외한 다른 모든 사람에게는 대단히 좋은 것이라고 주장한다. 왕궁의 정원은 사라져버렸지만 낭만적 전통은 아직도 남아 있다. 우리는 아직도 자연으로 돌아가고 싶어하고, 진짜 숲과 풀 냄새, 바닷바람과 같은 것을 애타게 바란다. 실제로는 마구간이 냄새가 심하고 기차역이 지저분하고 시끄럽다는 사실은 문제가 되지 않는다. 기차역에서 잉그리드 버그먼이 레슬리 하워드에게 안녕이라고 멋지게 말하지만, 나는 기차역이 어떤 곳인가를 잘 알고 있다. 그럼에도 불구하고 마음속 깊이 그들을 이해할 수 있다. 나의 기억 속에서는 마구간의 냄새도 그럴 듯하다.

지위 : 합성물질이 성공한 진짜 이유는 천연물질과 비교할 때 값이 싸거나, 내구성이 있거나, 더 유용하거나, 아니면 새로운 기능을 가지고 있거나 하는 등의 이유 때문이다. 오늘날은 고분자 시대이다. 거대한 합성분자들이 천연물질들을 하나씩 대체해가고 있다. 그물에 사용되던 면(綿)은 나일론으로 대체되었고, 보트의 몸체는 나무에서 유리섬유로 바뀌었다. 그런 대체물질의 개발과, 음식 포장용으로 사용되는 폴리에

틸렌과 같은 새로운 용도의 개발은 필연적으로 민주화를 가져왔다. 더 다양한 물질들이 더 많은 사람들에게 더 값싸게 제공되었기 때문이다. 깨끗한 물의 공급, 쓰레기 처리, 다양한 색채, 개량된 주택, 출산과 유아기의 사망률 감소와 같은 것들은 100년 전과 비교할 때 훨씬 더 많은 사람들에게 그 혜택이 돌아가고 있다.

그러나 인간은 (좋은 의미로) 이상한 존재이다. 사람들은 조금이라도 가지고 있는 것은 더 많이 가지기를 바란다. 아니면 그들은 단순히 이웃 사람들보다 더 좋은 것을 바라고 있는지도 모르겠다. 합성물질의 값이 싸지고 모든 사람들이 사용할 수 있게 되면서 사람들의 취향도 이상하게 바뀌었다. 우아한 심판자가 "자연적인" 것이 더 값진 것이라고 선언해버린 것이다. 누군가가 면직물의 옷이 합성섬유로 만들어진 옷보다 더 고급스럽게 느껴진다고 주장하면, 물론 그 옷이 그렇게 느껴지게 된다. 나무판자로 된 마루가 리놀륨으로 된 것보다 더 멋지게 인식되고, 귀한 나무로 된 것일수록 더 좋게 느껴진다.

아마도 내가 너무 부정적으로 표현했는지도 모르겠다. 어쩌면 실크가 나일론보다 정말 더 좋게 "느껴질" 수도 있다. 어쩌면 우리는 다른 사람보다 더 좋은 것이 아니라 어느 정도 (그러나 너무 심하지 않을 정도로) 다른 것을 원하고 있는 것인지도 모르겠다. 무한한 다양성을 가진 자연적인 것이 바로 그런 조금 다를 수 있는 기회를 제공할 수도 있다.

소외감 : 우리는 우리의 도구에서는 물론 우리 자신의 활동의 결과로부터도 점차 멀어지고 있다. 우리는 그런 사실을 공장의 조립 작업대의 일상적인 작업에서나 내복을 파는 곳에서나 심지어 과학연구에서도 경험하고 있다. 우리는 어떤 것의 전체가 아니라 극히 작은 일부에 대한 작업을 할 뿐이다. 효율성을 높이기 위해서 반복적인 작업만 하게 되면

서 전체에 대한 관심을 아예 잃어버리기도 한다. 산더미 같은 서류가 우리의 활동에 의해서 영향받게 될 사람들에 대해서는 생각조차 할 수 없도록 만든다. 우리 주변에는 무엇을 하는 것인지도 이해할 수 없는 기계들이 수없이 많이 널려 있게 되어버렸다. 나의 동료들 중에서 몇 사람이나 과연 마크 트웨인의 아서 왕궁에서 코네티컷 양키가 했던 일을 할 수 있을지 의심스럽다. 다시 말해서, 우리가 알고 있는 편미분 방정식으로부터 우리가 알고 있는 기술을 모두 알아낼 수 있는 사람이 있는지 모르겠다. 단추를 누르면 승강기가 열린다. 단추를 눌러서 미사일이 발사되고 나면 실제로 피를 보게 되는 사람은 단추를 누른 사람이 아니라 살아남은 희생자들뿐이다.

합성되고 인공적이고 비자연적인 것은 거의 대부분 공장에서 똑같이 생산된 것들이고, 대량으로 생산되었기 때문에 값이 싸다. 대량생산하기 위해서는 반복적으로 찍어내야만 한다. 그렇게 만들어진 제품들은 똑같아 보인다. 그 디자인이 원칙적으로는 더 좋은 것일 수도 있지만, 실질적으로는 경제성이 더 앞서게 된다. 대부분의 대량생산된 제품들은 디자인은 물론 그 기능에서도 어떻게 만들어졌는가와 같은 역사성을 조금도 보여주지 않는다. 예를 들면, 테트라사이클린 항생제는 기막힐 정도로 발명적인 도구와 기구에 의해서 생체로부터 분리되어 화학적으로 변형되고 정제된 후에 포장된 것이다. 그러나 50알의 테트라사이클린이 들어 있는 약병에는 그런 제품 뒤에 감추어진 재능이나, 사람들이 스스로 고안한 도구를 이용한 제조과정은 전혀 나타나 있지 않다.

우리의 마음속 깊은 곳에는 제품에서 인간의 손자국을 보고 싶어하는 무엇인가가 있다. 대량생산된 제품을 개별화할 수 있는 방법이 없는 것은 아니다. (비싸기는 하지만) F. 훈데르트바서의 제품이나, 1950년대에

그림 25.2 고전적인 자기 무늬가 새겨진 플라스틱 쟁반, 레이스를 흉내낸 종이 깔개, 페르시아 태피스트리 무늬가 그려진 종이 냅킨.

스웨덴에서 구스타브스베리를 위해서 스티그 린드베리가 디자인했던 아름다운 도자기에서 약간의 색깔 변화를 주었던 것이 그런 예이다. 그런 기술이 좀더 발달되어야 한다.

겉치레 : "거짓"은 인간에게 의미가 있는 어떤 것에서나 부정적인 의미로 보인다. 거짓말을 하거나 다른 사람인 것처럼 행동하는 것은 좋은 일이 아니다. 화학물질 합성의 세계에서 많은 분자들은 사람이 만들었다는 의미에서 비자연적일 뿐만 아니라, 다른 것인 것처럼 위장되기도 하기 때문에 문제가 된다. 어떻게 생각하면 익숙한 것을 그렇게 다르지는 않지만 더 튼튼하고 열에 더 강한 것으로 대체하는 과정에서 생기는 자연스러운 결과일 수도 있다. 플라스틱 접시에 도자기의 무늬를 새기기도 한다. 냅킨에 리넨이나 레이스나 자수(刺繡)의 흉내를 내기도 한다. 대리석을 다듬는 일은 오래 전부터 있어왔다. 그러나 오래 전에 대

리석 조각을 배우고 있던 젊은 사람으로부터 들은 이야기에 의하면, 훌륭한 대리석 조각가가 되기 위해서는 대리석을 연구하고 그림을 그리는 것 이외에도 대리석을 만든 지질학적인 힘에 대해서도 생각해야 한다고 한다. 어느 정도의 흉내내기는 괜찮지만 그 정도가 너무 심해서 진실을 감추는 것이 계속되면 결국에는 심한 반발을 불러일으키게 된다. 사람들은 진품(眞品)과 진짜를 바라고 있다.

규모 : 한 가지의 종류가 너무 많을 수도 있다. 정말 너무 많다는 말이다. 플라스틱 재떨이나 타이타늄으로 만든 보석을 처음 보았을 때에는 흥미롭지만, 그런 것들이 자꾸 늘어나서 우리 주변에서 너무 쉽게 볼 수 있게 되면 곧 싫증을 느끼게 된다. 경제적인 성공을 가져왔던 생산과정의 반복적인 성격이 대량생산된 제품에서 우리가 겉으로 느낄 수 있는 유일한 특징인 경우가 많다.

때로는 같은 것의 단순한 반복이 아니라, 인공적인 제품이 우리 주변에 실제로 너무 많은 것이 우리에게 거부감을 일으키게 만든다. 예를 들면 싸구려 미국식 여인숙 방은 인공적인 것으로 가득하다. 그런 방에 있는 플라스틱과 합성섬유의 종류는 놀라울 정도이고 어떤 면에서는 흥미롭기도 하다. 고분자가 어떻게 활용될 수 있는가를 가장 잘 보여주는 것 같기도 하고, 미래의 고고학자들이 그런 방을 보았을 때 어떻게 생각할 것인가를 생각하면 그렇다는 뜻이다. 그렇지만 그런 방이 매력적이라고 하기는 어려울 것이다.

기분 : 무엇이 과학자들로 하여금 자연적인 것을 추구하도록 하는 것일까? 과학자들도 다른 사람들과 그다지 다르지 않다. 그렇다면 우리 모두가 자연적인 것을 추구하는 이유는 무엇일까? 단순한 심리적 또는 사회적 요인만으로는 그 이유를 충분히 설명할 수 없다.

통찰력 있는 과학자인 장-폴 말리외는 다음과 같이 말했다.

리넨 천은 상상이기는 하지만 우리 할아버지를 비롯한 선조들과 영웅들과 나아가서 우리의 역사와 공유하는 것이다. 그리고 그런 느낌은 고상하고 값진 감정이다. 우리는 긴 흐름에 속해 있고, 우리는 기억하고 있으며, 우리가 마지막이 아니다. 목재와 돌도 마찬가지이다. 매일 접하고 있는 이런 것들이 우리에게 인류가 지구에 출현하기도 전부터 지구상에서 이어져온 역사 속의, 지금과는 다른 형태의 생활이나 시대에 대해서 생각하도록 해준다. 선반에 얹혀 있는 항아리로부터 우리는 다른 곳에 대한, 다른 인종에 대한, 다른 욕구에 대한 이야기를 들을 수 있다. 진흙에 대한 이야기도 들린다.[2]

에드워드 윌슨은 사람들이 왜 살아 있는 세계에 대해서 강한 애착심을 느끼고 있는가에 대한 유전적이고 진화적인 이유가 있다는 친생명(親生命) 가설을 주장했다.[3] 나에게는 상당히 그럴 듯하게 보인다.

이 글을 초기에 읽었던 로라 우드는 사람들이 환경문제에 대해서 깊은 관심을 가지게 되는 이유는 "사람들에게 환경문제가 상당히 영적(靈的)인 것이기 때문이다.……물질에는 영감이 배어 있기 때문에 세상 자체가 신성한 것이고 존경스럽게 취급되어야 한다"고 지적했다.[4]

나는 우리의 영혼은 근본적으로 우연과 독특함과 인생의 성숙에 대한 욕구를 가지고 있다고 믿는다. 스웨덴의 밀레스가든 부근에는 흙이라고는 전혀 없는 것처럼 보이는 화강암 절벽 틈에서 자라는 전나무가 있다. 나는 그 나무 또는 그 후손이 절벽 틈을 어떻게 벌어지게 할 것인가를 생각해보았다. 나의 사무실에서 자라고 있는 나무를 보면 그 나무가 생각난다. 심지어 나의 책상의 나뭇결에서 죽음을 떠올리기도 하지만 그 나무를 떠올리기도 한다. 엄마 젖을 배불리 빨아 먹은 후에 만족스러워 하는 아기와 그 웃음을 보면, 나의 기억 속에서 내 아이들의 어렸을 때 모습과 한 줄로 어미를 쫓아가는 아기 오리들과 그 나무가 떠오른다. 애먼스가 말했던 것처럼, "나의 마음속에서 노래하는 자연은 바로 당신 이 노래하는 자연이다."[5]

주

1) P. I. Tchaikovsky, *Complete Works*, 제41권, Moscow : Government Musical Pub-lishing House, 1950, p. 198.
2) Jean-Paul Malrieu, 저자에게 보낸 편지, 1993년 12월 1일.
3) Edward Wilson, *Biophilia : The Human Bond with Other Species*, Cambridge : Harvard University Press, 1984 ; Edward Wilson and S. R. Kellert 편집, *The Biophilia Hypothesis*, Washington, D.C. : Island Press/Shearwater Books, 1993.
4) Laura Wood, 개인 연락.
5) A. R. Ammons, *Selected Poems* 중의 "Singling & Doubling Together", 증보판, New York : Norton, 1986, pp. 114-115.

26. 야누스와 비선형성

화학의 야누스와 같은 모습에 담긴 불길한 면은 어떤 것일까? 실제로 나는 사람들의 생각이 편리하게도 비선형적(非線形的)이라는 사실을 고려한다면, 화학에 대한 사람들의 인식이 화학자들이 생각하는 것만큼 이나 나쁜 것은 아니라고 생각한다. 사람들은 미워하면서도 사랑하고, 똑같은 것에 대해서도 한편으로는 공포를 느끼면서 다른 한편으로는 가치를 인정하기도 한다. 나는 어렸을 때 살았던 폴란드의 집 뒷마당에서 닭을 잡던 모습을 기억하면 지금도 치가 떨린다. 닭 요리를 좋아하기는 하지만 닭을 죽이는 모습은 보고 싶지 않다. 의사에 대한 태도도 마찬가지이다. 내가 자라온 중산층 유대인 가정에서는 모든 부모들이 자식이 의사가 되기를 희망했다. 그러나 그 부모들이 의사에 대해서 이야기를 할 때에는 의사가 오진(誤診)을 했다거나 비인간적이라거나 돈에만 관심이 있다거나 하는 등 의사에 관한 불평이 끊임없다.

많은 사람들이 화학을 무서워한다. 그럼에도 불구하고 다른 사람들이 아닌 바로 그 사람들까지도 화학요법이나 폴리에틸렌의 가치는 인정한다. 내가 동료 화학자들에게 당부하고 싶은 것은 비합리적인 환경주의자 같은 사람들이 당신을 공격할 때에는 숨을 깊이 들이마시고, 혈압이 올라가는 것을 억제하고, 마음을 열라는 것이다. 아무도 당신 자신을 공격하지는 않는다. 당신 자신도 당신의 집이 엉망이 되는 것을 원하지 않는 바로 그런 환경주의자 중의 한 사람이다. 나는 사람들이 종교적 또는 인종적, 정치적인 이유로 극단적인 입장이 되는 것을 싫어한다. 우리의 생활습관에 대한 비합리적, 러다이트적* 비평에서 나오는 "우리"와 "그들"의 문제가 아니다. "우리" 속에 "그들"이 있다는 사실을 인정하자. 그것이 바로 인생의 의미를 더욱 증진시키는 아름다운 복잡성이고, 바로 그런 복잡성 때문에 화학물질 폐기장에서는 화학자들에게 분노하면서도 그런 화학물질이 생산되는 덕분에 우리의 수명이 연장되고 있다는 사실을 이해할 수 있게 된다.

---

* 역주/기술혁신 반대주의자. 산업혁명에 의한 기계의 사용 때문에 노동자의 고용이 감소한다는 이유로 집단적으로 기계를 파괴했던 19세기 영국의 수공업자들. 이들이 벌인 운동을 러다이트 운동이라고 한다. 지도자는 러드 왕이라고 알려졌는데, 아마 전설적인 인물인 네드 리드를 본뜻 것 같다.

제4부

뭔가가 잘못될 때

27. 탈리도마이드

그뤼넨탈 화학사는 제2차 세계대전이 끝난 후에 설립된 수많은 소규모 의약품 회사들 중의 하나였다. 이 회사는 처음에는 항생제를 생산해서 다른 회사에 납품하다가 1950년대부터는 자체 개발한 변형 페니실린을 생산하기 시작했다. 당시의 독일 의약품 시장은 상당히 개방적이어서, 의약품의 효능이나 안전성에 대한 자세한 증거를 제시할 필요는 없었다. 아무 약이나 상점에서 쉽게 구입할 수 있었고, 효능은 물론 광고와 판매전략도 의약품의 상업적 성패에 큰 영향을 주었다.[1]

신경안정제로 대단한 성공을 거두었던 발륨과 리브륨이 개발된 것도 1950년대였다. 그림 27.1은 흔히 사용되는 바르비투르산염 진정최면제인 디아제팜(발륨)과 바비탈(베로날)의 구조이다. 제약회사들은 이 분자들과 화학적인 측면에서 조금이라도 비슷한 화합물이라면 당연히 관심을 가지고 연구대상으로 삼았다. 진정최면제와 신경안정제 시장은 많은 수익을 올릴 수 있는 큰 규모였기 때문이다.

소규모 회사인 그뤼넨탈 화학사는 작은 규모의 연구실을 가지고 있었고, 약학자였던 하인리히 뮈크터 박사가 실장으로 있었다. 1954년 그의

제27장에서 말하는 내용의 대부분은 헨닝 죄스트룀과 로버트 닐슨의『탈리도마이드와 제약회사의 힘(*Thalidomide and the Power of the Drug Companies*)』(Harmondsworth : Penguin, 1972)에서 인용한 것이다.

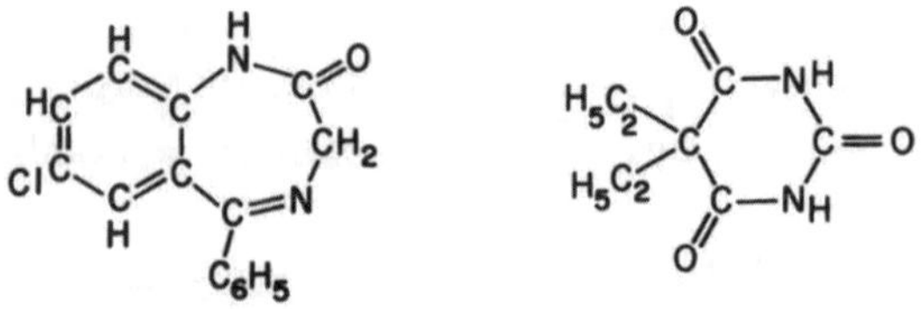

디아제팜
(발륨)

바비탈
(베로날)

그림 27.1 디아제팜(*왼쪽*)과 바비탈(*오른쪽*)의 구조.

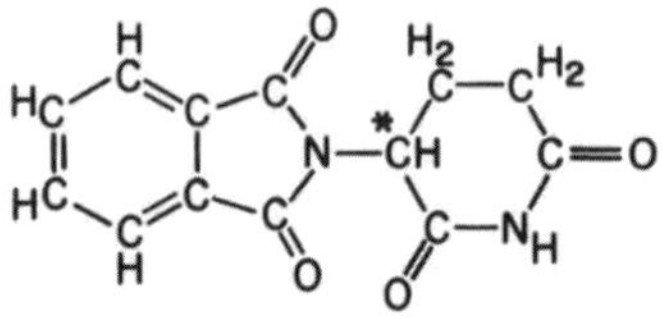

탈리도마이드

그림 27.2 탈리도마이드의 화학구조.

연구실에서 일하던 화학자 빌헬름 쿤츠가 그림 27.2와 같은 구조를 가진 (N-프탈리도미도)-글루타르이미드(일명 "탈리도마이드[thalidomide]")를 합성하는 데에 성공했다. 그림 27.1의 진정최면제와 그 구조가 얼마나 비슷한가를 바로 알 수 있다. 그리고 그림 27.2에서 *로 표시한 탄소 원자는 네 개의 서로 다른 그룹에 결합되어 있기 때문에 겹쳐지지 않는 거울상에 해당하는 거울상체가 있을 수 있다는 것도 알 수 있다. 의약품으로 사용되었던 분자는 두 거울상체의 혼합물이었다.

그뤼넨탈 화학사의 연구진은 앞에서 설명한 것처럼 분자구조의 유사성만을 근거로 이 분자가 우수한 진정최면 효과를 가지고 있을 것이라고 확신했다. 이런 식으로 말하는 이유는 그후의 연구에서는 처음에 주장했던 진정최면 효과를 실제로 확인하지 못했기 때문이다. 이 회사는 탈리도마이드의 약효를 직접 확인하지는 못했지만 이 물질의 독성이 아주 약했기 때문에 탈리도마이드를 시판하기로 결정했다. 1956년에는 호흡기 감염을 치료하는 조제약품의 일부로 사용했고, 곧이어 독일에서 진정최면제와 10여 종류의 조제약품으로 판매하기 시작했다.

제약회사는 약품의 효과를 증명하기 위해서 논문을 발표해야 했기 때문에 그뤼넨탈 화학사는 논문자료를 찾고 있었다. 그때 스페인의 대리점에서 "한 의사가 녹토세디브(스페인에서 사용되던 탈리도마이드의 상품명)에 대한 짤막한 논문을 작성했고 마지막 수정은 회사에 위임한다"는 내용의 보고서를 보내왔다. 한편 1959년 미국에서는 신시내티의 의사 레이 닐슨이 탈리도마이드의 판매권을 확보하려던 미국의 리처드슨-머렐 사의 의약부장인 레이먼드 포그 박사로부터 약품을 "실험해줄" 것을 의뢰받았다. 그후에 있었던 재판에서 닐슨의 증언은 다음과 같았다(스팬진버그는 펜실베이니아 동부 법원에서 증언을 접수했던 변호사이다).

"당신은 포그 박사로부터 실험을 곧 시작하고 보고서를 제출해달라는 의뢰를 받았다고 했습니다. 당신이 보냈던 보고서의 사본을 가지고 계십니까?"라고 스팬진버그가 물었다.

"아니오. 모두 구두보고뿐이었습니다"라고 닐슨 박사는 대답했다.

닐슨 박사는 그후에 포그 박사에게 실험결과를 "전화로 알렸거나, 점심식사를 함께 하면서 전했거나, 아니면 함께 골프를 치면서 전달했다"고 했다.

그 결과는 결국 논문으로 작성되어서 닐슨 박사의 이름으로 1961년 6월에 발간된 『미국 산부인과지(*American Journal of Obstetrics and*

Gynecology)』에 "임신 후기의 불면증에 대한 탈리도마이드 실험(Trial of Thalidomide in Insomnia Associated with the Third Trimester)"이라는 제목으로 게재되었다. 상당히 자세한 자료를 담은 논문의 결론은 "탈리도마이드는 임신 후반기에 사용해도 되는 약품으로서 만족스러운 조건을 갖춘 안전하고 효과적인 수면제"라는 것이었다.

스팬진버그 : "널슨 박사, 누가 그 논문을 썼습니까?"

널슨 박사는 "포그 박사가 작성했습니다. 내가 모든 자료를 주었습니다"라고 대답했다.

그후에 변호사는……"당신의 논문을 보면 5-6종류의 독일 잡지와 문헌을 인용하고 있습니다(널슨 박사는 독일어를 읽지 못한다). 정말 이 논문들을 읽었습니까?"라고 물었다.

널슨 : "아니오. 그 자료는 누군가가 내게 주었습니다."

스팬진버그 : "당신은 만다리노라는 의사의 글을 인용하면서, 각주에 '발표예정'이라고 했습니다. 그 논문을 읽어보았습니까?"

널슨 : "본 기억이 없습니다."[2]

나중에 밝혀진 결과에 의하면, 탈리도마이드는 정말 임신 후반기에는 안전한 약품이었다. 그러나 여기에 인용한 연구의 수준은 불행하게도 당시의 그뤼넨탈 화학사와 그 회사와 관련된 다른 회사의 일반적인 연구수준 정도였다.

탈리도마이드와 관련된 법정절차에 관여했던 헨닝 죄스트룀과 로버트 닐슨은 그들의 책에서 다른 예도 제시했다.

1961년 초에 스톨베르크 회사(그뤼넨탈 화학사)는 싱가포르의 다빈처우 박사가 탈리도마이드로 임산부를 성공적으로 치료했다는 보고서를 입수했다. 그러나 그 보고서에는 환자가 임신한 후 얼마나 되었는가, 얼마만큼의 약을 복용시켰는가 또는 얼마나 자주 복용시켰는가 등의 자세한 사항이 전혀 기록되어 있지 않았다. 그리고 더욱 중요한 사실은, 이 짧막한 보고서에는 임산부 자신에게 미치는 영향 이외에 태아에게 미치는 영향에 대해서는 아무런 언급도 없었다는 점이다. 자세한 자료를 전혀 포함하고 있지 않았음에도 불구하고 그뤼넨탈 화학사의 의약연구 부장이었던 베르너 박사는 "전 세계의 동료 의사들"에게 "싱가포르의 개인병원에서 소프트넌(탈리도마이드)을 임산부에게 복용시켜서 효과가 있었다"라는 편지를 회람으로 보냈다.[3]

1958년에 뮌헨의 아우구스틴 블라시우 박사는 『임상의학(*Medizinische Klinik*)』이라는 학술지에 발표한 논문에서 "임산부와 신생아에게서 아무런 부작용도 발견하지 못했다"고 했다. 그는 370여 명의 임산부에게 탈리도마이드를 복용시켰는데, 그들은 모두 출산 후에 모유를 먹이는 중이었다. 그뤼넨탈 화학사는 블라시우 박사의 결과를 인용하면서 탈리도마이드가 "임산부와 신생아에게 모두 아무런 해가 없는" 약이라는 내용의 편지를 4만245명의 의사들에게 발송했다.[4]

1959년부터 탈리도마이드에 의한 심각한 신경마비 증상인 신경염에 대한 보고가 나오기 시작했다. 그러나 그런 보고는 그뤼넨탈 화학사 측 사람들에 의해서 부정되었고 왜곡되기도 했다. 그뤼넨탈 화학사는 그런 증상에 대한 공개적인 보도를 막기 위해서 많은 노력을 기울였다. 그러나 그것도 최악의 상태는 아니었다.

1960년에 독일과 오스트레일리아의 의사들은 이상한 기형아가 태어나는 것을 주목하게 되었다. 해표지증(海豹肢症, phocomelia)이라는 기형으로서, 손이 어깨에 붙거나 다리가 엉덩이에 붙어서 마치 물개의 지느러미처럼 보이는 증상이었다(이 증상의 이름은 그리스어로 물개를 뜻하는 "phoke"와 손발을 뜻하는 "melos"에서 유래한 것이다). 이런 기형아는 당시에는 400만 명 중의 한 명 정도 나타날 것으로 추산되는 매우 희귀한 것이었기 때문에, 대부분의 의사들은 그런 환자를 직접 본 적도 없었다.

그러나 단순한 증상으로 끝나는 것이 아니었다. 탈리도마이드 신생아에 대한 캐나다의 연구보고는 다음과 같다.

이 증상에서 가장 흔하면서도 가장 놀라운 기형인 손과 발의 결손은 수없이 많은 기형 중의 하나에 불과하다. 가장 심한 외형적인 기형은 결손증(缺損症, 하나 또는 두 눈 모두의 결손), 얼굴의 부분적인 마비와 함께 나타나는 소이증(小耳症, 비정상적으로 작은 속귀), 주저앉은 코, 이마나 볼이나 코에 나타나는 혈관종(血管腫, 종양) 등이다. 심장순환 계통, 비뇨생식기 계통 그리고 내장 계통에서의 내부적인 기형도 발견되었다. 간과 허파의 비정상적인 소엽(小葉) 형성, 뒤틀린 엉덩이, 합지증(合指症, 손가락이나 발가락이 붙어버린 증상), 말의 편자 모양의 신장, 쌍돌기 자궁, 폐쇄증(閉鎖症, 체내에서 일반적으로 열린 통로가 막힌 증상), 쓸개 결손증 등의 증상들도 발견되었다.[5]

선견지명을 가지고 사회의 어두운 면을 찾아다녔던 고야는 "자연적"으로 나타는 해표지증을 그림 27.3과 같이 그렸다.[6]

약 8,000명의 신생아가 해표지증 또는 그와 관련된 기형의 형태로 태

그림 27.3 고야의 수채화 "기형아를 두 여인에게 보여주는 어머니"(루브르 박물관 소장).

어난 것으로 추산된다. 대부분은 독일과 영국의 사례였지만 약 20여 개
국에서도 그런 사례들이 보고되었다. 그뤼넨탈 화학사는 더 이상 피할
수 없을 정도로 확실한 증거가 쌓이고 언론에 크게 보도가 된 다음인
1961년 11월에야 탈리도마이드의 생산을 중단하고 제품을 회수하기 시
작했다. 전 세계에서 그 약의 판매권을 가지고 있던 다른 회사들도 제품

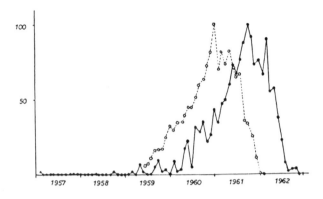

그림 27.4 탈리도마이드 형 기형아 출생 빈도(실선 : 1961년 10월을 100으로 규격화함)와
탈리도마이드의 판매량(점선 : 1961년 1월을 100으로 규격화함)(처칠-리빙스턴 사 제공).

을 회수했지만 상당한 시간이 걸렸다.[7]

정말 탈리도마이드가 그런 무서운 기형의 원인이었을까? 그런 사고
가 일어난 다음에 수행되었던 동물실험에 의하면 이 약품은 명백하게
기형을 유발하는 것으로 확인되었다. 파이저 제약회사의 원숭이 실험
에서는 임신 초기에 탈리도마이드를 복용시키면 예외 없이 기형이 발
생했다.[8]

또다른 증거도 있다. 그림 27.4[9]는 독일에서의 탈리도마이드 형 기형
아 출생빈도와 탈리도마이드의 판매량을, 최댓값이 같도록 "규격화하
여" 나타낸 것이다.

이제 이 무서운 이야기에서 명백하게 제기되는 문제들을 살펴보기로
하자.

1. 탈리도마이드 사고는 화학적 재난이었을까? 이 이야기에 등장하는
화학자는 빌헬름 쿤츠 한 사람뿐이지만, 그는 독일의 그뤼네탈 화학사
를 상대로 했던 재판(1967-1970년)의 피고가 아니었다는 사실을 주목

해야 한다(그 재판은 결국 회사와 "탈리도마이드 형 기형아"의 부모들이 합의함으로써 무효화되어버렸다). 이 재판의 피고인 일곱 명 중에서 다섯 명은 의사였다. 결국 사회를 속이는 일은 주로 의사와 기업의 사주와 경영진에 의해서 이루어졌던 것이다. 그렇다면 화학을 비난할 이유가 없지 않은가?

그러나 나는 화학이 책임을 느껴야 하는 두 가지 이유가 있다고 생각한다. 우선 탈리도마이드는 화학물질이다. 화학자들은 자연적인 것과 비자연적인 것을 구별하는 일반인들의 무식함을 꾸짖기를 좋아하고, 화학자들의 그런 비난이 어느 정도 정당한 것이 사실이다. 그러나 일단 모든 물질이 화학적인 측면을 가지고 있고, 자연적인 물질도 우리에게 피해를 줄 수 있다는 점을 알려주고 싶다면, 인공적으로 합성한 물질도 역시 때로는 피해를 줄 수 있다는 사실을 감추려고 해서는 안 된다. 탈리도마이드라는 합성 화학물질은 정말 엄청난 피해를 주었다.

전 세계의 사람들은 다양한 형태의 "화학적 재난"을 경험하고 있다. 인도의 보팔 사고가 있었지만, 앞으로도 그런 사고는 계속 일어날 것이다. 벤젠이나 염소를 가득 실은 탱크 화물열차가 탈선을 하기도 했고, 디디티(DDT)와 클로로플루오로카본(CFC)에 의한 재난도 있었다. 일본에서는 수은중독 사고가 있었고, 브라질에서도 같은 사고가 일어나고 있다. 이중에서 아무것이나 선택해서 이야기할 수도 있을 것이다. 어느 경우에서나 어떤 측면은 화학이 아니라고 변명할 수도 있을 것이고, 화학의 긍정적인 측면을 주장할 수도 있다. 화학자인 셔우드 롤런드와 마리오 몰리나가 아니었다면 CFC와 오존 층 파괴 사이의 관계를 누가 알아낼 수 있었겠는가?

언제나 무리한 경제성 추구와 인간의 어두운 측면인 탐욕이 화학적 재난의 주원인이었다. 그러나 화학자들이 무역재정에 대한 긍정적인 기여나 대단한 성공을 거두었던 위궤양 치료약 타가메트의 개발에 대한 공로를 인정받고 싶다면, 화학적 재난에 대한 비난도 기꺼이 받아들여야 한다. 아니, 적어도 비난의 일부라도 수용해야만 한다. 유해성에 대한 보고가 밀물처럼 밀려올 때, 그뤼넨탈 화학사를 비롯한 많은 기업에서 근무하던 어떤 화학자도 기업의 조처에 공개적으로 의문을 제기하지 않았다. 아무도 사회적인 경각심을 높이려고 노력하지 않았다. 몇몇 의사들과 선정성을 추구하는 자유 언론만이 고발에 참여했을 뿐이다.

탈리도마이드 이야기에는 또다른 이상한 화학적인 측면이 있다. 이 분자는 네 개의 서로 다른 치환기를 가진 탄소 원자를 가지고 있는 키랄성 분자이다. 이미 살펴본 것처럼 완전히 겹쳐지지 않는 거울상이 존재한다는 뜻이다. 이 물질을 인공적으로 합성하면 오른손성 물질과 왼손성 물질이 같은 양만큼씩 만들어지기 때문에 처음에는 그런 혼합물의 상태로 이용되었다. 아직 완전한 의견일치에 도달하지는 못했지만, 두 거울상체들의 기형아 형성 정도가 상당히 다를 것이라는 몇 가지 징후가 있다. 이 문제는 생리적인 조건에서 "무해한" 거울상체가 "유해한" 것으로 변환된다는 사실 때문에 더욱 복잡하게 된다.[10] 세상은 단순했던 적이 없다.

똑같은 분자의 거울상 형태가 생물학적으로 명백하게 다른 활성(活性)을 나타내는 경우는 흔하다. D-페니실아민은 윌슨 씨 병, 시스틴 요증(尿症), 류머티즘성 관절염의 치료에 널리 사용되고 있지만, 이 물질의 거울상체는 심각한 부작용을 나타낸다.[11] 결핵 치료약인 에탐부톨의 거울상체는 환자의 시력을 잃게 할 수도 있다. 베녹사프로펜이라는 진통제의 심각한 부작용도 이 약품을 한 가지의 이성질체로만 판매했다면 피할 수 있었던 것이다. 그래서 이제는 감독기관들이 의약물질을 순수한 이성질체 형태로 실험할 것을 요구하게 되었다. 몇몇 화학자들과 제약회사들은 이런 정책에 반발하고 있지만 순수한 거울상 이성질체만을 합성하는 데에도 창조적인 측면이 있다는 것을 깨달은 사람들도 있고, 그런 합성에는 경제적인 이득도 있다.[12]

1993년에 미국에서 가장 많이 팔렸던 처방 의약품 25가지의 판매량은 모두 344억 달러에 이른다. 이중에 25퍼센트는 키랄성이 아닌 분자였고, 11퍼센트는 두 가지의 이성질체가 혼합된 것이었으며, 나머지 64퍼센트가 순수한 거울상체였다. 순수한 거울상체가 늘어난다는 것은 거울상체 혼합물의 양이 줄어든다는 뜻이다. 멀지 않은 장래에 모든 키랄성 의약품은 한 가지의 이성질체만으로 판매될 것이다.[13]

2. 그뤼넨탈 화학, 리처드슨-머렐, 아스트라, 다이니폰 등의 행동은 과학의 윤리가 명백하게 깨졌던 예라고 할 수 있을 것이다. 그런 사실은 스페인, 미국, 중국 의사들의 인용문만 살펴보아도 알 수 있다. 만약 약학, 생물학, 의학, 화학 등의 과학이 잘 수행되었거나 아니면 평범한 정도라도 이루어졌더라면 그런 불행한 사고는 일어나지 않았을 것이다.

실제로 대규모의 제약회사에서는 새로운 의약물질에 대해서 동물을 이용하여 기형 발생률을 일상적으로 실험했다. 호프만-라로슈의 로슈 연구소에서 1959년 리브륨에 대한 대규모 생식계통 연구결과를 발표했고, 월리스 연구소에서도 1954년 밀타운에 대한 실험을 했다. 두 경우 모두 탈리도마이드보다 앞서 이루어진 것이다. 미국에서 탈리도마이드 판매허가를 받으려고 했던 리처드슨-머렐 사의 엄청난 압력에 용감하게 대항했던 미국식품의약국(Food and Drug Administration, FDA)의 의사 프랜시스 켈시 박사는 탈리도마이드의 유해성에 대한 의문을 제기할 만한 경험을 가지고 있었다. 그녀가 학생이었던 1943년에 그녀는 지도교수 올덤과 함께, 성장한 토끼의 간에서는 퀴닌의 분해가 효과적으로 이루어지지만 태아 상태의 토끼는 그렇지 못하다는 것을 실험으로 규명했다.

탈리도마이드 사고는 엉터리로 수행된 과학 때문에 일어났다. 사실 신뢰할 수 있는 지식을 추구하는 과학은 어느 정도의 부주의나 사기나 심지어 조작에도 불구하고 살아남을 수 있었고, 계속 발전할 수 있었다. 그러나 인간의 생명과 관계되는 과학에서 그런 일이 가능해서는 안 된다. 탈리도마이드 재난은 절대로 일어나서는 안 되는 것이었다. 수천 명의 성인이 신경염으로 고통받고, 수많은 신생아가 완전한 인생을 누릴 수 없는 상태로 태어나게 될 때까지, 제약회사들은 진정최면제 시장에서 치열한 경쟁에만 관심이 있었을 뿐이다. 제약회사는 물론 아무도 탈리도마이드의 부작용에 대해서 이의를 제기하지 않았다. 그런 재난이 일어나기 전에는 물론이고 재난이 한참 일어나고 있는 동안에도 그랬다.

과학수행의 체제가 완전히 실패한 것이다. 화학을 비롯한 과학과 의학이 모두 실패했다. 그에 대한 개선책으로 1960년대부터 전 세계적으로 느린 속도이기는 하지만 의약품에 대한 규제법안이 도입되기 시작했다.

그렇지만 단순히 엉터리 과학만도 아니었다. 한나 아렌트의 말에 따르면, 평범한 의미에서 악(惡)과 교차하는 것이기 때문에 더욱 위험했던 제도 자체의 실패였다. 기업이 원하는 결과를 제공했던 비윤리적인 의사들, 무책임하게 약품을 판매했던 판매상들, 뮈크터 박사처럼 자료를 조작하고 왜곡했던 사람들, 부작용을 처음 발표했던 의사들을 제소하겠다고 위협했던 변호사들, 제약회사의 반대를 이유로 논문의 발표를 지연시켰던 의학 학술지의 편집인들. 이 사람들 중의 어느 누구도 단순히 나쁜 사람이라고 할 수는 없다. 나는 이 사람들이 문제가 있기는 하지만 근본적으로는 괜찮은 사람들이라고 확신한다. 그 사람들은 각자 여기저기서 조금씩 무엇을 보거나 들었지만, 의문을 제기하거나 회사의 방침에 순종하는 것 사이에서 우왕좌왕했을 뿐이다. 서로 다른 윤리 또는 흑과 백의 사이에 있는 회색지대에 서서, 그저 이곳저곳에서 조금씩을 선택했을 뿐이다. 그러고 나서는 조금씩 왜곡된 이야기를 역시 윤리적으로 문제가 있는 다른 사람들에게 전달했고, 그 이야기를 전해들은 사람들 역시 그 자료를 조금 더 왜곡하고, 보고 싶지 않은 자료는 무시하고, 서류함 속에 들어 있던 나쁜 소식을 담은 메모는 읽어보지도 않고, 부작용에 대한 불평은 사람들의 히스테리 탓이라고 생각했던 것이다.

3. 결국 결과는 매우 나쁜 것이었다. 그런 사고를 겪은 후에 규제법안을 제정함으로써 문제를 해결했다고 하지만, 과연 모든 것이 해결된 것일까? 그 결과로 의약물질 연구의 창조성은 짓눌려버렸다. 법에서 규정한 모든 안전성과 효능실험을 거치려면 한 가지의 의약품을 시장에 내놓기까지 1억 달러 이상의 비용이 필요하게 되었다. 그래서 결국 많은 약들이 시장에 나올 수 없게 되었고, 간접적으로는 많은 사람들의 생명을 앗아버리게 되었다고 주장할 수도 있다.

내가 이런 주장을 들었을 때에는 하고 싶지 않은 일이지만 탈리도마이드 형 기형아의 사진을 보여주고 싶은 충동을 느꼈다. 더 엄격한 규제 때문에 새로운 의약품이 개발되지 못해서 얼마나 많은 사람들이 죽게 되었는가가 문제가 아니라, 그런 규제에 의해서 탈리도마이드와 같은 재난이 미리 예방됨으로써 얼마나 많은 생명을 구했는가가 더 중요한 문제이다.

손익계산을 할 수 있는 방법이 있다면 의약물질에 의해서 발생한 한 명의 해표지증 신생아에게 주어지는 가중치는 구제된 수백 명의 생명보다도 훨씬 더 클 것이라고 생각한다. 8,000명의 탈리도마이드 형 기형아와 그들의 부모가 겪어야 했던 고통은 상상도 할 수 없는 것이다. 이 세상의 아무것도 그런 고통을 정당화시킬 수는 없다. 다시는 일어나서는 안 되는 일이다!

탈리도마이드 이야기에서도 같기도 하고 아니 같기도 하다는 주제가 다시 등장한다. 의약물질의 생산자와 판매자는 다른 신경안정제 또는 진정최면제와의 유사성에 관심을 가졌다. 그들은 그 분자의 거울상 이성질체들이 서로 다른 효능과 독성을 가지고 있을 수 있다는 가능성을 생각하지 않았다.

프리모 레비는 훌륭한 자서전인 『주기율표(*The Periodic Table*)』에, 투린 대학교에서 실험 도중에 경험했던 폭발에 대해서 적어놓았다. 그는 당시에 유기용매를 건조시키기 위해서 소듐 대신 주기율표에서 소듐의 바로 밑에 있는 또다른 알칼리 금속인 포타슘을 사용했다. 바로 그 경험에 대해서 다음과 같이 썼다.

윤리에 대해서 생각했다.……저돌적인 화학자라면 누구나 동의할 것이다. 거의 같은 것이나(소듐은 포타슘과 거의 같지만 소듐을 사용했더라면 아무 일도 일어나지 않았을 것이다), 실질적으로 같은 것이나, 근사적으로 같은 것이나, 심지어 대용품이나 조각보와 같은 것들은 모두 믿지말아야 한다. 철길의 신로전환 스위치에서처럼 작은 차이에 의해서 극단적으로 다른 결과가 생길 수 있다. 화학분야에서는 그런 차이를 알고, 자세히 이해하고, 그 결과를 예측하는 것이 중요하다. 화학분야에서만 그런 것은 아닐 것이다.[14]

주

1) P. Knightley, H. Evans, E. Potter and M. Wallace, *Suffer the Children : The Story of Thalidomide*, New York : Viking, 1979.
2) Sjöström and Nilsson, *Thalidomide*, pp. 124–125.
3) 같은 책, pp. 96–97.
4) P. Knightley 외, 앞의 책, p. 47.
5) Ethel Roskies, *Abnormality and Normality : The Mothering of Thalidomide Children*, Ithaca, N. Y. : Cornell University Press, 1972. p. 2.
6) Francisco Goya's "Mother Showing Her Deformed Child to Two Women", *The Black Border Album* (1803–1812), no. 23 ; in P. Gassier, *Francisco Goya : The Complete Albums*, New York : Praeger, 1973, p. 182.
7) Sjöström and Nilsson, 앞의 책 ; P. Knightley 외, 앞의 책 ; H. Teff and C. Munro, *Thalidomide : The Legal Aftermath*, Westmead, U. K. : Saxon House, 1976. 오늘날 탈리도마이드는 몇 나라에서 한센 병의 치료약으로 쓰이고 있다. 그 결과 브라질에서는 충분한 주의에도 불구하고 기형아 출산 사고가 있었다. "Talido- mida é distribuída sem bula em BF", *O Estado de S. Paulo*, May 5, 1994, p. 3 ; Descobertas mais 24 Vítimas da Talidomida", 같은 책, May 20, 1994, p. A13.
8) Sjöström and Nilsson, 앞의 책, p. 176. 이 책에서는 제약회사의 이름을 "차즈-파이저"라고 적고 있다.
9) J. M. Robson, F. M. Sullivan, and R. L. Smith 편집, *Symposium on Embryopathic Activity of Drugs*, London : J. and A. Churchill, 1965 중의 W. Lenz.
10) W. DeCamp, "The FDA Perspective on the Development of Stereoisomers", *Chirality* 1, 1989, pp. 2–6 ; S. Fabro, R. L. Smith and, R. T. Williams, "Toxicity and Teratogenicity of Optical Isomers of Thalidomide", *Nature* 215, 1967, p. 296. 오래 전의 연구결과는 두 거울상체가 모두 돌연변이를 일으킨다는 것이었다. 그러나 내가 강조하고 싶은 상반된 결과는 그후에 얻어진 G. Blaschke, H. P. Kraft, K. Fickentscher, F. Kohler, "Chromatographische Racemattrennung von Thalidomid und teratogene Wirkung der Enantiomere", *Arzneimittelforschung* 29, 1979, pp. 1640–1642 ; W. Winter and E. Frankus, "Thalidomide Enantiomers", *Lancet* 339, 1992, p. 365이다.
11) McKean, Lock, and Howard-Lock, "Chirality in Antirheumatic Drugs", pp. 1565–1568.
12) M. H. Browne, "Mirror-Image Chemistry Yielding New Products", *New York Times*, August 3, 1991, p. C1 ; S. C. Stinson, "Chiral Drugs", *Chemical and Engineering News* 70, September 28, 1992, pp. 46–79 ; W. A. Nugent, T. V. RajanBabu, M. J. Burk, "Beyond Nature's Chiral Pool : Enatioselective Catalysis in Industry", *Science* 259, January 22, 1993, pp. 479–483.
13) 이 통계자료는 Technology Catalysts International 사(社)의 것으로 S. C. Stinson, "Market, Environmental Pressures Spur Change in Fine Chemicals Industry", 같은 책 72, May 16, 1994, pp. 10–14에 인용된 것이다.
14) Primo Levi, *The Periodic Table*, Raymond Rosenthal 번역, New York : Schocken, 1984, p. 60.

206

28. 과학자의 사회적 책임

세상에 나쁜 분자는 없고 다만 부주의함이 있을 뿐이며, 악인도 없고 다만 인간이 있을 뿐이다. 탈리도마이드는 임신 초기에는 유해한 것처럼 보인다. 그러나 탈리도마이드가 한센 병과 관련된 염증을 치료하는 데에 유용할 것이라는 가능성은 계속 제기되고 있다. 최근 연구결과에 의하면 탈리도마이드가 에이즈(AIDS)를 일으키는 HIV-1(human immunode-ficiency virus-1, 인간 면역 결핍 바이러스-1)의 복제를 억제할 수 있다는 주장도 있다.[1] 일산화질소(NO)는 대기오염 물질이지만 자연적인 신경전달 물질이기도 하다. 성층권의 오존(O_3)은 얇은 층을 이루면서 태양으로부터 도달하는 유해한 자외선을 흡수하는 중요 역할을 한다. 그러나 지표면 가까이에 있는 똑같은 오존은 주로 자동차 배기 가스에 의한 대기오염 현상인 광(光)화학적 스모그를 일으키는 악역을 맡고 있다. 오존은 자동차 타이어를 못 쓰게 만들어서 오염물질을 만든 자동차에게 조금은 복수를 하는 셈이지만, 식물의 생명을 단축시키고 우리 피부를 망가뜨린다.

분자는 분자일 뿐이다. 화학자들과 공학자들은 기존의 분자를 변환시켜서 새로운 분자를 만든다. 그리고 경제계에 종사하는 사람들은 그것을 판매하고 우리 모두는 그런 분자를 사용하기를 바란다. 우리 각자가 화학물질의 이용과 오용에 책임이 있다. 나는 여기에서 바로 사회에 대한 과학자로서의 책임을 찾을 수 있다고 생각한다.

내 생각에는 과학자란 고전비극의 연극배우와 같다. 과학자들은 스스로의 본성 때문에, 창조하지 않을 수 없고, 우리의 내부와 주변에 있는 것을 조사하지 않을 수 없다. 과학자들은 눈을 감아버리는 것으로써 창조와 발견을 회피할 수는 없다. 바로 당신이 그 분자를 찾아내지 못할 때에는 다른 사람이 찾아낼 것이다. 한편 과학자들은 자신들의 창조물이 어떻게 이용되고 오용되는가에 대해서도 절대적인 책임을 져야 할 것이다. 또한 새로운 물질이 가지고 있는 위험성과 오용의 가능성을 사회에 알리기 위해서 모든 노력을 기울여야만 한다. 내가 하지 않는다면 누가 그 일을 하겠는가? 사기가 떨어지고 모욕을 당하는 한이 있더라도 자신들이 한 행동에 책임을 져야만 한다. 이런 의무 때문에 과학자는 비극의 배우일 수는 있어도 전원극의 즐거운 영웅은 될 수가 없다. 인류에 대한 이런 책임감 때문에 과학자들도 인간이 되는 셈이다.

주

1) S. Makonkawkeyoon, R. N. R. Limson-Pobre, A. L. Moreira, V. Schauf, and G. Kaplan, "Thalidomide Inhibits the Replication of Human Immunodeficiency Virus Type 1", *Proceedings of the National Academy of Sciences (USA)* 90, 1993, p. 5974.

제5부

도대체 어떻게 일어날까?

29. 메커니즘

화학자들이 가장 먼저 묻게 되는 원초적인 의문은 "당신은 누구인가"라는 것이다. 그러나 그것이 무엇인지를 알고 난 후에는 **어떻게 만들어지게 되었는가**를 알고 싶어한다. 의구심이 많은 인간이 당연히 제기하는 이런 의문은 바로 이상하고도 새로운 분자 1그램을 얻게 된 것이 과연 우연 때문이었겠는가라는 것이다.

메커니즘(mechanism)이란 무엇일까? 메커니즘이란 하나의 분자가 다른 분자로 변환되는 비가역적(非可逆的)이고 단순한 기본적인 화학 단계들의 순서를 뜻한다. 어떤 의미에서 메커니즘이란 A를 어떻게 B로 바꾸는가를 설명하는 컴퓨터 프로그램이나, 과자를 만들기 위해서 밀가루와 설탕과 버터와 초콜릿 조각을 어떻게 섞어야 하는가를 적은 요리법과 같은 것이다. 메커니즘은 과거에 일어난 일이기는 하지만, 오늘도 계속 반복되는 역사를 담고 있는 것이기도 하다. **메커니즘**이라는 단어 자체가 분석철학적인 의미를 가지고 있기도 하다. 뉴턴이 주장했던 것처럼 우주는 시계와 같다는 주장이 포함되어 있기도 하다. 즉 자연에서 일어나는 어떤 연속적인 움직임도 우리의 단순한 정신세계에서 일련의 기계적인 단계로 "설명할" 수 있어야 한다는 것이다.

메커니즘 연구의 예는 다음과 같다. 1960년대 초에 국립표준국(지금은 국립표준기술원인 NIST[National Institute of Standards and Tech-

버츠 교수가 열려 있는 엘리베이터 속으로 잘못 들어가서 아래층 바닥에 떨어졌을 때, 그는 아주 간단한 오렌지 주스 제조 기계를 발견했다. 우유 배달부가 빈 우유병(A)을 집어들면, 줄(B)을 당기게 되고, 이 줄에 매달린 칼(C)이 다른 줄(D)을 끊으면, 단두대 칼날(E)이 로프(F)를 자르게 되어 통나무(G)가 흔들리게 된다. 통나무는 열려 있는 문(H)을 쳐서 닫게 되고, 문에 달린 낫(I)이 오렌지(J)의 끝을 잘라내는 동시에 긴 못(K)이 "자두를 물고 있는 매"(L)를 찔러서 매가 주둥이를 벌리면서 울게 만들면, 자두가 주둥이에서 빠져나오면서 장화(M)를 잠자고 있는 문어(N)의 머리에 떨어뜨린다. 잠이 깨어 잔뜩 화가 난 문어가 오렌지 껍질에 그려진 잠수부의 얼굴을 공격해서 긴 발로 으깨버리면 오렌지 속에 있는 주스가 전부 유리잔(O)으로 빠져나오게 된다. 그후에 통나무로 통나무집을 지어서 아들을 키우면 링컨 대통령과 같은 대통령이 될 것이다.

그림 29.1 루브 골드버그가 그린 일종의 메커니즘. 골드버그는 루시퍼 버츠 교수의 창작품을 그렸다. 이 그림은 "오렌지 주스 제조 기계"이다. 골드버그는 버클리에 있는 캘리포니아 대학교 광업대학에서 화학을 공부했다.

nology]로 이름이 바뀌었다)의 오카베와 맥네스비는 에테인(ethane)이 광화학적으로 어떻게 분해되는가를 살펴보았다. 중요한 탄화수소인 에테인은 그림 29.2의 왼쪽에 그려져 있다. 화살표 위에 써 있는 $h\nu$라는 기호는 광자(光子), 즉 빛을 나타내는 것인데, 이 경우에는 어떤 빛이라도 되는 것이 아니라 자외선 영역에 속하는 빛이라야만 한다. 강한 에너지를 가진 빛이 작용하면 에테인은 에틸렌과 수소 분자로 분해된다.[1]

이들의 연구목적은 에탄올이나 콜레스테롤이 아닌 바로 에틸렌이 생

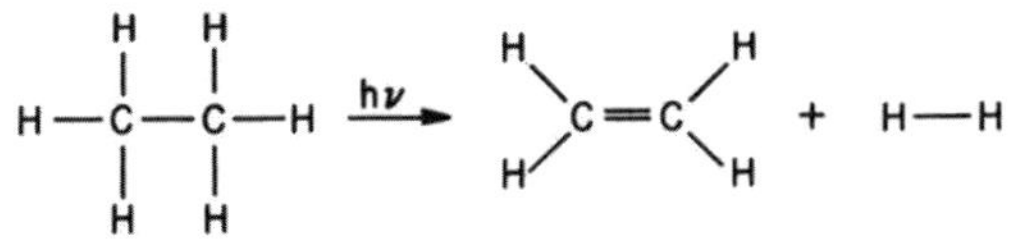

그림 29.2 에테인의 광분해 반응에서 에틸렌과 수소 분자가 형성된다.

성된다는 사실을 분석을 통해서 입증하는 것이었다. 그들의 연구결과에 의하면 이 반응에서는 정말 에틸렌과 수소 이외에는 아무것도 만들어지지 않는다는 사실이 확인되었다. 이제 남은 일은 이 반응이 실제로 어떻게 진행되는가를 알아내는 것이다.

화학반응의 메커니즘을 연구하는 과정은 과학적 방법을 응용하는 교과서적인 예라고 할 수 있다. 우선 실험을 통한 관찰결과를 얻은 후에 그런 관찰결과를 설명할 수 있는 몇 가지의 적당한 가설을 만들고, 실험이나 이론을 이용하여 (주로 실험이 이용된다) 문제가 있는 가설들을 하나씩 제외시켜가면서 옳은 가설을 찾아낸다.

이런 과정에서의 첫 단계는 관찰결과를 설명할 수 있는 가능한 가정들을 모아서 표를 만드는 것이다. 물론 화학자가 아닌 사람이 그런 가정들을 제시할 수 있을 것이라고 기대할 수는 없지만, 전문적인 화학자라면 두세 개의 가설들을 제안할 수 있을 것이다. 그러나 화학반응에 대해서 아무것도 모르는 사람이라도 한 가지의 메커니즘은 생각할 수 있을 것이다. 그것이 바로 "한 숟가락" 또는 "마법"의 메커니즘이라고 하는 것으로서, 자연이 모든 것을 한꺼번에 해치운다고 생각하는 것이다. 유기화학자들은 이런 메커니즘을 "협동반응"이라고 고상하게 부르기도 한다.

그런 메커니즘은 그림 29.3에 나타낸 몇 가지의 가능한 메커니즘들 중에서 가장 위쪽에 나타낸 것이다. 에테인(C_2H_6)에는 두 개의 탄소가

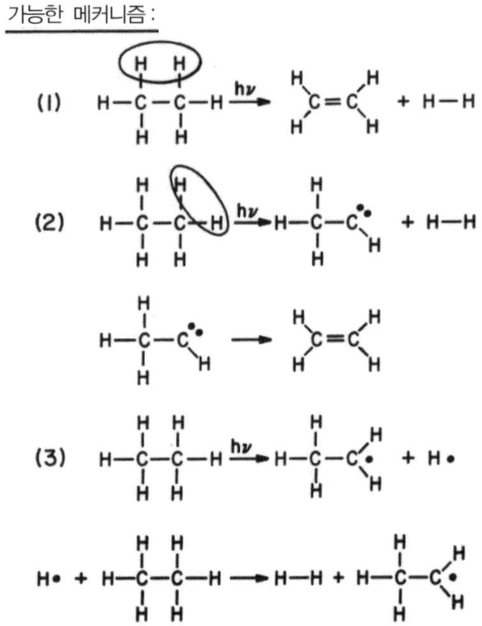

가능한 메커니즘 :

그림 29.3 에테인의 광분해 반응의 세 가지의 가능한 메커니즘.

있고, 두 개의 수소가 서로 인접해 있기 때문에, 두 수소가 한꺼번에 떨어져버리면 한 단계의 반응으로 에틸렌(C_2H_4)과 수소(H_2)가 생기게 된다. 그것이 여러 가지 가능성 중의 하나이다. 화학을 전공하지 않은 사람들에게는 훨씬 신비롭게 보일 수도 있는 두 번째와 세 번째 가능성 은 오래 전부터 알려져 있던 경험을 근거로 한 것들이다. 같은 탄소에 결합되어 있던 두 개의 수소가 떨어져 나오면서 수소 분자가 되면, 남아 있는 C_2H_4 조각은 원자들의 수는 맞지만 제대로 연결되지 않은 상태가 된다. 한 개의 탄소는 세 개의 수소와 결합되어 있지만 다른 탄소는 한 개의 수소와만 결합하고 있다! 따라서 이 메커니즘을 완성하기 위해서 는 한 개의 수소가 다른 탄소로 옮겨 가는 빠른 변환과정을 거쳐서 에틸 렌 분자가 만들어진다고 가정해야만 한다(그리고 그런 선례는 얼마든지 있다).

세 번째 메커니즘은 연쇄반응이라고 부른다. 빛이나 열이나 또는 다른 형태의 에너지가 분자에 주어지면 결합이 한 개씩 끊어질 수 있다는 사실은 이미 알고 있다. 즉 빛을 이용해서 한 개의 탄소-수소 결합을 끊어버리면 한 개의 수소 원자와 "에틸 라디칼(C_2H_5)"이라고 부르는 찌꺼기가 남게 된다.

이렇게 되면 분자에 생명을 불어넣는 셈이 된다. 이 작은 알갱이는 크기가 1밀리미터보다도 지극히 지극히 작은 것이다. 보통 플라스크 속에는 수십억 개의 수십억 배의 수백 배에 해당하는 10^{20}개의 그런 알갱이들이 미친 듯이 떠다니면서 끊임없이 퉁겨지고 다른 분자와 충돌한다. 빛에 의해서 떨어져 나온 수소 원자도 가만히 있는 것이 아니다. 빛으로부터 받은 에너지와 주변의 다른 분자와 충돌해서 얻은 에너지에 의해서 자유를 얻은 수소 원자는, 주변을 떠다니는 10^{20}개의 다른 에테인 분자 중의 하나로 날아가게 된다. 충돌이 일어날 것은 명백한 사실이다. 수소 원자가 매우 잘한다고 배운 것 중의 하나가 바로 다른 분자로부터 원자들을 끌어내어 떼어내는 것이다. 그래서 처음에 자유롭게 된 수소 원자가 다른 에테인 분자와의 충돌과정에서 다른 수소 원자를 떼어내어 생성물인 수소 분자(H_2)를 만든다고 생각할 수 있다. 그리고 나서 여기에 자세히 나타내지 않은 일련의 후속단계를 거치면서 실제로 에틸렌이 만들어지게 된다.

다음에 해야 될 일은 실험을 통해서 이런 메커니즘들을 하나씩 제외시켜나가는 것이다. 지난 50년 동안 동위원소를 쉽게 사용할 수 있게 되면서 메커니즘의 연구도 매우 쉬워졌다. 제8장에서 설명한 것처럼 원소가 조금 변형된 동위원소는 그 존재를 구별할 수 있을 정도로 다르기는 하지만, 근사적으로는 반응에 영향을 미칠 정도로 많이 다르지는 않은 것이다. 동위원소는 훌륭한 첩보원이라고 할 수 있다.

에테인 반응의 메커니즘을 알아내기 위해서 수소의 동위원소들 중에서 "중수소(D)"를 동위원소 추적자(追跡子)로 사용한다. 오카베와 맥네스비는 보통의 에테인(C_2H_6)과 모든 수소가 중수소로 치환된 에테인(C_2D_6)의 혼합물을 사용했다. 중수소로 치환된 화합물은 어떻게 얻었을까? 머크 사*의 실험실에서 합성한 것을 구입해서 사용했다. 시약회사에서 기체가 담긴 밀폐된 플라스크나 유리병이 도착하면 먼저 분석을 하게 된다. 화학실험에서는 누구도 믿지 않는다. 누군가가 실수로 여섯 개 대신 다섯 개의 중수소를 넣었을지도 모르기 때문이다.

여기서 메커니즘의 연구가 합성이나 분석과 얼마나 밀접한 관련이 있는가를 알 수 있을 것이다.

국립표준국 연구원들은 C_2H_6와 C_2D_6의 혼합물을 가지고 광분해 반응을 일으켰다. 각 메커니즘에서 기대되는 결과를 쫓아가보자(그림 29.3을 참고해야 한다). 메커니즘 (1)에서는 빛이 C_2H_6에 흡수되었으면 H_2가 생길 것이고, C_2D_6에 흡수되었으면 D_2가 생길 것이다. 두 가지 결과가 모두 가능하지만, HD는 절대 생기지 않을 것이다. 메커니즘 (2)에서는 H_2와 D_2와 HD의 세 가지 수소 분자가 모두 생성될 수 있다. 이 수소 분자들은 질량이 다르다. HD의 질량은 H_2보다 1.5배 무겁고, D_2는 H_2보다 2배 무겁다. 제3장에서 설명했던 그렇게 비싸지 않은 질량분석기를 사용하면 이런 수소 분자들을 쉽게 구별할 수 있다.

그러나 메커니즘 (3)은 다르다. 빛이 보통의 수소를 가지고 있는 에테인에 흡수되어서 한 개의 수소 원자를 떼어냈다고 생각해보자. 일단 그

---

* 역주/세계 최대의 화학시약 제조 및 판매 회사.

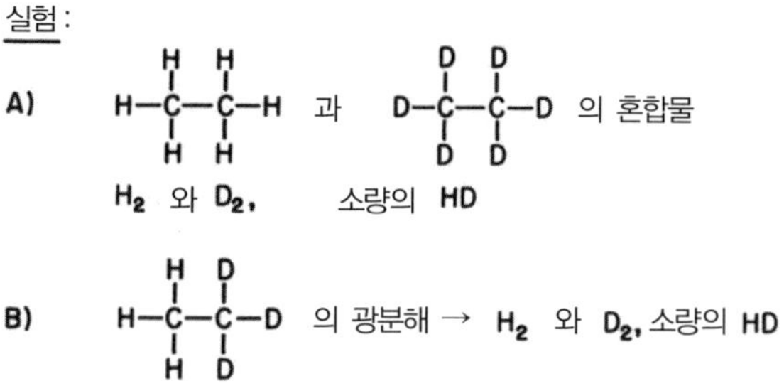

실험 :

A) 구조식 (에테인 H-C-C-H과 D-C-C-D) 의 혼합물

H_2 와 D_2, 소량의 HD

B) 구조식 (H-C-C-D) 의 광분해 → H_2 와 D_2, 소량의 HD

그림 29.4 에테인의 광분해 메커니즘을 밝히기 위한 두 가지 실험.

렇게 만들어진 수소 원자는 매우 빠르게 돌아다니면서 수십억 개의 수십억 배에 해당하는 다른 에테인 분자들 사이로 돌아다닐 것이다. 수소 원자는 C_2H_6나 C_2D_6를 만나더라도 그 차이를 알아차리지 못한다. C_2H_6와 충돌하면서 수소 원자가 떨어져 나오면 H_2가 만들어지지만, C_2D_6와 충돌하면 HD가 만들어진다. 마음속에서 C_2D_6에서 D 원자가 떨어져 나오는 경우도 생각해볼 수 있다. 그 다음에 C_2H_6와 C_2D_6가 같은 양씩 들어 있는 플라스크를 상상해보면, 통계적으로 HD가 H_2나 D_2보다 더 쉽게 만들어진다는 사실을 바로 짐작할 수 있을 것이다.

오카베와 맥네스비가 얻은 실험결과는 그림 29.4에 나타낸 것처럼 명백했다. C_2H_6와 C_2D_6의 혼합물을 광분해시켰을 때에는 H_2와 D_2가 압도적으로 많이 생겼고, HD는 아주 조금 생겼다. 따라서 HD가 더 많이 생길 것을 예측했던 메커니즘 (3)은 제외될 수밖에 없었다.

다음 실험에서는 모든 수소가 중수소로 치환된 것이 아니라 정확하게 절반이 치환된, 조금 더 값이 비싼 H_3CCD_3을 구입해서 사용했다. H_3CCD_3을 광분해시키면 메커니즘 (1)에서는 HD만을 얻을 수 있을 것이다. 그리고 메커니즘 (2)에서는 빛이 분자의 오른쪽에 흡수되는가 아니면 왼쪽에 흡수되는가에 따라서 D_2나 H_2가 생성될 것이다. 빛이나 분자는 모두 실제로 왼쪽/오른쪽을 구별하지 않기 때문에 D_2와 H_2가 같은 양씩 만들어질 것이다. 이 경우에도 실험결과는 명백했다. 오카베와 맥네스비는 주로 H_2와 D_2를 얻었고, HD는 거의 얻을 수 없었다. 따라서 메커니즘 (1)도 제외되었고, 메커니즘 (2)가 옳은 것으로 증명되었다.

과연 이것이 확실한 증명이라고 할 수 있을까? 이제 우리는 과학적인 방법에서 인간의 심리가 어떤 역할을 하는지를 생각해볼 수 있게 되었다. 물론 메커니즘 (2)가 확실하게 증명된 것은 아니다. 지금까지 이야기한 것은 가정이 틀렸다는 것을 밝힘으로써 불가능한 메커니즘을 제외시킨 것이지, 어떤 메커니즘이 옳다는 것을 증명한 것은 아니다. 지금 칼 포퍼가 주장한 것으로 알려져 있는 현대 과학철학의 한 주장에 관해서 설명하고 있다.[2] 포퍼 학파의 철학자들은 어떤 이론에 대해서 얼마나 쉽게 틀린 점을 증명할 수 있는가에 따라서 그 이론의 등급을 정할 수 있다고 주장했다. 또 틀렸음을 증명할 수 없는 또는 시험할 수 없는 이론은 좋은 이론이 아니기 때문에 포기해도 좋다고 했다.[3]

포퍼의 관점에서 볼 때 오카베와 맥네스비의 멋진 실험이 어떤 것인가를 평범한 언어로 다시 말해보자. 우리의 연약한 지혜로 에테인이 자외선에 의해서 어떻게 부서질 것인가에 대해서 세 가지의 가설을 세울 수 있었다. 그러고 나서 우리의 강하고 아름다운 기술과 지혜를 이용해서 그중의 두 개의 가설을 제외시킬 수 있는 실험을 고안해냈다. 그러나 그것으로 나머지 하나의 가설이 옳다는 사실을 증명했다고는 할 수 없다. 우리가 충분히 영리하지 못해서 미처 생각하지 못한 네 번째, 다섯 번째 가설도 있을 수 있는 것이다.

이제 모두가 이해할 수 있을 것이다. 나도 알고 있고, 이 실험을 한 사람들도 물론 알고 있었던 것이다. 그러나 실험을 하고 그 결과를 해석하는 사람도 모두 인간이다. 논문에 "A와 B가 아니라는 것은 증명했다. C가 옳은 것이기를 바라지만 다른 어떤 것이 더 있을지도 모르겠다"와 같은 애매모호한 결론을 쓰고 싶지 않은 것이 인간의 본성이다. 사람들은 그 대신 "C가 옳다는 것을 증명했다"라고 말하고 싶어한다. 과학자들도 긍정적인 일을 하고 싶어한다.

주

1) H. Okabe and J. R. McNesby, "Vacuum Ultraviolet Photolysis of Ethane : Molecular Detachment of Hydrogen", *Journal of Chemical Physics* 34, 1961, pp. 668-669.
2) 예를 들면 K. R. Popper, *Conjectures and Reflections*(New York : Basic Books, 1962), *Objective Knowledge : An Evolutionary Approach*(Oxford : Clarendon Press, 1972), *The Logic of Scientific Discovery*(New York : Harper and Row, 1965).
3) 조작의 문제점에 대해서는 L. Wolpert, *The Unnatural Nature of Science*, Cambridge : Harvard University Press, 1993, pp. 94-100 참고.

30. 살리에리 증후군

이야기는 더 계속된다. 지금까지는 에테인의 광화학 반응에 대한 구체적인 성공담에 대해서 이야기했지만, 이제부터는 가상적이기는 하지만 충분히 있을 수 있는 일련의 사건에 대해서 생각해보기로 한다. 3,000부가 발행되고, 전 세계 2,000여 곳의 도서관에서 구독하는 학술지에 메커니즘에 대한 한 편의 논문이 발표되면, 100여 명의 사람들이 그 논문을 읽을 것이고, 그중에서 10여 명은 상당히 자세히 읽을 것이다. 만약 평생을 바로 그런 종류의 반응만을 연구한 사람이 있다면 그 사람은 그 논문에 정말 깊은 관심을 가질 것이다. 전문가가 흔히 그렇듯이 그 사람도 그런 반응의 메커니즘에 대해서 자기 나름대로의 확고한 신념을 가지고 있을 것이다. 그런데 일이 더욱 나쁘게 되려고 그랬는지는 몰라도 그 논문을 발표한 젊은 사람들은 이 나이 든 과학자의 업적에 대해서 아무런 언급도 하지 않았고 각주(脚註)도 달지 않았다! 이렇게 되면 부당하게 무시당했다고 생각하는 이 메커니즘의 전문가가 이 세상에서 그 논문을 가장 자세히 읽는 사람이 될 것이다. 그리고 그 논문이 옳지 않다는 것을 증명하기 위해서 필요한 일이라면 무슨 일이라도 마다하지 않을 것임을 확신해도 좋을 것이다. 다른 사람이 틀렸다는 것을 증명하려고 노력하는 것이 비윤리적인 것일까?

나는 전혀 그렇지 않다고 생각한다. 이미 제18장에서 설명했던 심리적인 동기에 대한 몇 가지의 이야기로 되돌아가보자. 과학은 인간에 의해서 이루어지고, 인간은 호기심 또는 지혜의 추구와 같은 복잡한 동기에 의해서 움직인다. 그밖에도 물론 권위, 인지도, 금전, 성(性), 아름다움과 같은 요인들도 영향을 미칠 것이다. 이런 요인들은 다른 동물에게도 마찬가지로 적용된다. 무엇이 잘못되었을까? 인간은 필연적으로 잘못을 저지를 수밖에 없기도 하지만, 그런 약점을 오히려 창조적인 목적으로 이용할 줄도 안다. 사람들이 "옳지 않은 이유" 때문에 어떤 실험이 잘못되었다고 생각해서 다른 메커니즘을 제시하는 데에는 아무런 잘못도 있을 수 없다. 세상에 그런 사람 열 명이 살고 있다고 하더라도 실험을 인정하거나 부정할 수 있는 시험방법이 있는 한 과학은 아무런 문제 없이 계속 발전할 수 있다. 그렇지만 우리는 왜 그런지는 몰라도 정당한 일이라도 옳지 않은 이유 때문에 하는 것은 옳지 않다고 생각한다. 사실 이 말은 T. S. 엘리엇의 『대성당에서의 살인(*Murder in the Cathedral*)』에서 인용했다.

> 최후의 유혹은 가장 큰 반역이다.
> 옳지 않은 이유로 정당한 일을 하는 것은.[1]

내가 만든 짧은 이야기에서 부당하게 무시당한 과학자의 심리적인 욕망을 왜 잘못이라고 생각할까? 그 이유는 화학자들이 지식을 추구하는 것을 진리(眞理)를 추구하는 것이라고 잘못 생각하고 있기 때문이다.

지식을 진리와 동일하게 생각하는 것은 상당히 위험하다. 우리 자신을 진리의 종이라고 생각함으로써 마치 우리 자신이 전도사나 정치가와 같은 부류인 것처럼 착각하게 된다. 그러나 나는 우리가 창조적인 예술가여야 한다고 생각한다. 그 첫째 이유는 우리가 이 세상을 정말 창조하고 있기 때문이다. 그리고 둘째로는 일반인들이 예술가에 대해서는 아무런 환상을 가지고 있지 않기 때문이다. 우리는 위대한 예술가로부터 위대한 작품을 기대하지만 보통 사람보다 훨씬 더 높은 수준의 도덕적 행동을 바라지는 않는다. 물론 그들이 도덕적이고 윤리적이면 더 바람직하겠지만, 일반인들은 그들이 천사가 아니라는 사실을 잘 인식하고 있다. 그렇다면 왜 과학자를 천사라고 생각해야 하는가?

미국에서 있었던 몇몇 복음 전도자들의 성추문에 대한 이야기를 들었을 것이다. 왜 우리는 목회자들의 도덕적 잘못에 대해서 그렇게 깊은 관심을 가지는 것일까? 물론 그 이유는 명백하다. 성직자들도 인간이라는 사실을 알면서도, 그들이 전도하는 것과 그들의 인간적인 측면을 구별하려고 하지 않기 때문이다. 그래서 목회자가 실수할 경우에는 그에 관한 모든 것이 무너지는 것처럼 생각하게 되는 것이다.

과학에서도 마찬가지이다. 우리는 우리 자신을 스스로 진리의 전도사처럼 보이도록 행동해왔기 때문에, 과학에서의 부정행위에 대해서도 성직자의 경우에서와 같이 과학자의 인간적인 측면을 고려하지 않게 되어버린 것이다.[2]

이제는 연극이나 영화로 많은 사람들에게 알려진 피터 쉐퍼의 희곡 『아마데우스(Amadeus)』를 생각해보자.[3] 이 희곡의 주제는 푸슈킨의 시 "모차르트와 살리에리(Mozart and Salieri)"에서 비롯된 것이다.[4] 그 이야기는 다음과 같다. 살리에리는 도대체 이해할 수 없었다. 그는 항상 "어떻게 그런 형편없는 인간에게서 그렇게 아름다운 음악이 나올 수 있을까?"라는 의문을 가지고 있었다. 우리는 모차르트를 천사라고 생각하고 싶어하지만, 사실 위대한 작곡가 모차르트는 개인생활은 물론 사회

생활도 매우 저속했다.[5]

우리는 예술가들이 특별히 좋은 사람들이 아니라는 사실을 인정하는 경우도 많다. 예술가들이 창조적인 충동 속에서 어렵게 제정신을 지키려고 노력한다고 믿는 낭만적인 오류를 저지르기도 한다.

이미 칼 포퍼에 대해서 이야기했기 때문에, 현대 과학철학에서의 정반대의 극단적인 생각에 대해서도 언급해야 할 것 같다. 과학자도 인간이라는 사실과 과학에서도 잘못이 있을 수 있다는 심리적인 동기를 강조하는 것은 파울 파이어아벤트의 과학에 대한 입장과 비슷하다. 논란이 많은 철학자인 파이어아벤트는 과학자를 자신의 이론이나 실험을 인정받기 위해서라면 어떤 일이라도 할 수 있는 심리적, 정치적 괴물이라고 생각했다. 나는 파이어아벤트가 흥미로운 업적을 남기기는 했지만, 근본적으로는 허무주의자이고 과학에 대해서 지나칠 정도로 적대적인 의견을 가지고 있었다고 생각한다. 그는 과학자들이 자신의 이론을 증명하기 위해서 자료를 어떻게 취사선택하는가를 자세히 설명했다. 이런 측면에서 이론학자들이 특히 위험한 입장에 서 있다(실험학자들도 다른 측면에서 스스로 자신을 현혹하기도 한다). 파이어아벤트의 『연구방법 반론(*Against Method*)』은 과학을 추구하는 방법에 대한 여러 가지 낭만적인 관념을 개선하기 위한 좋은 대안이라고 할 수 있다.[6] 나는 어떤 과학적 활동에서나, 파이어아벤트와 포퍼 두 사람의 의견에서 찾을 수 있는 긴박감을 모두 인식할 필요가 있다고 생각한다.

1) T. S. Eliot, *Murder in the Cathedral*, 1부, New York : Harcourt Brace and World, 1963, p. 44.

2) Lewis Wolpert, "Science's Negative Public Image—A Puzzling and Dissatisfying Matter", *The Scientist*, June 14, 1993, p. 11. Wolpert, *The Unnatural Nature of Science*, p. 89에서도 비슷한 의견을 찾을 수 있다.

3) Peter Shaffer, *Amadeus*, New York : Harper and Row, 1981.

4) A. S. Pushkin, *Mozart and Salieri*, Antony Wood 번역, London : Angel, 1982.

5) 인간을 미신에서 벗어나게 하는 것은 쉽지 않다. Stanley Sadie, *The New Grove Mozart*, New York : Norton, 1983 ; Wolfgang Hildesheimer, *Mozart*, M. Faber 번역, New York : Farrar Straus Giroux, 1982는 모두 훌륭한 전기이다. 윌리엄 스태퍼드는 *The Mozart Myths*(Stanford, California : Stanford University Press, 1991)에서 "그런 인간이 있는지 모르겠지만, 모차르트는 완전한 인간은 아니었다. 그의 편지를 보면 그는 심술궂고, 속물적이며, 무정하고, 거짓말쟁이였다"고 했다. 그의 사촌인 마리아 아나 테클라 모차르트에게 보낸 연애편지의 저속성도 상당히 재미있다.

6) P. Feyerabend, *Against Method : Outline of an Anarchist Theory of Knowledge*, London : Verso, 1978.

31. 정적(靜的)/동적(動的)

이제 다시 대표적인 반응 플라스크나 대기 속에서 무슨 일이 일어나는가를 좀더 자세히 살펴보기로 하자. 이 과정에서 또다른 화학의 고유한 대립성이 나타날 것이다.

한 잔의 포도주를 가만히 놓아두면 증발해버린다. 빨랫줄에 널어놓은 젖은 옷도 시간이 지나면 마른다. 그래서 무슨 일인가가 일어나고 있다는 것을 알아차릴 수 있다. 즉, 이제 그 존재를 이해하게 된 자연적이거나 합성된 분자가 맑은 액체상태를 벗어나 공기 중의 다른 분자들과 합류하는 것이다.

이제 (물과 알코올과 1,000여 종류 남짓한 향기물질로 구성된) 포도주를 병에 넣고 코르크 마개와 납으로 막아보자. 고급 포도주는 100년이 지나도 그대로 남아서 경매시장에서 비싼 값에 거래되기도 한다. 분명히 병 속에서는 별일이 일어나지 않는 모양이다. 가끔씩은 포도주가 변해서 못 마시게 되기도 하고 앙금이 생기기도 한다. 그러나 포도주 공장의 지하실에 평화롭게 저장되어 있는 포도주 병에서는 액체와 기체 사이에 특별한 분자의 교역은 없는 것처럼 보인다.

그러나 사실은 그렇지 않다. 평화로운 방 안의 믿을 수 없을 정도로 조용한 공기 속에서도, 바위 속에 100만 년 전에 갇혀버린 물방울 속에서도, 살아 있는 세포의 막을 통해서도, 심지어 고체 속에서도 분자는 끊임없이 움직이고 있다. 과학에서 흔히 사용하는 용어로 표현하면 이런 모든 "계(系)"에서는 눈으로 볼 수 없는 분자의 움직임이 있다. 그 움직임은 기체상태에서는 소용돌이치며 빠르고, 고체상태에서는 훨씬 느릴 뿐이다. 이것들은 겉으로는 정적인 것처럼 보이지만 사실은 동적인 계들이다. 조용하게 보이는 것 속에 감추어진 그런 긴박감이 바로 화학의 핵심적인 요소이다.

포도주 저장창고에 보관된 마개가 막힌 포도주병은 두 가지 이유에서 조용하게 보인다. 우선 움직이고 있는 입자들이 지극히 작은 분자들이다. 다시 말해서, 그 분자들을 가만히 서 있게 만들 수 있다고 하더라도 맨눈은 물론 심지어 광학현미경으로도 볼 수 없을 정도로 작다. 그리고 마개가 막힌 병 속에서 공기와 포도주의 경계면에서 일어나는 빠른 움직임이 정확하게 균형을 이루고 있다는 사실도 확인되었다. 1초 동안에 액체에서 기체 "상(相)"으로 튀어 나가는 물 또는 알코올의 분자 수만큼 다른 물 또는 알코올 분자가 기체에서 액체로 되돌아온다. 그렇기 때문에 전체적으로는 아무런 일도 일어나지 않는 것처럼 보인다. 배우들이 작다는 사실과 그들의 행동이 균형을 이루고 있다는 사실이 합쳐져서 모든 것이 조용하게 보이는 것이다.

들어온 것만큼 나간다는 균형은 이해하기 쉽다. 목욕탕 속의 물이 어느 정도 차 있는 경우를 생각해보자. 마개를 조금 열거나 처음부터 잘 막혀 있지 않았을 경우에, 수도꼭지에서 적당한 양의 물이 흘러나오면 목욕탕 속의 물의 양은 일정하게 유지될 수 있다. 목욕탕 속의 물은 계속해서 다른 것으로 바뀌지만 물의 양은 그대로이다. 물이 들어오고 나가는 두 가지 활동이 동적 평형(動的平衡)을 이루고 있는 것이다. 이 예에서 물의 낭비가 심한 것 같으면, 물을 재순환시키는 밀레스의 분수

그림 31.1 럭비 스크럼(사진 : 토니 스톤 이미지 사의 로버트 댐리치).

를 생각해도 좋을 것이다. 인파가 몰려들어가지만, 같은 숫자만큼이 빠져나오는 복잡한 백화점 안의 사람 수도 비슷한 비유가 될 것이다.

이런 평형은 럭비 경기에서 스크럼을 짜고 움직이지 않고 있는 상태나 줄타기를 하는 사람이 가만히 서 있는 정적 평형(靜的平衡)과 비교된다는 점을 주목해야 한다. 이런 상태는 내부적으로는 긴장되어 있다. 평형이 깨질 가능성이나 힘의 균형이 깨지는 불상사도 쉽게 상상할 수 있다. 물론 목욕탕 이야기에서도, 마개가 막혀버렸는데 수도꼭지는 잠기지 않고 넘쳐흐르는 구멍도 막혀버린 경우와 같이 우스꽝스러운 사고가 일어날 수는 있다. 그럴 때에는 걸레를 찾기 위해서 뛰어야 할 것이다. 도대체 전체 잠금 밸브는 어디에 있을까? 이 목욕탕은 유럽식이 아니라 미국식 목욕탕이어서 바닥에 하수구가 없다. 수도 수리공을 불러라! (어쩌면 변호사도!)

화학에서의 동적 평형도 골칫거리가 되는 경우가 있고, 때로는 질병이나 원하지 않는 폭발과 같은 재앙을 가져올 수도 있다. 앞으로 설명하겠지만, 어떤 특별한 목적을 위해서 평형을 깨뜨리고 싶어하는 경우도 있다. 그러나 화학에서의 동적 평형은 그렇게 쉽게 깨지지 않는다. 평형 상태는 자연적인 종말이기 때문에 안정하며, 평형에서 멀어지는 것에 저항하는 복원력(復元力)을 가지고 있기도 하다. 이런 이유 때문에 동적 평형은 생체와 비슷한 특성을 가지게 되고, 그런 자연적이면서도 활성이 없는 평형을 설명할 때 신인동격(神人同格)의 언어를 사용하려고 하는 유혹을 느끼기도 한다.

기체와 액체에서는 분자들이 빨리 움직인다는 사실을 과연 어떻게 알아냈을까? 햇살이 비칠 때 먼지 티끌의 움직임과 연기입자의 혼돈스러운 운동을 눈으로 쉽게 관찰할 수 있다. 상당한 크기의 그런 입자들은 빠르고 무질서하게 움직인다. 그런 무질서한 움직임은 눈에 보이지 않는 지극히 작은 공기 분자와의 충돌에서 충격을 받기 때문이라고 생각할 수 있다. 19세기 중엽에 이미 우리는 공기가 산소와 질소로 구성되어 있다는 사실을 알아냈다.

다음과 같은 몇 가지의 핵심적인 가정을 근거로 공기 중의 그런 분자의 움직임에 대한 이론이 개발되었다.

- 점처럼 생긴 분자들은 그 질량이 무한히 작은 부피에 모여 있다.
- 분자는 충돌에 의해서만 다른 분자 또는 그릇의 벽과 정보를 교환한다.
- 그런 충돌은 탄성 충돌이다. 탄성 충돌이란 충돌하는 동안 모멘텀의 교환만이 가능한 경우를 나타내는 기술적인 용어이다. 즉 분자

그림 31.2 맛있는 마늘 빵(출전 : Susan Belsinger and Carolyn Dille, *The Galic Book*, 사진 : 조 코카).

들이 접착제나 찰떡처럼 서로 붙어버리지 않고 금속 구슬처럼 충돌한 즉시 퉁겨진다는 뜻이다.

19세기 물리학의 걸작품이라고 부르는 기체운동론으로부터 분자의 속도와 충돌에 대한 정보를 얻을 수 있다.[1] 실제로 분자는 점처럼 생기지도 않았고 서로 조금씩 끌어당기기는 하지만, 이런 수준의 근사에서는 기체 분자의 평균 속력은 온도와 기체 분자의 질량에 의해서만 결정

<표 2> 기체운동론의 결과 (섭씨 25°, 1기압)

분자	평균 속력 (초속 미터)	충돌 간의 평균 거리(미터)	1초 동안의 평균 충돌 횟수
H_2	1,770	1.24×10^{-7}	1.43×10^{10}
O_2	444	7.16×10^{-8}	6.20×10^{9}
다이알릴 다이설파이드	208	1.42×10^{-8}	1.50×10^{10}

된다. 기체 분자의 평균 속력 $\bar{s}$는 다음과 같이 주어진다.

$$\bar{s} = \sqrt{\frac{8kT}{\pi m}}$$

여기서 T는 절대온도(T = 섭씨온도 + 273.15)이고, m은 분자의 질량, k는 상수이다. 분자들은 매우 빠르게 움직이고 있다. <표 2>에는 상온(常溫), 상압(常壓)에서 가벼운 분자인 수소와 중간 정도의 질량을 가진 공기 중의 산소 분자 그리고 마늘 냄새의 주성분이고 상당히 무거운 다이알릴 다이설파이드($CH_2CHCH_2SSCH_2CHCH_2$)의 평균 속력을 나타냈다.[2]

이 분자들의 엄청난 속력을 주목하기 바란다. 산소는 음속에 가까운 속력으로 움직이고 있다(소리의 전파는 분자 매질[媒質]에 따라서 결정되기 때문에 이것이 우연이라고는 할 수 없다). 그러나 분자는 얼마 가지 못하고 다른 분자와 다시 충돌하게 된다. 충돌 횟수와 충돌 간의 평균 거리(**평균 자유행로**라고 부른다)는 기체의 압력이나 온도에 따라서 달라진다. 우주공간에서는 평균 자유행로가 훨씬 더 길다(은하계의 구름 속에서는 약 10^9킬로미터 정도이다. 나의 친구는 "불쌍한 분자들은 수백 년 만에 한 번씩밖에 만나지 못한다"라고 표현했다).[3]

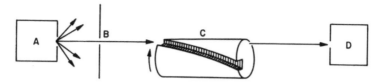

그림 31.3 기체의 속력 분포를 측정하기 위한 실험장치.

대기 중에서 산소 분자들 사이의 평균 거리는 약 3.5×10^{-7}센티미터 정도로, 분자 크기의 약 10배에 해당한다. 따라서 이런 기체 분자는 빠르게 충돌하고 움직이면서 자기 자신보다 훨씬 큰 공간을 돌아다니고 있다고 생각하는 것이 옳다. 겉보기에는 조용한 공기처럼 보이지만, 그 분자들은 무도장에서 괴상한 춤을 추고 있는 것이다.

이론은 그렇다고 하더라도 실제로 분자들이 그런 속력으로 움직이고 있을까? 우리는 사실이 그렇다는 것도 알고 있다. 밀러와 쿠시는 분자의 평균 속력뿐만 아니라 어떤 속력으로 움직이고 있는 분자가 얼마나 많은가를 나타내는 속력의 분포까지도 알아낼 수 있는 기막힌 장치를 개발했다. 그림 31.3의 왼쪽 그림에 A로 표시한 가열기에 뚫린 작은 구멍을 통해서 한 종류의 기체가 흘러나와서 바늘구멍 B를 통해서 날아가게 된다. 가열기를 빠져나오면서부터는 더 이상 분자들 사이의 충돌이 일어나지 않기 때문에 공기 분자들은 마치 진공을 날아가는 것과 같게 된다. 금속으로 만들어진 원통형 드럼 C에는 나선형 골이 파여 있고, 드럼의 회전속도는 조절이 가능하다. 그리고 D는 나선형 골에서 빠져 나온 분자의 수를 측정하는 검출기이다.[4]

얼마나 영리한 실험장치인가를 알 수 있을 것이다. 회전하는 드럼에 파인 골을 정확하게 따라갈 수 있는 속도를 가진 분자들만 드럼을 통과할 수 있다. 너무 느리거나 너무 빠른 분자는 나선형 골의 벽에 부딪치

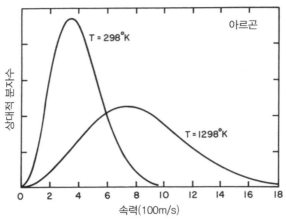

그림 31.4 두 온도에서의 아르곤 기체의 속력 분포(출전 : D. F. Eggers, Jr., N. W. Gregory, G. D. Halsey, Jr., and B. S. Rabinovitch, *Physical Chemistry*, New York : Wiley, 1964).

고 만다. 골의 휘어진 정도와 드럼의 회전속도에 따라서 어떤 속도를 가진 분자들이 통과할 수 있을 것인가는 쉽게 계산할 수 있다. 그러고 나서 드럼의 회전속도를 변화시키면 다른 속도로 움직이는 분자들을 검출할 수 있다.

밀러와 쿠시의 기막힌 실험의 결과는 19세기의 기체운동론에서 예측하는 맥스웰-볼츠만 분포라고 부르는 이론과 정확하게 일치했다. 그림 31.4는 서로 다른 두 온도에서 대기의 구성성분 중의 하나인 아르곤(Ar) 기체의 속력 분포를 나타낸 것이다. (곡선의 피크에 해당하는) 가장 많은 수의 분자가 움직이는 속도와 비슷한 평균 속력은 분자들이 가지고 있는 다양한 속력들 중의 하나에 불과하다는 사실을 주목해야 한다. 어떤 분자는 빨리 움직이고 어떤 분자는 느리게 움직인다.

일상의 경험에서 분자가 빠르게 움직인다는 사실이 잘 맞지 않는 것처럼 보이는 경우도 있다. 냄새가 강한 향수를 사용한 사람이 방 안에 들어오거나 또는 마당 저편에서 스컹크가 개에게 공격을 받았다고 생각해보자. 우리의 경험에 의하면 냄새가 우리 코에 도달하기까지는 몇 초가 걸리고, 그 속도는 음속(音速) 또는 향수나 스컹크 냄새 분자들의 움직임보다 훨씬 느리다는 것을 알고 있다. 왜 그럴까? 바로 분자들 사이의 충돌 때문이다. 공기 중에서 향수 분자는 향수를 사용하는 사람이 바라는 것처럼 우리 코를 향해서 빠르게 움직인다. 그러나 향수 분자들은 1센티미터의 극히 일부도 못 가서 다른 공기 분자들과 수없이 많은 충돌을 하게 된다. 결국 향수 분자들이 우리 코에 도달하기는 하지만, 훨씬 느린 속도로 이리저리 돌아다니면서 전파되는 **확산**이라는 과정을 통해서 도달한다. 과학소설에 나오는 이야기이기는 하지만, 우주공간에서는 향수 분자에 의한 메시지가 훨씬 빨리 목표지점에 도달할 것이다.

주

1) 이 이론의 핵심 부분은 1738년에 발간된 Daniel Bernoulli, *Hydrodynamica sive de viribus et motibus fluidorum commentarii*에서도 찾을 수 있다.
2) 마늘과 양파에 대해서는 E. Block, "The Organosulfur Chemistry of the Genus *Allium*—Implications for the Organic Chemistry of Sulfur", *Angewandte Chemie*, 104, 1992 p. 1158을 참고. 블록 박사와의 논의에서 많은 도움을 받았다.
　　충돌 사이의 거리와 평균 충돌 횟수를 계산하기 위해서는 **충돌 지름**이라고 부르는 분자의 유효 크기를 예측해야 한다. 이 값은 점성도 실험에서 얻을 수 있는 경우도 있지만, 마늘 냄새 분자의 경우에는 이런 실험이 불가능하다. 그래서 나는 셜리 박사와 함께 다이알릴 다이설파이드의 구조를 최적화해서 직경이 약 8옹스트롬(10^{-8}센티미터) 정도 될 것이라고 예측했다.
3) Edgar Heilbronner, 개인 연락.
4) R. C. Miller and P. Kusch, "Velocity Distributions in Potassium and Thallium Atomic Beams", *Physical Review* 99, 1955, pp. 1314-1321. 이 실험에서 처음에는 분자 대신 포타슘과 탈륨 원자를 사용했다.

32. 평형과 섭동(攝動)

분자들의 빠른 움직임에 대한 이야기에서 동적 평형에 대한 이야기로 넘어가보자. 우리 몸은 누구를 막론하고 단백질과 핵산(核酸)을 만들기 위해서 질소(N_2)를 필요로 한다. 질소는 우리가 숨 쉬는 공기의 78퍼센트를 차지하지만, 진화의 극치라고 생각되는 인간은 생화학적으로 질소를 어떻게 처리해야 하는지를 모른다. 우리는 필요한 질소를 주로 식물로부터 섭취하며, 식물은 토양으로부터 질산(NO_3^-)이나 암모니아(NH_3) 형태로 질소를 흡수한다. 그렇지만 식물도 역시 공기 중에서 질소가 어떻게 "고정되는가"를 모른다. 콩과 식물의 뿌리에 기생하는 박테리아가 그 방법을 알고 있다. 식물은 (1) 토양으로부터 흡수하는 소량의 질산 이온, (2) 공기 중의 질소가 번개에 의해서 산소와 반응함으로써 질산 형태로 고정된 질소, (3) 박테리아에 의해서 고정된 질소, (4) 퇴비 그리고 (5) 화학비료로부터 질소를 공급받는다. 현대 농업은 인공적으로 만든 화학비료와 현대식 농기계, 발전된 영농법, 육종(育種), 살충제 등의 덕분으로 눈부신 성공을 이룩했다.

지금까지의 이야기가 바로 다음과 같은 암모니아 생성반응의 배경이다.

$$N_2 + 3H_2 \rightarrow 2NH_3$$

그림 32.1 밭에 암모니아를 뿌리는 모습(팜랜드 사).

"고정된" 질소의 안정적인 공급이 필요하고, 암모니아가 주공급원이 될 수 있다는 사실은 20세기 초부터 알려졌다. 앞의 반응은 암모니아를 만드는 최적의 방법인 것처럼 보인다. 질소는 대기에서 공짜로 얻을 수 있고, 수소 기체는 쉽게 만들 수 있다. 질소와 수소를 섞은 후에 가열하면 어느 정도의 암모니아가 만들어진다. 그러나 그렇게 많이 생기지는 않는다.

독일의 과학자가 1905-1910년 사이에 이 문제를 연구해서 그 해결방법을 찾아냈다. 그는 화학 평형의 동적 특성을 고려해서 어떻게 하면 그 평형을 깨뜨릴 수 있는가를 알아냈다.

플라스크에 질소와 수소를 채우면 반응을 해서 암모니아가 만들어진다. 어떻게 만들어질까? 두 분자가 멀리 떨어져 있으면 반응이 일어나지 않는다. 먼저 분자의 충돌에 의해서 복잡한 반응의 중간물질이 만들어진 후에 암모니아가 만들어진다. 충돌에 의해서 질소와 산소의 강한 화학적 결합을 끊을 수 있을 정도의 에너지를 제공하려면 분자들의 움직임이 빨라야 한다. 결합들을 끊어버리기 위해서 반응 혼합물을 가열해야만 한다.

반응이 시작되었다고 생각해보자. 일단 소량의 암모니아가 만들어지면 그 분자도 가만히 있지는 못한다. 암모니아 분자도 서로 충돌하기 시작하고, 충분한 에너지를 가지고 있는 경우에는 다음과 같은 역반응(逆反應)이 일어나게 된다.

$$2NH_3 \rightarrow N_2 + 3H_2$$

이런 사정을 화학자들은 다음과 같이 두 방향의 화살표로 표시한다.

$$N_2 + 3H_2 \rightleftharpoons 2NH_3$$

최종적으로 평형에 도달하면, 정반응(正反應)에서 만들어지는 만큼의 암모니아가 역반응에 의해서 분해된다. 이런 동적 평형상태에서 암모니아, 질소, 수소 분자의 수가 똑같지는 **않지만**, 서로의 비는 일정하게 유지된다. 모든 것이 그대로 있는 것처럼 보이고, 더욱이 분자들의 숫자만 보면 아무런 변화도 없는 것 같이 보인다. 그럼에도 불구하고 이미 살펴본 것처럼 그 속에는 엄청난 움직임이 있다.

그러나 암모니아만 만들고 싶어하는 이기적인 사람의 관점에서 보면 그 결과는 불행스러운 것이다. 사람들은 더 많은 암모니아를 만들고 싶어하고, 사실은 모든 반응물질이 암모니아로 변환되기를 바란다. 그렇지만 동적인 화학 평형계는 복원력을 가지고 있다. 암모니아가 질소와 수소로 분해되는 반응을 멈추게 하고 싶지만, 그렇게 할 수 있는 방법은 전혀 없다. 어떻게 하면 좋을까?

이 문제를 연구한 독일 과학자는 이 평형을 깨뜨리기 전에 우선 평형의 조건을 알아내고 이해해야 한다는 것을 알았다. 선반에 얹혀 있는 아무 촉매나 던져 넣어보는 임시방편의 방법을 생각했을 수도 있다(사실 그런 방법이 효과가 있는 경우도 있으며, 그런 우연한 발견을 부정할 필요도 없다). 그러나 이 경우에는 그런 방법은 효과가 없었고 구체적으로 이해하려고 하는 방법이 옳았다.

그렇다면 인간 중심의 우리에게 확실히 불리한 평형을 어떻게 이용할 수 있을까? 그 화학자는 다음과 같은 네 가지의 전략을 알아냈다.

1. 암모니아가 생기는 즉시 꺼낸다. 복원력이 작용하고 있는 평형계에서는 암모니아가 추가로 더 생길 것이다.

2. 반응이 진행되는 온도를 변화시킨다. 암모니아의 생성반응에서는 열이 방출된다. 쉽게 말해서 온도를 낮추면 반응에서 방출되는 열을 더 흡수할 수 있기 때문에 반응은 왼쪽에서 오른쪽으로 더 많이 진행된다. 더 전문적으로 말하면, 평형에서의 암모니아와 질소 또는 수소의 비(比)가 온도가 낮아지면 암모니아가 증가하는 쪽으로 바뀌게 된다.

3. 압력을 변화시킨다. 암모니아의 생성반응에서는 네 개의 분자(하나의 질소와 세 개의 수소)가 두 개의 암모니아 분자로 바뀌기 때문에, 분자의 총수가 감소한다. 각각의 분자는 대체로 같은 부피를 차지하기 때문에 생성물 쪽의 부피가 더 작다. 따라서 반응 플라스크 속의 압력을 증가시키면 계는 암모니아를 더 많이 생성시킴으로써 부피가 줄어들게 만든다.

4. 질소와 수소의 강한 화학적 결합을 끊을 수 있는 촉매를 이용한다.

촉매를 찾아내는 것은 경험에 의존해야 하는 일이다. 독일 과학자
는 많은 실험을 거친 후에 오스뮴이나 우라늄이 적당한 촉매라는
사실을 알아냈다.[1]

평형이 동적 과정이라는 이해를 이용한 이런 전략은 결국 들어맞았
다. 오늘날까지도 화학산업의 견인차 역할을 하고 있는 암모니아의 공
업적 합성은 하버-보슈 공정이라고 부른다.[2] 미국에서는 이 공정을 통
해서 1993년에 3.45×10^{10}파운드의 암모니아를 생산했다. 이 공정은 프
리츠 하버에 의해서 고안된 것이다. 다음에는 대립성으로 가득했던 하
버의 인생에 대해서 이야기하겠다.

주

1) 화학반응이 왜 일어나는가에 대해서는 P. W. Atkins, *Atoms, Electrons, and Change*,
   New York : Scientific American Library, 1991 참고.
2) 오늘날 사용되는 촉매는 산화철과 실리카(이산화규소), 알루미나(산화 알루미늄) 그리
   고 수산화 포타슘(KOH)이다.

제6부

화학에서의 삶

33. 프리츠 하버

창의성을 가진 화학자는 우리 주변의 문제와 분자세계에 대한 일반적인 호기심 때문에 감동을 받는다. 사회로부터의 물질적인 지원도 물론 필요하다. 그런 지원의 대가로 화학자들은 신뢰할 수 있는 지식을 얻기 위해서 노력하고 가끔씩은 실용성이 있는 결과를 얻기도 한다. 고집이 세면서도 아름다운 물질들이 넘칠 정도로 많은 문제들을 던져주고 있는데 어떻게 화학자가 대부분의 시간을 홀로 있고 싶어한다고 비난하겠는가?

그러나 이것이 실제로 일어나고 있는 상황은 아니다. 세상은 창의성을 가진 학자들의 삶을 방해하고 전체를 삼켜버리기도 한다. 화학자는 세상이 자신을 가만히 놓아두기를 바라지만 세상은 화학자의 나이에 상관없이 모든 화학자를 간섭하는 방법을 알고 있다. 나는 이런 사실이 역사 이래 가장 위대한 물리화학자였던 프리츠 하버의 삶에서보다 더 명백하게, 더 극적으로 나타났던 경우는 없었다고 생각한다.[1]

하버는 1868년 독일의 슐레지엔에서 유복한 유대인 상인의 아들로 태어났다. 유럽의 상류층으로 융화된 유대인들이 19세기 초부터 비교적 전형적으로 이용했던 책략에 따라서 그도 어렸을 때에 천주교로 개종했다. 사실, 하버의 시절에는 학계에서 높은 지위를 보장받기 위해서 개종할 필요는 없었다. (예를 들면 20세기의 위대한 유기화학자였던 리하르트 빌슈테터는 개종할 필요성을 느끼지 않았다.) 앨버트 아인슈타인도

그림 33.1 프리츠 하버(사진 제공 : 하버의 마지막 학생이었던 한스 아이스너의 가족).

개종하지 않았다. 그러나 하버는 개종을 했다. 그 자신은 평생 동안 유대인이나 유대인의 후예들에게 둘러싸여 살았지만 거의 말년까지도 개종 표시를 달고 다녔다.

그의 어머니는 그가 태어난 직후에 사망했고, 하버는 어린 시절을 아버지와 매우 불편한 관계 속에서 자랐다. 흥미롭게도 당시의 독일 정밀화학산업 발전에 핵심적 역할을 하던 합성염료의 상업적 가치에 대한 의견 차이도 하버가 아버지와 불편한 관계를 가지게 된 이유 중의 하나였다.

하버는 어린 시절에 상업을 알게 된 것을 후회했지만, 그가 성년이 된 후에 보여주었던 순수과학과 응용과학을 적절히 혼합하는 독특한 재능은 아마도 그런 경험에서 얻어졌을 것이다. 훗날 그의 학생이었던 프리드리히 본회퍼는 하버에 대해서 다음과 같이 썼다.

그는 모든 학술적인 편협함에서 벗어나서 기술과 순수과학의 상호보완적인 관계를 소중하게 생각했다. 그래서 항상 과학의 발전과 실용적 생활과의 관계를 지키려고 노력하는 과학적인 개성을 가지게 되었다.[2]

하버에게는 훌륭한 스승이 없었다. 그렇다고 초기부터 번쩍이는 성공이나 위대한 합성이나 엄청난 자연법칙을 발견한 것도 아니었다. 대신에 그는 유기화학에서부터 물리화학에 이르기까지 다양한 문제들을 주로 혼자서 해결하려고 노력했다. 일생 동안 하버는 엄청난 양의 일을 했고 새로운 것을 받아들였다. 독일의 역사적, 학술적 사건들을 세심하게 관찰해온 프리츠 슈테른은 다음과 같이 지적했다.

어린 시절부터 하버는 역사적으로 극적인 시대를 살았다. 그가 어렸을 때의 독일은 통일 때문에 사기가 한층 올라가 있었다. 때늦은 통일은 독일 정부로 하여금 비스마르크조차도 후회했을 정도로 치명적인 군사독재 정책을 펴도록 했다.……국가의 발전과 젊은 하버의 발전 사이에서 너무 밀접한 관계를 찾으려고 하는 것은 바보스러운 일이지만, 독일과 하버의 성공은 그렇게 많은 독일인들이 버리려고 애썼던 열등의식과 어느 정도 관련이 있었다. 얼마나 많은 독일인들이 끊임없이 일을 계속함으로써 모

든 불만을 떨쳐버리려고 했던가!³⁾

하버의 가장 위대한 업적은 앞장에서 설명했던 암모니아 합성이었다. 그것은 화학 평형에 관계되는 조건들을 완전히 이해함으로써 가능한 일이었다. 흥미로운 것은 하버가 물리화학을 스스로 공부했다는 사실이다. 또한 그의 굳은 의지와 고집도 궁극적인 성공에 도움이 되었을 것이다. 모리스 고란에 따르면, 하버가 밝힌 자신에 대한 이야기라는 다음 이야기에서 그런 측면을 가장 잘 알 수 있을 것이다.

매우 더운 어느 여름날, 그는 스위스의 산으로 등산을 갔다. 여덟 시간 동안 등산한 후에 먹을 물을 찾던 중, 그는 사람이 살지 않는 작은 마을에 도착했다. 물은 찾을 수 없었고 목이 매우 말랐다. 마침내 그는 낮은 담으로 둘러싸인 우물을 발견했다. 그는 즉시 머리 전체를 물속에 넣어버렸다. 거의 같은 순간에 그는 몰랐지만 한 마리의 황소도 함께 머리를 물속에 넣었다. 둘 다 상대방에게는 조금도 신경을 쓰지 않았다. 그러나 그들이 머리를 물 밖으로 들었을 때에는 서로 머리가 바뀌어버린 것을 알아차렸다. 프리츠 하버는 황소의 머리를 가지게 되었고 그날 이후부터 교수로 성공했다.⁴⁾

암모니아 이야기의 처음에는 실패가 있었고, 중간에는 과학적 논란이 있었지만, 두 가지 모두 하버에게는 자극제 역할을 했다.

많은 사람들이 암모니아(NH_3)를 합성하려고 노력했다. 1904년에는 빈의 실업가였던 마르굴리스 형제가 하버에게 원소로부터 암모니아를 만들어볼 것을 제안했다. 하버는 그의 학생들과 함께 몇 가지 금속을 질소(N_2)와 반응시켜서 금속 질화물을 만든 후에 수소(H_2)와 반응시키려고 시도했다. 그러나 매우 높은 온도에서도 암모니아는 거의 생기지 않았다. 후원자로부터의 재정지원도 다 끊어지고 계획이 실패로 돌아가는 것 같았다.

그런 실패는 마음 아픈 것이었다. 더욱이 독일의 열역학 분야의 대가였던 발터 네른스트가 하버의 암모니아 평형에 대해서 의문을 제기한 것은 더욱 난처한 일이었다. 문제의 핵심은 평형에서 N_2, H_2, NH_3의 실제 비(比)에 대한 것이었다. 네른스트도 역시 고압에서 암모니아의 합성을 시도했다. 어떻게 하면 효과적으로 합성할 수 있을 것인가에 대한 네른스트의 이론적인 이해도 하버의 것만큼이나 훌륭한 것이었다. 그러나 네른스트가 얻은

$$N_2 + 3H_2 \rightleftharpoons 2NH_3$$

반응의 "평형상수" 값에 따르면, 평형에서 하버가 측정한 것보다 훨씬 더 적은 양의 암모니아가 만들어져야 할 것 같았다. 네른스트는 생성될 수 있는 암모니아의 양이 상업적인 합성이 불가능할 정도로 적을 것이라고 예측했다.

하버와 네른스트는 그전에도 충돌한 적이 있었는데, 이제 다시 암모니아 문제로 충돌하게 되었다. 이번에는 하버가 고압에서 이루어진 네른스트의 실험에 도전했다. 하버는 로베르 르 로시뇰과 함께 네른스트의 실험을 세심하게 반복해서 네른스트가 틀렸다는 사실을 확인했다.

더 중요한 사실은 이 논란 때문에 하버가 압력의 영향에 대해서 큰 관심을 가지게 되었다는 것이다. 평형에서 암모니아 쪽은 2개의 분자뿐이고, 질소와 수소 쪽은 4개의 분자가 있다는 사실을 기억할 필요가 있

다. 따라서 압력을 증가시키면 부피가 작은 (분자의 수가 적은) 쪽이 선호된다. 이런 방법으로 더 많은 암모니아를 만들 수 있다. 그러나 필요한 압력은 당시에 사용되던 유리와 금속으로 된 화학반응 용기가 견딜 수 있는 정도를 넘어서는 것이었다. 하버와 뛰어난 금속 기술자인 프리드리히 키르헨바우어를 포함한 연구진은 필요한 압력을 얻을 수 있는 방법과 그런 압력에 견딜 수 있는 반응용기를 개발했고, 낮은 온도에서도 반응이 일어나도록 하는 오스뮴과 우라늄 촉매도 개발했다(우라늄의 방사능과는 아무런 관계가 없다).

대학교에서 공업적 반응공정이 이처럼 완벽하게 개발된 경우는 아마도 많지 않았을 것이다. 그후에 지금까지도 세계적으로 유명한 화학회사인 BASF에서 그 공정을 넘겨받은 사람이 바로 재능 있고 우수한 카를 보슈였다는 사실은 하버가 얼마나 운이 좋았는가를 보여준다. 보슈는 훨씬 값싼 촉매를 개발함으로써 그 반응을 효율적인 공업적 합성공정으로 발전시켰다. 조그마하게 시작되었던 하버-보슈 공정은 오늘날에도 연간 3.45×10^{10}파운드씩 생산되는 암모니아의 중요한 생산공정으로 이용되고 있다(제32장 참고).[5]

나의 생각으로는 하버의 업적이 모든 인류에게 엄청난 혜택을 가져다주었고 지금도 그렇다는 점에는 의심의 여지가 없다. 암모니아의 가장 중요한 용도는 비료이다(사실 지금 전 세계에서 대량으로 생산되는 대부분의 화학물질은 주로 비료로 사용된다). 20세기에 들어오면서 믿을 수 없을 정도의 인구폭발이 있었다. 지역적인 굶주림이 전혀 없는 것은 아니지만 엄청나게 늘어난 인구에 맞춰 적절한 식량을 제공할 수 있었던 것은 근대의 화학집약적 농업의 덕분이다. 미국에서 1에이커의 밭에서 생산되는 150부셸에 이르는 옥수수 생산량은 1800년과 비교할 때

여섯 배가 증가한 것이다. "유기농업"에도 장점이 있기는 하지만, 합성 비료, 특히 하버의 발명은 수억 명의 인류를 굶주림에서 벗어날 수 있게 했다고 생각한다.

하버-보슈 공정이 개발된 때는 독일 정부에게 더없이 적절한 시기였다. 1914년에 제1차 세계대전이 일어나면서 남미로부터의 비료공급 항로가 폐쇄되었다. 더욱이 TNT(트라이나이트로톨루엔[trinitrotoluene])에서부터 1993년 뉴욕 시의 세계 무역 센터 폭발에 사용된 폭약은 물론 비료로도 사용되는 질산 암모늄에 이르기까지, 대부분의 화약은 상당한 양의 질소를 포함하고 있다. 석탄 증류(蒸溜)나 사이안아마이드 공정 등의 질소 공급공정이 있기는 하지만 하버의 발명이 가장 중요한 것이었다고 할 수 있다. "공기에서 식량을 만들 수 있는 방법"이 전쟁에도 도움이 된다는 사실이 입증되었다.

전쟁 기간 동안 하버는 그의 연구소와 자신의 재능과 에너지를 모두 "화학"무기 개발에 사용했다(화약이나 다양한 금속이나 폭약도 역시 화학물질임에도 불구하고 마치 다른 것처럼 구별하는 어리석음을 지적하기 위해서 따옴표를 사용했다). 헤이그 협정에서는 "독약이나 독약무기"를 불법으로 규정했지만, 전쟁이 일어나기도 전에 벌써 양쪽에서는 모두 어느 정도의 개발이 추진되고 있었다. 제1차 세계대전 중의 화학무기에 대해서 연구하던 하버의 아들 L. F. 하버는 이렇게 말했다.

가스와 연기에 대해서 말할 수 있는 것은, 전쟁 직전부터 화학물질에 대한 군인들의 관심이 높아졌으며, 극소수의 혁신적인 군인들은 여러 가지의 화합물로 실험을 해보기도 했다는 것이다. 당시에 사용하던 물질들은 포스젠을 제외하고는 대부분 독성물질이 아니었다. 가스나 가스 폭탄의 군용 재고는 전혀 없었고, 다만 프랑스가 적은 양의 최루탄과 최루탄 약을 가지고 있었을 뿐이다. 과학적인 관심은 있었지만, 1914년 8월 당시의 교전국들은 화학무기의 실용성에 대해서 아무런 확신도 가지고 있지 않았다.[6]

그러나 교전국들은 화학무기의 실용성을 곧 알게 되었다. 하버는 가스 구름의 개념을 제시했고, 염소를 비롯한 몇 가지의 화학물질을 개발한 후에도 그의 노력은 계속되었다. 독일의 최고 권력자는 하버가 "총명한 지혜를 가지고 있고, 지극히 왕성한 조직가이며, 의지가 굳고, 아마도 거리낌 없는 사람일 것"이라고 평가했다.[7] 그는 독가스의 사용이 합법적인가 아닌가에 대한 결정을 최고 권력자에게 위임해버렸다.

1915년 4월 22일 오후에 벨기에 자치체인 이프르에서 있었던 첫 번째 대규모 가스 공격의 모습은 다음과 같았다.

10분도 안 되는 동안에 7,000미터에 걸쳐서 6,000개의 통을 동시에 열어서 150톤의 염소를 뿜어내는 모습은 굉장했다. 어느 지점에서는 적군과의 간격이 50미터밖에 되지 않을 정도로 양측은 가까이 위치하고 있었다. 가스 구름은 1초에 0.5미터(시속 1마일) 정도의 느린 속도로 퍼져 나갔다. 처음에는 주변의 공기 중에 있는 습기가 응축되어서 흰색이었지만 부피가 늘어남에 따라서 황록색으로 바뀌었다. 지표면의 온도 때문에 10-30미터 높이까지는 염소가 빨리 솟아올랐다. 그후에는 확산에 의해서 기체의 농도가 묽어지면서 효력은 약해졌지만 육체적, 심리적 충격은 오히려 더 심하게 되었다. 몇 분 안에 전방과 후방의 프랑스-알제리 연합군들은 숨을 헐떡이고 기침을 하기 시작했다. 질식하지 않은 군인들은 경련을 일으키면서 대열을 벗어나서 뛰어 도망갔지만 기체는 그들을 쫓아갔다. 전선은 삽시간에 무너지고 말았다.[8]

다른 전쟁에서와 마찬가지로 이 전쟁에서도 사람들이 여러 방법으로 살해되었지만, 가스가 사용된 것은 전혀 새로운 방법이었다. 여기에 이용된 화학은 매우 단순한 것이었고 양측은 모두 우수한 인재와 산업체를 가지고 있었다. 이것이 독일만 가지고 있던 독특한 살인방법은 아니었다. 독일의 적들도 역시 염소, 포스젠, 독가스, 클로로피크린과 같은 화학무기를 집중적으로 사용했다. 또한 독가스만 적군을 죽인 것도 아니었다. 더 많은 군인들이 부상을 당했고, 어떤 군인들은 심각한 중상을 입기도 했다. L. F. 하버는 가스 희생자들 중에서 6.6퍼센트만이 죽었다고 추산했다.[9]

그때나 지금이나 가스 무기를 정당하다고 주장하는 사람들은 "멋있고 좋은 살인방법이 있는가? 독가스가 폭탄 파편보다 나쁜 점이 무엇인가?"라고 묻는다. 그 대답은 부상을 당했던 사람들의 증언에서 찾을 수 있다. 마음속 깊은 곳의 무엇인가가, 숨 쉬는 생명과 관련된 무엇인가가 훼손된 것이다. 윌프레드 오언의 시 "멋지고 명예롭다(Dulce et Decorum Est)"의 한 부분은 다음과 같다.

> 가스! 가스! 서둘러라 병사들아!—미친 듯이 더듬어서
> 꼴사나운 헬멧을 겨우 둘러쓰고;
> 그러나 아직도 몇 사람은 악을 쓰며 뒹굴고
> 불에 빠지거나 덫에 걸린 사람처럼 허둥거린다.……
> 안개 낀 유리와 짙은 녹색 불빛 속에 흐릿하게,

그림 33.2 화학무기에 대한 훈련(사진 : 토니 스톤 이미지 사의 제프리 자루바).

녹색 바다 밑에서처럼, 익사하는 것을 본다.

나의 모든 꿈속에서, 절망의 한숨도 쉬기 전에,

나에게로 쓰러져 온다. 흘러내리면서, 숨이 막히면서, 익사하면서.

만약 숨 막히는 꿈속에서 당신도 역시

그를 던져놓은 마차를 따라서 뛴다면,

흰 눈동자가 얼굴에서 몸부림치는 것을 볼 수 있으면,

죄에 병든 악마와 같이 매달린 얼굴을;

만약 흔들릴 때마다 들을 수가 있다면

거품이 가득한 가슴에서 피가 부글거리는 소리를

암과 같이 추하고, 트림과 같이 쓴

결백한 혀에 생긴 혐오스럽고 치유할 수 없는 종기의,

친구여, 그렇게 고상한 향기로 말하지는 못하겠지.

영광을 절실하게 갈구하는 아이들에게,

오래된 거짓말: 조국을 위해서 목숨을 바치는 것은

멋있고 명예롭다.[10]

L. F. 하버의 추산에 따르면 전투에 참가한 사람들 중에서 가스에 희생된 사람의 수는 3-3.5퍼센트 정도로 비교적 적다.[11] 그때나 지금이나 바람, 비, 온도와 같은 기상조건이 화학무기의 전술적 사용의 효과를 저해하는 요인이다. 그러나 이 무기가 남기는 심리적 상처는 지울 수가 없다.[12]

나는 혹시 촉매에 대해서 많은 경험을 가진 하버가 독가스가 (아니면 자기 자신이) 전쟁을 가속화시켜서 피로 물든 참호전의 교착상태를 빨리 마무리하도록 하는 촉매라고 생각한 것이 아닌가 의심하기도 한다. 그렇지 않았기를 바란다. 독일은 전쟁에 패배했다. 그리고 역시 화학자였던 하버의 부인 클라라도 희생자가 되었다. 그녀는 남편에게 화학무기에 대한 일을 그만두도록 간청했지만 하버는 듣지 않았다. 이유를 정확하게 알 수는 없지만 그녀는 결국 자살을 해버렸다.

전쟁이 끝난 후 독일에 330억 달러라는 엄청난 배상금이 부과되었고, 그 대부분을 금으로 갚아야 했다. 암모니아 합성으로 1918년 노벨 상을 받았고, 당시 독일 화학계의 선도자가 된 하버는 바닷물에서 금을 추출하는 방법을 개발하기 시작했다. 그는 전체 전쟁부채가 금 5만 톤에 해당한다고 계산했다. 오스트레일리아의 화학자 아치볼드 리버시지는 1톤의 바닷물에 30에서 65밀리그램의 금이 들어 있을 것이라고 추산했다. 즉 대양에는 750억에서 1,000억 톤의 금이 있고, 북해에 들어 있는 금만으로도 독일의 부채를 모두 갚을 수 있다는 뜻이 된다.

하버는 "합성 바닷물"을 이용해서 아세트산 납과 황화 암모늄으로 금 이온을 침전시키는 일련의 실험을 했다. 그는 1톤의 바닷물 속에 금이 5밀리그램 정도만 있어도 바닷물 속의 금을 분리하는 것이 경제적이라는 결론을 얻었다. 그리고는 금의 농도를 예측했던 기존의 문헌을 조사하고, 극비리에 함부르크-아메리칸 해운의 상선에 실험실과 추출공장을 설치하기까지 했다.

하버는 이제, 앞에서 살펴본 것처럼 과학이면서 예술이기도 한, 분석 분야의 일을 하게 되었다. 다음은 그 당시에 어떤 일이 일어났는가를 기록한 것이다.

그러나 점차로 문제가 생기기 시작했다. 하버는 대서양의 넓은 지역과, 아이슬란드와 아일랜드는 물론 북해의 바닷물까지도 조사한 결과, 금의 함량은 지역에 따라서 상당히 다르다는 사실을 발견했다. 예를 들면, 북 대서양의 바닷물은 같은 양의 남대서양의 바닷물보다 10배까지 많은 금을 포함하고 있었다. 캘리포니아의 금광 부근 해안의 100여 곳의 시료에서는 조류의 방향만 바뀌어도 결과가 상당히 달라진다는 것도 알아냈다. 더욱이 높은 농도에 적당한 분석방법을 낮은 농도의 바닷물에 사용하면 전혀 믿을 수 없는 결과가 나온다는 사실도 알아냈다.……결국 하버는 리버시지가 틀렸다는 결론을 내렸다. 특히 두 가지 점에서 문제가 있었다. 어느 곳에서나 1톤의 바닷물에 0.001밀리그램 이상의 금이 들어 있는 곳은 없었고, 그것도 용액에 녹아 있는 상태가 아니라 부유물질의 형태로 들어 있었다.[13]

여기서 우리는 화학에 존재하는 의심과 신뢰 사이의 또다른 긴박감을 발견하게 된다. 하버는 리버시지의 옛날 분석을 믿었고, 이 분야에서 활발한 활동을 하고 있던 또다른 화학자 에드바르트 손슈타트의 분석도 신뢰했다. 그러나 이 점에 대해서 훗날의 논문은 이렇게 설명하고 있다.

하버는 손슈타트와 리버시지를 분리해서 비판했다. 손슈타트는 확실히 오염된 시약에 속았고, 1892년에 발표한 논문에서 그 사실을 시인했다. 그리고 리버시지의 결과는 기술적인 문제가 있었다고 비판했다. 리버시지는 지극히 민감한 추출기술이 필요한 실험방법을 사용했다. 불행하게도 하버의 말에 의하면 "리버시지는 충분히 숙달되어 있지 않았다." 리버시지는 충분히 좋은 방법이 아닌 실험방법을 이용해서 결과를 얻었을 뿐이다.[14]

근대의 연금술사들은 실망했을 것이다.

1933년 초에 반유대인 사상을 가지고 있던 히틀러와 그의 국민사회당이 집권했다. 그들은 그해 4월에 벌써 유대인이 공직에 취임하는 것을 금지하는 명령을 공표했다. 하버의 세계는 무너져버렸다. 그는 실질적으로는 유대인이 아니었지만 유대인으로 취급되었다. 하버는 독일 문화에 완전히 동화되었을 뿐만 아니라 충성심이 극도로 강한 독일 유대인의 한 극단(極端)을 대표했다. 독일인이면서도 자신의 나라에 대해서 항상 의문을 품었던 앨버트 아인슈타인은 유대인의 또다른 극단을 대표했다. 정신적으로 의기소침해진 하버는 이런 사건에 의해서 완전히 무너져버렸다. 프리츠 슈테른은 그런 상황을 다음과 같이 기록했다.

동료들의 침묵과 지식인들의 배반은 파괴적인 것이었다. 망명 중의 아인슈타인은 하버에게 그의 운명에 대한 동정으로 가득한 편지를 보냈다. "당신 마음속의 갈등을 이해할 수 있다. 평생을 바쳐서 일해오던 이론을 포기하는 것과 같을 것이다. 나의 경우에는 조금도 믿지 않았기 때문에 그런 어려움이 없었다." 그는 유대인과 기독교인이 함께 살면서 일할 수 있을 것이라는 독일의 도덕과 미래에 대한 믿음을 가지고 있었다.[15]

당시의 법에 따르면 참전용사는 해고에서 제외되었기 때문에 그는 당시의 직위에 계속 머물러 있을 수 있었다. 그러나 그는 유대인 동료를 해고시키도록 강요받게 되었고, 결국 그 스스로 사퇴하고 말았다. 다음은 1933년 4월 30일에 나치 정부의 과학예술교육부 장관에게 보낸 사직서의 요약이다.

은퇴를 바라는 나의 결정은 연구전통의 변화 때문입니다. 지금까지 나는 장관이나 현 정부가 현재의 위대한 국민운동의 주역으로서 옹호하고 있는 것과는 다른 생각으로 살아왔습니다. 나의 연구소에서 동료를 선택할 때에는 전통적으로 인종적 배경은 전혀 고려하지 않고 전문적인 능력과 개인적인 능력만을 고려해왔습니다. 당신도 65세의 사람이 과거 39년 동안 대학에서의 생활에서 지켜온 생각들을 하루아침에 바꿀 수 있을 것이라고 기대하지는 않을 것이고, 평생 조국 독일을 위해서 봉사해온 긍지 때문에 은퇴를 요청하는 것을 이해할 수 있을 것입니다.[16]

장관은 유대인 하버를 문제없이 제거했다고 말했다. 이제 가면은 더이상 필요하지 않았다. 하버는 1933년 8월에 "내 평생에 지금처럼 유대인이었던 적은 없었다"라고 쓴 편지를 아인슈타인에게 보냈다.[17] 프리츠 하버는 옛날의 적국이었던 영국에서 일자리를 찾는 것도 고려했고, 팔레스타인에 정착하는 것도 고려했지만, 결국 스위스로 떠났다. 그러나 그는 이미 무너져버린 사람이었다. 위대한 독일 화학자는 1934년 1월 29일, 지리적으로는 그의 조국에서 가깝지만 정신적으로는 아주 멀리 떨어진 바젤에서 사망했다.

10년도 채 지나지 않아서 유대인 수용소에서 100만 명에 이르는 하버의 동족들이 화학산업의 또다른 산물인 가스에 의해서 무참히 죽어 갔다.

1) 하버의 완벽한 전기는 최근에 독일에서 D. Stoltzenberg, *Fritz Haber : Chemiker, Nobelpreisträger, Deutscher, Jude,* Weinheim : VCH, 1994으로 출판되었다. 또다른 전기인 M. Goran, *The Story of Fritz Haber,* Norman : University of Oklahoma Press, 1967가 그전에 발간되었고, 그의 일생을 주제로 한 소설, H. H. Wille, *Der Januskopf,* Berlin : Buch Club 65, 1970도 발간되었다. 리처드 빌슈테터의 자서전 *From My Life,* New York : W. A. Benjamin, 1965에도 하버에 관한 이야기가 있다. 하버의 과학적 업적은 J. E 코츠에 의해서 *Journal of the Chemical Society,* 1939, p. 1645에 잘 정리되어 있다.

이 위대한 화학자의 삶에 대한 가장 통찰력 있는 분석을 보려면 그의 대자(代子)이며 훌륭한 유럽 역사학자였던 Fritz Stern, *Dreams and Delusions,* New York : Knopf, 1987, pp. 51-76을 참고.

2) Karl Bonhoeffer, *Chemiker Zeitung* 58, 1934. 슈테른은 그의 *Dreams and Delusions,* p. 294에서 "(1934년에) 유대인 화학자에 대한 회고사를 발표한 것은 정말 용기 있는 행동이었고, 나치 정권 아래에서 영웅적으로 행동하고 고통을 받았던 본회퍼와 그의 가족이 능히 할 수 있는 일이었다"고 했다.

3) F. Stern, 앞의 책, pp. 55-56.

4) M. Goran, 앞의 책, p. 23.

5) 카를 보슈에 대한 자세한 정보는 George Kauffman, "Two High-Pressure Nobelists", *Today's Chemist* 3, 1990, pp. 20-21 참고.

6) L. Haber, *The Poisonous Cloud,* Oxford : Clarendon Press, 1986, p. 21.

7) 같은 책, p. 27.

8) 같은 책, p. 34.

9) 같은 책, p. 244.

10) W. Owen, "Dulce et Decorum Est", *The Norton Anthology of Poetry,* 3판, New York : Norton, 1983, p. 1037.

11) L. Haber, 앞의 책, p. 242.

12) 메리 레피가 제기한 흥미로운 점은 원자폭탄을 개발한 물리학자들과는 달리 화학자들은 "화학무기"의 개발에 대해서 깊은 죄의식이나 책임감을 느끼지 않는 것 같다는 것이다. 왜 그럴까? 레피는 세 가지의 가능성을 제시했다. (1)화학무기는 오래전에 사용되었기 때문에 기억에서 지워져버렸거나, (2)화학무기는 명목상으로만 불법으로 취급되고 있기 때문이거나, (3)맨해튼 계획(원자폭탄 개발 계획)의 경우와는 달리 독가스의 개발이 화학에 미친 영향은 거의 없었기 때문이라는 것이다.

13) R. M. MacLeod, "Gold from the Sea : Archibald Liversidge, F.R.S., and the 'Chemical Prospectors' : 1870-1970", *Ambix* 35, 1988, pp. 53-64.

14) MacLeod, "Gold from the Sea" : p. 59. 하버의 인용은 F. Haber, : Das Gold im Meerwasser", *Zeitschrift für Angewandte Chemie* 40, 1927, pp. 303-314 중에서 한 것이다.

15) F. Stern, 앞의 책, p. 73. 아인슈타인의 인용문은 아인슈타인이 1933년 5월 19일에 하버에게 보낸 편지의 내용이다(Einstein Papers, Boston).

16) 1933년 4월 30일 나치의 과학예술교육부 장관에게 보낸 사직서의 요약문(전문은 Willstätter, *From My Life*, p. 289에 있다).
17) F. Stern, 앞의 책, p. 74.

제7부

확실한 마술

34. 촉매!

하버의 암모니아 합성의 핵심은 반응에 사용되는 촉매라고 할 수 있다. 통찰력 있는 화학자인 리처드 제어는 "나에게 화학을 가장 잘 함축하고 있는 단어를 선택하라고 한다면 그것은 촉매(觸媒, catalyst)일 것이다"라고 했다. 다른 어떤 것도 이것과 비교되지 않는다.[1]

제어의 말이 옳다. 반응용기에 소량을 넣음으로써 반응을 빨리, 대부분의 경우에는 훨씬 더 빨리 진행되도록 해주는 물질이고, 반응에 참여하기는 하지만 다시 재생되는 물질인 촉매는 화학의 핵심이라고 할 수 있다. 촉매는 또한 사람들이 전형적으로 추구하는 두 가지 목표와 깊은 관련이 있다.

1. 거의 불가능하다고 인식되는 것을 쉽게 만들어 난관을 극복,
2. 소모와 재생의 기적, 페르세포네*와 예수의 부활.

이런 것들은 우리의 집단적인 무의식의 일부이기 때문에 화학자가 아닌 사람들에게도 화학의 촉매는 환상의 대상이 된다. 때로는 난해한 과학으로 이해해야 하지만, 기본적으로는 이해할 수 있는 것처럼 생각되기도 한다.

---

* 역주/그리스 신화에 나오는 명부(冥府)의 여왕.

두 가지 예를 생각해보면 그 일반성을 이해할 수 있다. **촉매**라는 말이 사용되기 10여 년 전에 쓰인, 화학을 의인화한 괴테의 독특한 소설『친화력』에는 미틀러라는 이름을 가진 늙은 인물이 등장한다. 그는 "해결해야 할 논쟁도 없고 바로잡아야 할 문제도 없는 집에는 절대 찾아가지 않는 것을 인생의 가장 중요한 원칙"으로 생각한다.[2] 그것이 바로 그의 이름이 뜻하는 것이기도 하다.

거의 200년이 흘러간 후에 미국의 패션 디자이너 할스턴은 새로운 향수를 개발했다. 그의 "후각"과 시장 자문위원들을 동원해서 "카탈리스트(Catalyst)!"를 개발한 후에, 『뉴욕 타임스 매거진(*New York Times Magazine*)』의 날씬하고 색정적인 그림으로 가득한 몇 페이지의 광고에 그 향수를 뿌렸다. 다음과 같은 광고문안을 함께 실었던 것을 보면 광고문안 작성자가 화학 강의를 들었던 것이 분명하다.

> 날씨가 바뀌어……
> 평형을 깨뜨린다.……
> 카탈리스트.
> 현대 여성을 위하여
> 내일을
> 변화시킬 힘을 가진.
> 여성적이고, 낭만적이며,
> 조금은 무너진—카탈리스트……[3]

촉매의 중요한 특징은 쉽게 이해할 수 있다. 전형적인 화학반응을 생각해보지.

$$\text{반응물질} \qquad \text{생성물질}$$
$$A + B \ \rightleftarrows \ C + D$$

이런 반응은 양쪽 방향으로 진행할 수 있기 때문에 평형을 이루게 된다. 그럼에도 불구하고 원하는 반응을 **일으키기** 위해서 A와 B를 섞어 주면 상당히 많은 경우에는 아무 일이 일어나지 않는다. 반응물질은 그 냥 그대로 있다. 좀더 정확하게 말하면 평형이 그렇게 빨리 이루어지지 는 않는다고 할 수 있다. 그 이유를 살펴보자.

반응물질 A와 B는 원자들이 특별한 방법으로 서로 결합되어 있는 분자들이다. 생성물질 C와 D도 같은 원자들로 만들어진 다른 모양의 분자들이다. A와 B에서 C와 D로 변환되기 위해서는 화학적 결합이 끊 어지고 새로운 결합이 만들어져야 한다. 그러나 반응물질의 결합이 끊 어지기 위해서는 에너지가 필요하다. 생성물질에서 새로운 결합이 만 들어지면 에너지가 남기는 하지만 반응이 시작될 때부터 원자들이 그 런 사실을 알 수는 없다. 결국 반응의 중간에는 장벽(障壁)이 있다는 뜻 이다.

그래서 반응물질과 함께 넣어주는 물질 또는 화합물 또는 분자(흔히 분자의 혼합물)인 촉매를 사용한다. 그것을 X라고 부르기로 하자(실제 로 회사에서는 촉매의 본질을 감추고 싶어한다). X는 멀리서 마술과 같 이 작용하지는 않는다. 촉매 X는 반응에 참여해서 일련의 화학반응을 일으키지만, 그 결과는 촉매가 없는 경우와 완전히 똑같다. 촉매의 작용 을 보여주는 가장 간단한 반응은 다음과 같다.

$$A + X \rightleftarrows AX$$
$$AX + B \rightleftarrows C + D + X$$

하나 또는 몇 개의 반응물질이 촉매와 반응해서 "중간물질" 분자인 AX를 만든다. 이 중간물질은 오래 있지 못하고 곧 다른 반응물질 B와 반응한다. 이 두 번째 반응은 한 단계(또는 몇 단계)를 거쳐서 생성물질 C + D를 만들고 촉매 X를 재생산한다. 재생산된 X는 다시 반응물질과 춤출 준비가 되어 있다. 전체 변화는 단순히 다음과 같다는 사실을 주목해야 한다.

$$A + B \rightleftarrows C + D$$

이것이 단순히 형식적인 이야기일 뿐이라고 생각한다면, 이런 추상적인 이야기에 더 많은 옷을 입힐 수도 있다. 이제는 대기 중의 클로로플루오로카본(chlorofluorocarbon, CFC)에 의해서 중요한 오존(O_3) 층이 얇아지고 있는 문제에 대해서 모두가 알고 있을 것이다. 저 높은 하늘의 오존은 자연적인 과정에 의해서 만들어지고 재생산된다. CFC는 지표면에서는 전혀 반응하지 않지만, 성층권(成層圈)에 올라가면 햇빛에 의해서 분해되면서 염소 원자(Cl)를 만들게 되고, 다음과 같은 반응이 일어나게 된다.

$$Cl + O_3 \rightleftarrows OCl + O_2$$
$$OCl + O \rightleftarrows O_2 + Cl$$

여기서 OCl은 촉매에 의해서 만들어지는 "중간물질"로서 반응의 중간에 만들어졌다가 곧 소비되어버린다. 두 번째 반응에 참여하는 산소 원자(O)는 지표면에는 거의 존재하지 않지만, 30킬로미터 상공에는 이 반응에 참여할 정도로 충분한 양이 존재한다. 따라서 전체 반응은
$$O_3 + O \rightleftarrows 2O_2$$

즉, 오존 분자(O_3)와 산소 원자(O)가 두 개의 산소 분자(O_2)로 변환되는 것이다. 이 반응은 어디에서나 일어날 수 있다. CFC가 하는 일은 오존층을 파괴하는 새로운 길을 열어주는 것이다. 마술에 의해서가 아니라 염소 원자에 의한 촉매작용에 의해서 그렇게 되는 것이다.

여기에서도 또 하나의 같으면서도 다른 측면을 볼 수 있다. 이 반응에서는 물론 자연에서도 산소원소가 원자(O), 분자(O_2), 오존(O_3)의 세 가지 핵심적인 **동소체**(同素體)*로 존재할 수 있다. 지구상의 대기에서는 이 동소체들 중에서 이원자 분자인 O_2가 가장 안정하다.

촉매가 있을 경우에는 왜 반응이 평형을 향해서 빨리 진행되는 것일까? 그 이유는 A와 B의 원자들이 생성물질의 형태로 재배열되는 과정에 있는 장벽의 높이가 X가 있음으로 해서 낮아지기 때문이다. 이 촉매 분자는 결합을 느슨하게 만든다(한 결합씩 그렇게 만드는 경우가 대부분이다). 촉매는 장벽을 깨부순다. 물론 아무 X나 그런 일을 할 수 있는 것은 아니고 특별한 X만이 그렇게 할 수 있다. 그래서 재주가 필요한 것이다. 촉매는 마술처럼 보이는 일을 하기 때문에 흥미롭다.

(a) 촉매 X는 그것이 없으면 일어나지 않을 일을 일어나게 만든다(오존 층 파괴의 경우에서 볼 수 있는 것처럼, 그런 현상이 항상 바람직하기만 한 것은 아니다).

(b) 매우 적은 양의 촉매로 상당히 많은 양의 물질을 변환시킬 수 있다. 원칙적으로는 앞에서 보여준 반응은 영원히 계속될 수 있다. 그러나 실질적으로 촉매는 결국에는 함께 일어나는 다른 화학반응

---

* 역주/같은 원소로 되어 있으나 분자구조나 물리적, 화학적 성질이 서로 다른 두 가지 이상의 물질.

그림 34.1 1992년 2월 17일 자 『타임(*Time*)』 지 표지.

에 의해서 모두 소비되어버린다.

(c) X는 재생산된다. 그렇기 때문에 X가 반응에 참여하지 않는 것이
아니라고 생각할 수도 있다. 그러나 X는 실제로 반응에 참여한다.
촉매의 화학적인 도움이 없으면 아무 일도 일어나지 않는다.

CFC에서 생기는 Cl은 원하지 않는 반응에 촉매로 작용한다. 다음
장에서는 유용한 역할을 하는 두 가지 촉매에 대해서 설명하려고 한
다. 두 가지 모두 우리의 생명을 유지하는 데에 꼭 필요한 것들이다.

하나는 오늘날 자동차에 사용되고, 다른 하나는 우리 몸에서 촉매효과
를 나타낸다.

주

1) 리처드 제어와 개인 연락.
2) Goethe, *Elective Affinities*, pp. 33-34.
3) *New York Times Magazine*, November 28, 1993. 이 광고문을 화학자들은 마음에 들어
하지 않는다. 촉매는 평형을 깨뜨리는 대신 단순히 평형에 빨리 도달하게 함으로써
물질을 변환시키는 역할을 한다.

35. 삼중 해결책

미국만큼이나 자동차에 의존하는 나라는 없다. 미국에서 자동차는 우리의 하인이기도 하고 주인이기도 하다. 그리고 자동차에 관련된 낭만적인 생각처럼 오래 지속되는 것도 없다. 대량생산으로 값이 싸진 자동차는 근본적으로 민주화의 길을 열어준 모두의 국민차가 되었다. 그렇지만 자동차가 보편화됨에 따라서 일어나는 문제들도 대단히 많다. 더 합리적인 교통수단이 있음에도 불구하고 고속도로에 치중하게 됨으로써 대중교통 체계를 완전히 망쳐버렸다. 그뿐만 아니라 너무 오랫동안 품질관리와 연료효율을 등한시함으로써 무역흑자에 크게 기여하던 장점도 사라져버렸다. 미국의 자동차 산업이 이제야 다시 활기를 되찾기 시작했지만, 너무 늦었는지도 모르겠다.

미국과 미국인의 자동차에 대한 애착에도 긍정적인 측면이 있을까? 분명히 있다. 규제법률 제정과 산업적 재능을 이용해서 미국은 다른 어떤 나라보다도 먼저 자동차 배기 가스에 의한 공해문제에 도전해왔다. 여기에서도 촉매를 이용하게 된다.

내연기관에서는 옥테인(C_8H_{18})과 같은 탄화수소 연료가 연소되어 이산화탄소(CO_2)와 물(H_2O)이 만들어진다.

$$C_8H_{18} + 12.5O_2 \rightleftarrows 8CO_2 + 9H_2O$$

이것이 전부라면 아무 문제도 없을 것이다. 이산화탄소가 지구 온난화에 기여할지는 몰라도 그렇게 심각한 오염물질은 아니다.

사실 엔진의 내부에서 일어나는 일은 그렇게 이상적인 것이 아니다. 첫째로 소량의 탄화수소는 연소되지 않고 그냥 증발해버린다. 둘째로 완전한 연소가 일어나지 않아서 이산화탄소뿐만 아니라 일산화탄소(CO)도 발생된다. 셋째로 공기 중의 산소와 함께 기화기를 통해서 연소통으로 들어가는 무해한 질소 중의 일부분이 높은 연소온도 때문에 마치 번개가 칠 때와 마찬가지로 산소와 반응을 한다. 그런 생성물은 질소 산화물의 혼합물로서 흔히 NO_x라고 표시하지만, 주성분은 일산화질소(NO)이다.

탄화수소, 일산화탄소, 질소 산화물이라는 세 부산물은 모두 공해유발 물질이다. 햇빛이 비칠 때 대기의 조건이 적절하게 되면 짙은 농도의 탄화수소와 질소 산화물은 광화학적 스모그를 일으킬 수 있다. 높은 고도에서 만들어지는 오존은 진정한 의미에서 악한의 역할을 하게 된다. 광화학적 스모그의 성분물질들은 눈을 자극하고 호흡을 마비시키며 식물은 물론 다른 물질에도 손상을 입힌다. 또다른 공해물질인 일산화탄소는 제10장에서 설명한 것처럼 몸속의 헤모글로빈의 일부를 독차지함으로써 농도가 조금만 높아도 자동차 운전에 심각한 장애가 될 정도로 사람을 마비시킨다.

로스앤젤레스의 지역적 특성에 따른 심각한 대기오염 문제 때문에 캘리포니아 주는 배기 가스 배출규제 분야에서 가장 앞서게 되었다. 자동차 생산업체들은 처음에는 불가능하다고 비명을 질러댔지만 실제로는 성공했다. 1966년 이전에 생산된 자동차는 1마일을 달릴 때마다 10.6그램의 탄화수소, 84그램의 일산화탄소, 4.1그램의 질소 화합물을 배출했다. 1993년의 캘리포니아 규제치는 0.25그램의 탄화수소, 3.4그램의 일산화탄소, 0.4그램의 질소 화합물이고, 이 규정은 잘 지켜지고 있다. 이것은 단순한 소량감소가 아니라 10분의 1에서 40분의 1로의 감소이다.[1]

이런 엄청난 산업적 성공은 주로 TWC라고 부르는 촉매에 의한 것이다. TWC(three-way catalyst, 삼중 촉매)는 탄화수소, 일산화탄소, 질소 화합물의 세 공해물질을 한꺼번에 처리한다는 의미이다. 이 촉매는 지금은 엑손에 흡수되어버린 에소라는 정유회사에서 30년 전에 그로스, 빌러, 그린, 키어비가 획득했던 특허에서 시작되었다. 촉매의 효율을 높여주는 핵심적인 금속인 로듐은 1970년대에 아모코 사에서 일하던 메거리언, 히르슈버그, 라콥스키가 제안했다. 미국에서는 1975년도 모델부터 자동차 배기 가스를 촉매로 처리하기 시작했다. 처음으로 TWC와 이에 필요한 전자 되먹임 장치를 장착한 자동차는 캘리포니아에서 판매된 1979년형 볼보였다. 촉매는 공기와 연료의 비(比)가 14.65라는 매우 특별한 값을 가질 경우에만 효과적이기 때문에 정밀한 연료조절 장치가 필요하다.[2]

자연이나 인간 진화의 모든 산물이나 다른 촉매와 마찬가지로 TWC도 이것저것 뒤섞인 혼합물이다. 세라믹으로 만든 벌집 모양의 통로 벽은 구멍이 많은 알루미나(Al_2O_3)로 씌워져 있다. 알루미나의 표면에는 세리아(CeO_2), 란타나(La_2O_3) 그리고 때로는 산화 바륨(BaO) 또는 산화 니켈(NiO)과 같은 다른 산화물이 들어 있다. 알루미나의 표면에 붙여지는 물질의 1-2퍼센트는 백금, 팔라듐, 로듐과 같은 희귀 금속이다. 희귀 금속이 없으면 촉매는 효능을 잃어버린다. 그림 35.1은 TWC를 사용하는 "촉매 전환장치"의 단면이다.

그림 35.1 전형적인 촉매 전환장치의 단면(사진 제공 : 포드 자동차 회사).

세 금속을 모두 포함한 촉매도 있고, 그렇지 않은 촉매도 있다. 그러나 세 금속 중에서 가장 활성이 큰 로듐은 어느 제품에나 들어 있다. 소형차에 장착된 전형적인 촉매 전환장치에는 0.3그램 정도의 로듐이 들어 있다. 물론 다른 성분이 첨가되어 있을 수도 있다. 이 분야에서 활발한 연구를 하고 있는 셸레프와 그레이엄은 "촉매 전환장치를 만드는 과정에서 증착(蒸着)은 순서와 조성(助成)이 매우 다양하다. 쉽게 짐작할 수 있듯이 정확한 '처방(Zusammensetzung)'은 촉매 제조업자만이 아는 비밀로서 철저하게 보호되고 있다"고 한다.[3]

효과가 좋은 로듐의 값은 대략 금의 세 배 정도로 매우 비싸다. 로듐은 백금을 얻는 과정에서 생기는 부산물이고, 전 세계 공급량의 74퍼센트는 남아프리카 공화국에서, 21퍼센트는 러시아에서 생산된다. 1993년, 전 세계 로듐 공급량의 90퍼센트가 TWC에 사용되었다.[4] 로듐을 다른 성분으로 대체하면 좋겠지만 아직까지는 그렇게 효율이 높은 물질을 찾아내지 못하고 있다.

도대체 이 촉매는 어떻게 작용할까? 아직까지도 확실하게 알려진 것은 없고 그저 부분적인 정보만 알려져 있다는 이야기에 실망하지 않기 바란다. 아무도 알아내려고 노력하지 않았기 때문이 아니다. 이 과정에 대한 신뢰할 수 있는 지식을 얻으려는 경제적인 동기와, 그런 지식을 이용해서 합리적으로 로듐을 대체할 수 있는 방법을 찾았을 때 기대되는 권리는 너무나도 굉장하기 때문에 많은 사람들이 노력해왔다.

탄화수소와 일산화질소와 일산화탄소가 로듐의 표면에 달라붙은 다음에 생성물질로 변환되는 식으로 모든 일이 한꺼번에 일어나지 **않는다**는 사실은 확실하게 알고 있다. 그럴 가능성은 정말 무한히 작다. 실제 반응은 한 번에 한 개 또는 두 개의 분자가 참여하는 매우 단순한 단계들이 아주 빠르게 연속적으로 일어나는 것일 가능성이 높다.

일산화질소와 일산화탄소의 경우에 일어날 수 있는 한 가지 가능성은 다음과 같다. 우선 일산화탄소와 일산화질소가 표면에 달라붙는 흡착(吸着)이 일어난다.

$$NO(g) \rightleftarrows NO(a)$$
$$CO(g) \rightleftarrows CO(a)$$

여기서 (g)는 "기체상태"를 나타내고 (a)는 "금속에 흡착되어 결합된" 상태를 나타낸다. 이 과정에서 실제로 어떤 일이 일어나고 있는가를 만화식으로 나타내면 그림 35.2와 같다.

일산화질소의 경우에 그런 "화학흡착"이 실제로 일어난다는 확실한 증거가 있다. 몇몇 사람들은 표면에 흡착된 두 개의 일산화질소가 서로

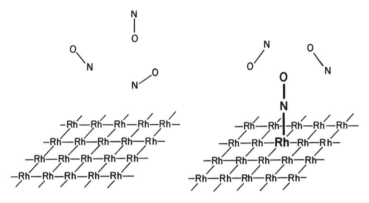

그림 35.2 로듐(Rh) 표면에 접근하고 있는 일산화질소(NO).

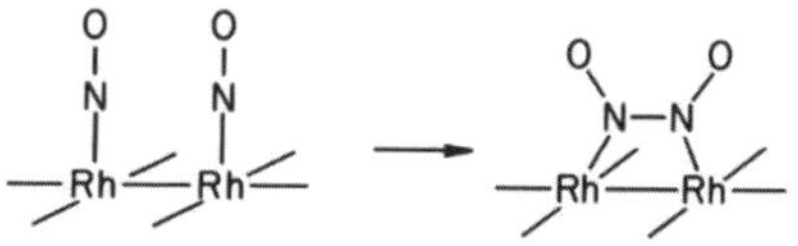

그림 35.3 화학흡착된 두 개의 일산화질소가 결합하는 가상적인 반응경로.

접근해서 N-N 결합을 만든다고 주장한다.

$$2NO(a) \rightleftharpoons (NO)_2(a)$$

이 사실은 나와 톰 워드의 이론연구에서 얻어진 결과이다.[5] 우리는 그림 35.3과 같은 경로를 따라서 반응이 진행된다고 가정하고, 왜 로듐이 팔라듐이나 백금보다 더 효율적인가를 알아내려고 했다.

"몇몇 사람들"이라고 한 것을 기억하기 바란다. 모두가 그렇게 생각하는 것은 아니라는 뜻이다. 부분적인 정보만 알려진 경우에는 논란이 있을 수 있다. 다른 사람들은 다른 반응경로를 주장하기도 한다. 여러 반응 메커니즘을 구별할 수 있는 실험은 아직도 가능하지 않기 때문에 논란은 지금도 계속되고 있다.

다음에는 산화이질소(N_2O)가 만들어져서 표면에 붙잡혀 있을 것이라고 생각된다.

$$(NO)_2(a) \rightleftharpoons N_2O(g) + O(a)$$
$$N_2O(g) \rightleftharpoons N_2O(a)$$

이제 산화이질소가 표면에서 부서지면서 아무런 해가 없는 질소가 방출된다.

$$N_2O(a) \rightleftharpoons N_2(g) + O(a)$$

지금까지의 몇 단계 반응에서 산소 분자가 아닌 산소 원자가 생성되어 표면에 흡착되어 있는 점을 주목해야 한다. 이 산소 원자가 일산화탄소(또는 탄화수소)의 "연소"를 완성시키는 역할을 한다.

$$CO(a) + O(a) \rightleftharpoons CO_2(g)$$

어쩌면 촉매의 작용이 이렇게 간단한 것일지도 모른다.

어쨌든 이 촉매는 효력이 있는 것이 확실하다. TWC 제조업자들이 이룩한 에디슨과 같은 위대한 업적을 과소평가하고 싶지는 않다. 그들은 30년 전과 비교해서 공해물질의 배출을 단 몇 퍼센트로 감소시켰다. 아직도 이 촉매가 어떻게 작용하는지 밝혀내지 못했다는 사실은 우리의 약점이고, 우리의 재능에 불명예가 되는 일이다. 그래서 이 문제는 도전할 만한 가치가 있는 것이다.

이제 결론이다. 제10장에서 설명했던 것처럼 일산화탄소의 모방이 우리의 생명을 앗아갈 수도 있다는 사실을 기억해보자. 셸레프는 세밀한 분석을 통해서 다음과 같은 결론을 얻었다.

자동차 배기 가스에 대한 엄격한 배출규제를 시행하기 전인 1970년에는, 자동차 배기 가스 중의 일산화탄소에 의한 치명적인 사고로 미국에서 연간 800명이 사망했고, 배기 가스를 이용한 자살자의 수는 전체 자살자의 10퍼센트가 조금 안 되는 2,000명에 달했다. 1987년에는 자동차 배기 가스에 의한 사고로 400명, 자살로 2,700명이 죽었다. 인구와 자동차의 증가를 고려하면 1987년에 발생한 자동차 배기 가스에 의한 사고로부터 1,200명, 자살로부터 1,400명을 구한 것과 같다.[6]

　　이 결과는 1960년대의 잉글랜드와 웨일스에서 가정용 가스의 일산화탄소 농도를 감소시킴으로써 가스 중독에 의한 사망자의 수가 35퍼센트 감소했던 것과 비교할 수 있을 정도이다. 석탄으로부터 생산된 가스에는 일산화탄소가 14퍼센트나 포함되어 있었다. 그래서 이 지방에서는 1960년대부터 일산화탄소가 거의 들어 있지 않은, 북해에서 생산되는 천연 가스를 사용하기 시작했다.[7]

1) 얼마만큼이나 더 발전할 수 있고 얼마만큼의 비용이 더 필요한가에 대해서는 J. G. Calvert, J. B. Heywood, R. F. Sawyer, and J. H. Seinfeld, "Achieving Acceptable Air Quality : Some Reflections on Controlling Vehicle Emissions", *Science* 261, July 2, 1993, pp. 37-45 참고.

2) 이 정보는 M. Shelef and G. W. Graham, "Why Rhodium in Automotive Three-Way Catalysts?", *Catalysis Reviews : Science and Engineering* 36, 1994, pp. 433-457에서 얻은 것이다. J. T. Kummer, "Use of Noble Metals in Automobile Exhaust Catalysts", *Journal of Physical Chemistry* 90, 1986, pp. 4747-4752.

3) Shelef and Graham, 앞의 책, p. 437.

4) 통계는 *Platinum 1994*, London : Johnson-Matthey, 1994에서 인용.

5) T. R. Ward, R. Hoffmann and M. Shelef, "Coupling Nitrosyls as the First Step in the Reduction of NO on Metal Surfaces : The Special Role of Rhodium", *Surface Science* 289, 1993, pp. 85-99.

6) M. Shelef, "Unanticipated Benefits of Automotive Emission Control : Reduction in Fatalities by Motor Vehicle Exhaust Gas", *Science of the Total Environment* 146-147, 1994, pp. 93-101.

7) D. Lester and R. V. Clark, "Toxicity of Car Exhaust and the Opportunity for Suicide : Comparison Between Britain and the United States", *Journal of Epidemiology and Community Health* 41, 1987, pp. 117-120.

36. 카복시펩티다아제 효소

TWC는 백금, 팔라듐, 로듐과 같은 금속 원자의 혼합물이었다. 다음에는 생물학적 촉매인 효소(酵素, enzyme)의 활성에 중요한 역할을 하는 아연이라는 금속 원자에 대해서 이야기해보겠다. 효소는 아미노산이 사슬 모양으로 연결된 단백질로서, 거의 대부분이 탄소, 수소, 산소, 질소, 황 원자로 만들어진다. 효소의 활성 자리에는 철, 구리, 망가니즈, 몰리브데넘, 마그네슘, 아연을 포함한 중요한 금속 원자가 자리잡고 있는 경우도 있다. 이런 금속들이 생물체에서 중요한 역할을 하는 것은 이런 금속들이 지각(地殼)에 얼마나 있는가와는 아무런 상관이 없다.

카복시펩티다아제 A라는 효소는 소화효소이다. 동물이 섭취하는 분자들은 우선 작은 크기로 잘라진 다음에 크고 더 좋은 분자로 다시 만들어진다. 그러나 큰 분자를 처음부터 각각의 원자로 잘라내는 것은 너무 비효율적이다. 2개에서 11개까지의 탄소 원자들을 가진 구성단위만 있으면 생화학적인 다양성을 모두 만족시키기에는 충분하다.

우리는 필요한 단백질을 음식물을 통해서 섭취한다. 카복시펩티다아제 A는 폴리펩타이드 사슬의 한쪽 끝에서부터 아미노산을 하나씩 풀어냄으로써 단백질을 잘라내는 단백질 분해효소(protease) 중의 하나이다. 단백질과 마찬가지로 이 효소도 전문적으로 어떤 특정한 종류의 아미노산에만 작용한다. 그림 36.1이 이 효소가 어떻게 작용하는가를 나타낸

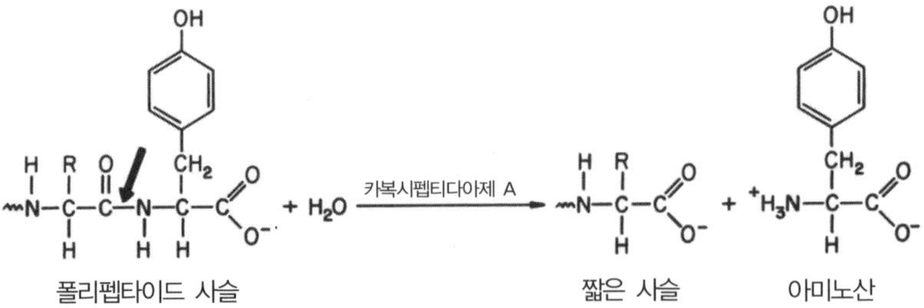

그림 36.1 카복시펩티다아제 A의 화학.

것이다.[1]

이 반응이 얼마나 단순한가? 왼쪽에 화살표로 표시한 C-N 결합에 물이 더해지기만 하면 된다. 그렇다면 왜 효소가 필요할까? 우리 몸은 효소를 필요로 한다. 왜냐하면 몸에 효소가 존재하지 않으면 $A + H_2O \rightleftarrows B + C$의 단순한 반응이 충분히 빠르게 일어나지 않기 때문이다.

좀더 구체적으로 설명해보자. 대니얼 칸과 클라크 스틸의 계산에 의하면, 효소의 도움이 없다면 펩타이드에서 C-N 결합의 절반을 갈라내는 데에 7년의 세월이 걸리는 경우도 있을 수 있다. 햄버거를 소화시키는 데에는 너무 긴 시간이다![2]

생체에서는 보통 S로 표시하는, 효소가 작용하는 분자인 기질(基質)이 물과 함께 효소(E)에 도달한다. 효소는 마술과 같은 방법으로 일련의 반응을 일으킨 다음, 생성물질(P)을 방출하고 다시 반응으로 되돌아간다. 이 과정은 다음과 같은 화학식으로 표현할 수 있다.

$$E + S \rightleftarrows ES$$
$$ES + H_2O \rightleftarrows E + P$$

여기서의 ES는 중간물질이며 앞으로 분해될 단백질과 효소의 "착물

(錯物)"이다.

우리는 효소가 어떻게 작용하는가를 알고 싶다. 이것을 위해서 먼저 효소의 구조에서부터 시작할 수 있을 것이다. 그러나 ES의 구조 또한 알고 싶을 것이다. 그리고……이것은 마치 바람을 잡는 것과 같다. 효소가 아무 이유 없이 효소라고 불리는 것은 아니다. 효소는 특정한 화학 반응에서만 효과를 나타낸다. 효소공장은 1초에 일반적으로 1억 개의 분자를 처리하기 때문에 ES는 아주 짧은 시간 동안에만 존재할 뿐이다.

따라서 비법은 전체의 과정을 느리게 만드는 것이다. 효소에 결합하기는 하지만 쉽게 잘라지지는 않는 물질 S'를 여러 가지 실험을 통해서 찾아낸다. 그러면 ES'는 우리가 그 구조를 밝힐 수 있을 정도로 오랫동안 존재하게 된다. 화학은 연속적이고 일관성 있게 진행된다. S'는 S와 같기도 하면서 같지 않기도 하다. 오랫동안 존재하는 ES'에서 알아낸 것은 어쩌면 잠깐 동안에 존재하다가 없어져버리는 ES에도 적용될 수 있을 것이다.

윌리엄 립스컴과 그의 연구진은 분리된 카복시펩티다아제 A의 구조와, 이 효소가 여러 가지 기질(基質)과 이루고 있는 착물의 구조를 밝혀 냈다.[3] 나는 효소와는 거리가 먼 연구를 했지만, 립스컴은 우연히도 나의 박사과정 지도교수 두 사람 중의 한 사람이었다.

카복시펩티다아제 A는 하나의 긴 폴리펩타이드 사슬로 이루어져 있고, 길이는 약 900개의 원자에 해당하며, 307개의 아미노산을 포함한 여러 종류의 그룹이 붙어 있다. 이 효소는 조그마하게 접힌 채 약 50 × 42 × 38옹스트롬의 크기를 가지고 있다(1옹스트롬은 10^{-8}센티미터에 해당한다. 예를 들면 산소 분자의 길이는 약 3옹스트롬이다). 그림 36.2 가 그 효소(E)와 기질인 글리실타이로신(glycyltyrosine)이 만든 착물

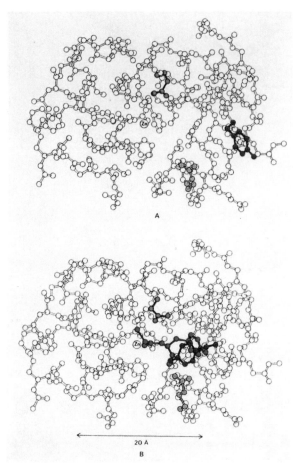

그림 36.2 카복시펩티다아제 A(E)의 구조(위)와 글리실타이로신과의 착물(ES')의 구조
(아래)(출전 : W. Lipscomb, *Proceedings of the Robert A. Welch Conference on Chemical
Research* 15, 1971, p. 140 ; 그림은 Lubert Stryer, *Biochemistry*, 3판, 1988).

(ES')의 구조를 나타낸 것이고, 그림 36.3은 효소-기질 착물(ES')의 일
부를 확대한 것이다. 결합되어 있는 글리실타이로신은 붉은색으로 표
시되어 있다.

효소에는 확실히 기질이 들어갈 수 있는 자리가 있으며, 그 자리를

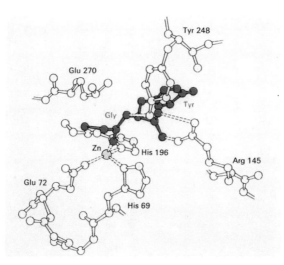

그림 36.3 카복시펩티다아제 A에 결합된 글리실타이로신의 주변(출전 : D. Blow and A. Steitz, "X-ray Diffraction Studies of Enzymes", *Annual Reviews of Biochemistry* 39, 1970; 그림은 Lubert Stryer *Biochemistry*, 3판, 1988).

골, 동공, 열쇠구멍 등 무엇이라고 불러도 좋다. 그러나 사실은 좀더 복잡하다. 골이나 동공이나 열쇠구멍이 정지해 있는 것이 아니라 숨을 쉬고 있기 때문이다. 너무 의인화하는 것이 싫다면, 효소에 기질이 결합됨에 따라서 효소의 구조가 재조정된다는 뜻이다. 대니얼 코슐랜드는 효소작용의 "유도접합 모형"으로 실제로 그런 일이 일어난다는 것을 그럴 듯하게 설명했다.[4] 그런 사실은 기질이 결합됨에 따라서 푸른색으로 표시한 타이로신 248(Tyr 248, 여기서 번호는 아미노산의 순서에 따라서 붙여진 것이다) 아미노산의 원자 몇 개가 크게는 효소 길이의 약 4분의 1에 해당하는 12옹스트롬까지 움직이는 것으로부터 이해할 수 있다.

　루버트 스트라이어는 이 분자에 대해서 이렇게 말했다.

　결합된 기질은 모든 방향이 효소에서 촉매작용을 하는 그룹으로 둘러

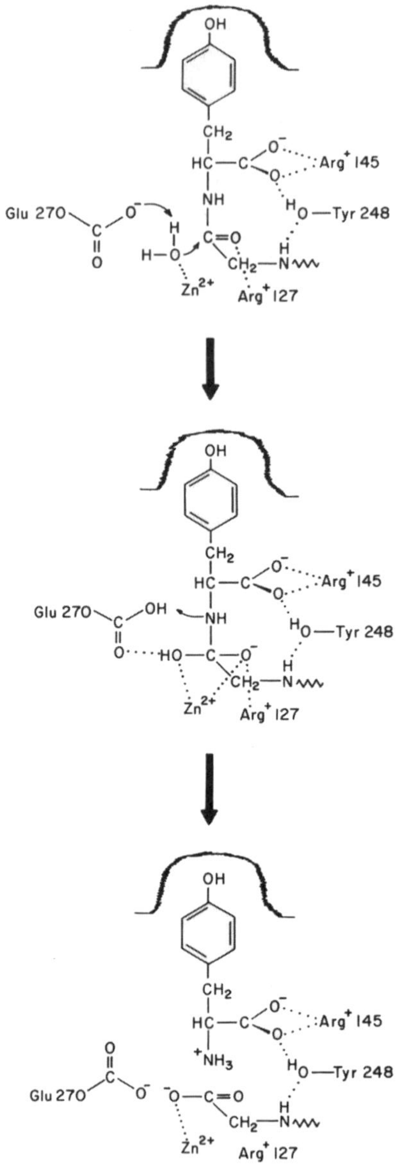

그림 36.4 카복시펩티다아제 A의 작용을 설명하는 메커니즘(출전 : D. Christianson and W. Lipscomb, *Accounts of Chemical Research* 22, 1989, pp. 62–69).

싸여 있다. 이런 배열이 촉매작용을 증진시킨다.……효소가 쉽게 휘어지지 않는다면 기질이 그렇게 촉매 그룹으로 둘러싸인 공간으로 들어갈 수도 없고 생성물이 빠져나오지도 못할 것이라는 것은 명백한 사실이다. 휘청거리는 단백질이 딱딱한 단백질보다 촉매작용을 더 잘할 수 있는 다양한 공간적 배열을 제공한다.[5]

립스컴의 멋진 연구로 마침내 카복시펩티다아제 A가 어떻게 마술처럼 폴리펩타이드를 잘라내는가를 설명하는 자세한 메커니즘이 밝혀지게 되었다. 그 메커니즘이 그림 36.4에 있다. 가장 위쪽의 그림에서는 결합된 효소착물(ES)이 아연 이온과 단백질의 특정한 아미노산인 글루타민 270(Glu 270)에 의해서 "활성화된" 물 분자의 공격을 받는다. 중간 그림에서와 같이 새로운 중간착물이 만들어지고, 그것이 무너지면서 C-N 결합이 잘라지고, 질소에는 결정적인 역할을 하는 Glu 270으로부터 한 개의 수소가 공급된다. 그러나 효소의 아미노산들인 아르기닌 145(Arg 145), Tyr 248, Arg 127의 도움도 필요하다. 가장 아래의 그림은 떨어진 조각이 방출되기 직전의 모습을 그린 것이다.

이런 과정의 아름다운 복잡성에 대해서 자연이 사과할 필요는 없다. 한 평의 뒷마당에서 일어나는 일이나 미국 대법원이 낙태 권리를 심의하는 것보다 더 복잡한 것은 아니기 때문이다.

종교역사학자인 미르체아 엘리아데는 종교와 야금술과 연금술의 관계를 추적한 『대장간과 도가니(*The Forge and the Crucible*)』라는 훌륭한 책을 남겼다. 마지막 결론에서 그는 잊을 수 없는 관찰에 대해서 적었다. 연금술사의 목표는 평범한 금속에서 귀금속으로의 "자연적인" 진화를 촉진시키고, 병든 몸을 건강하게 만들고, 죽을 수밖에 없는 운명을 영생하도록 만들 수 있는 비슷한 변환의 방법 등을 알아내는 것이라고 했다. 결국 연금술사들은 실패했고 이제는 현대 화학자와 의사가 그런 목표를 추구하고 있다. 이들은 연금술사와의 관계를 완전히 부정하지만 촉매와 복합물질과 의약품을 이용해서 연금술사들이 당초에 목표로 했던 일을 상당히 많이 달성했다.[6]

주

1) 카복시펩티다아제 A(carboxypeptidase A)의 화학과 구조에 대해서는 Lubert Stryer, *Biochemistry*, pp. 215-220 참고.

2) D. Kahne and W. C. Still, "Hydrolysis of a Peptide Bond in Neutral Water", *Journal of the American Chemical Society* 110, 1988, pp. 7529-7534.

3) W. N. Lipscomb, "Structure and Catalysis of Enzymes", *Annual Reviews of Biochemistry* 52, 1983, pp. 17-34 ; D. W. Christianson and W. N. Lipscomb, "Carboxypeptidase A", *Accounts of Chemical Research* 22, 1989, pp. 62-69.

4) D. E. Koshland, Jr., *Scientific American* 229, 1973, pp. 52-64.

5) L. Stryer, 앞의 책, p. 220.

6) Mircea Eliade, *The Forge and the Crucible*, Stephen Corrin 번역, New York : Harper and Row, 1962, 2판, Chicago : University of Chicago Press, 1978.

제8부

가치, 피해 그리고 민주화

37. 티리언 퍼플, 대청, 인디고

남에게 잘 속기도 하고 윤리적인 사람은 환경문제와 관련된 어떤 대상에서라도 이익과 피해의 이원성에 당면하게 된다. 자동차나 빵을 자르는 칼이나 텔레비전 프로그램까지도 우리에게 도움이 되기도 하고 상처를 주기도 한다. 화학산업에 대해서도 이런 이원성이 현대적인 모습으로 더욱 명백하게 표면에 나타난다. 임금(賃金), 풍족한 생산품 또는 크고 작은 공장에서 배출되는 폐기물 등을 생각할 때면 정말 야누스의 모습을 깊이 생각하게 된다.

화학물질을 변환시키지 않고서는 이 세상을 살아갈 수가 없기 때문에 화학산업은 언제나 인류의 역사와 함께 있어왔다. 야금(冶金), 화장품(化粧品), 발효(醱酵), 증류(蒸溜), 염색(染色), 약품 배합, 요리와 같은 실용적인 원시화학은 대부분 분자과학이 정립되기 훨씬 전인 수천 년 전부터 있어왔다. 이런 변환의 대상이 되는 물품들은 처음부터 조직적인 상업의 대상이 되기도 한다.

예를 들면, 티리언 퍼플이라고 부르는 안료(顔料)의 생산을 생각해보자.[1] (히브리를 포함해서) 로마의 초기 역사 이후로 붉은색에서부터 흙청색에 이르기까지 다양한 색조의 자주색 염료로 물들인 모직물은 높은 값을 쳐주었다. 이 염료가 티리언 퍼플 또는 로열 퍼플이라는 것이었다. 대(大) 플리니우스*는 이것을 "응결된 핏빛으로 처음에는 검게 보이지

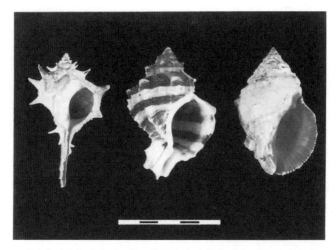

그림 37.1 티리언 퍼플을 얻을 수 있는 세 종류의 달팽이 껍질 : 왼쪽부터 뮤렉스브란다리스, 트룬쿨라리옵시스 트룬쿨루스, 타이스 해마스토마(출전 : E. Spanier, *The Royal Purple and the Biblical Blue*, Jerusalem : Keter, 1987. 사진 : D. 다롬).

만 햇빛에 들고 보면 반짝이는 것"이라고 표현했다. 완전히 자주색으로 물들인 로마 공화국의 옷은 감찰관이나 승전장군만이 입을 수 있었고, 집정관이나 치안관들은 자주색 끝동을 가진 제복을 입었으며, 전쟁에 출전한 장군들은 자주색 망토를 입을 수 있었다.

로마 제국에서 로열 또는 티리언 퍼플 염료의 생산은 극도로 제한되었다. 왕립 염료공장이 아닌 곳에서 로열 퍼플 염료를 만들면 사형에 처해졌다. 그러나 히브리인들은 구약에 청색 염료(비블리컬 블루)를 만드는 법을 설명해놓고, 특정한 염료로 염색한 줄로 가장자리를 치장한 테켈렛이라고 부르는 옷을 입도록 명시했다.

티리언 퍼플이나 비블리컬 블루 염료는 모두 동물에서 얻는다. 이것들은 트룬쿨라리옵시스 트룬쿨루스(*Trunculariopsis trunculus*), 뮤렉스

---

* 역주/고대 그리스의 장군, 박물학자. 백과사전 『박물지(*Natural History*)』 편찬.

브란다리스(*Murex brandaris*), 타이스 해마스토마(*Thais haemastoma*)와 같은 달팽이 종으로부터 어렵게 추출한 것이기 때문에 비쌀 수밖에 없었다. 그림 37.1은 이 달팽이 종류의 껍질이다. 이렇게 아름다운 껍질을 가진 달팽이의 외투막이라고 부르는 부분에 내아가미선이라는 작은 화학공장이 있다. 이 화학공장은 여러 가지의 기능을 가지고 있어서, 달팽이가 버리는 입자를 접착시키는 점액성 물질뿐만 아니라 먹이를 잡을 때 사용하는 몇 가지의 신경독성 화학물질을 만든다. 그리고 여기서 맑은 액체가 분비되기도 하는데, 이것이 바로 염료의 선구물질(先驅物質)이다. 공기 중의 산소에 노출되어 효소가 작용하고 햇빛을 쬐면, 액체의 색깔이 흰색에서 노란색을 거쳐서 녹색이 되었다가 마침내 파란색과 자주색이 된다. 관찰력이 뛰어났던 아리스토텔레스와 플리니우스는 달팽이의 모습과, 염료를 추출하는 과정을 자세히 기록으로 남겼다.

정확하게 맞는 종류의 달팽이를 선택해서 조심스럽게 껍질을 깨뜨리고 귀중한 외투막 체액을 모아서 반응시킨 후에 염료를 분리해서 농축하면 모직물이나 견직물을 염색할 준비가 끝난다. 간단한 화학변화인 산화-환원을 이용해야만 염료가 물에 녹아서 섬유에 달라붙게 만들 수 있다. 지중해 동쪽 해안에는 이런 재주 있는 화학활동을 했던 고고학적 흔적이 아직도 남아 있다. 달팽이 껍질을 버렸던 곳의 흔적이 지금까지 남아 있는 것을 보면 페니키아 화학자들도 폐기물 처리문제로 고심했던 것 같다.

처음부터 로열 퍼플과 비블리컬 블루 염료와 매우 밀접하게 관련된 염료를 얻을 수 있는 훨씬 경제적인 방법이 있었다. 그것은 따뜻한 지역에 널리 분포되어 있는 완두 종류에 속하는 인디고페라(*Indigofera*) 속(屬)의 향료식물에서 얻는 방법이다. 이 식물은 원산지인 인도와의

그림 37.2 캘리포니아의 인디고 밭(사진 : D. 밀러)(*위*)과 프랑스의 대청 밭(사진 : W. 라우)(*아래*).

무역에서 중요한 상품이었다. 그림 37.2의 위의 사진은 인디고 밭의 전경이다.[2] 그리고 그림 37.3은 1753년에 발간된 디드로의 『백과사전 (*Encyclopédie*)』에 실린 인디고 염료의 제조광경이다. 큰 통 속에서 발효와 산화반응이 일어나게 된다.

청색 염료의 또다른 원료는 그림 37.2의 아래 사진에 있는 대청,*

---

* 역주/겨잣과의 두해살이풀. 바닷가에서 자란다. 열매는 약재로, 잎과 줄기는 파란 염료의 원료로 쓴다.

그림 37.3 디드로와 달랑베르의 『백과사전』에 실린 인디고 제조 광경.

즉 이사티스 틴크토리아(*Isatis tinctoria*)이다.[3] 이 식물은 유럽과 아시아 지역에 널리 퍼져 있다. 이 식물은 처음에는 북쪽 지방에서 많이 사용되었지만, 후에는 동인도 무역을 통해서 들어온 남쪽의 인디고 식물로 대체되었다.

도대체 어떻게 완두식물이 달팽이에서 합성되는 분자와 똑같은 분자를 만들게 되었을까? 좋은 질문이다. 살아 있는 조직이 공통적으로 가지고 있는 생화학적인 반응과 관계가 있을 것이 분명하고, 진화에서 볼 수 있는 훌륭한 현상임이 명백하다. 전혀 다른 문(門)에 속하는 생물종이 똑같이 복잡한 분자를 만드는 다른 예로는, 대벌레라는 곤충과 박하에서 나오는 박하 향기의 주성분인 네페탈락톤과, 두꺼비의 독과 반딧불이에서 나오는 심장근육 수축기능을 가진 뷰파다이에놀리드를 들 수 있다.[4]

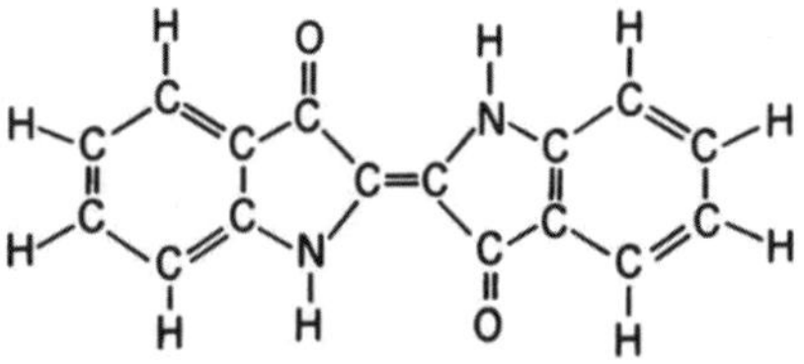

그림 37.4 인디고의 분자구조.

19세기 후반에는 달팽이나 인디고 식물이나 대청에서 얻는 자주색이
그림 37.4와 같은 분자구조를 가진 인디고라고 이름 붙여진 분자에 의
한 것이라는 사실이 알려졌다. 또한 몇몇 동물종에서는 비슷한 구조이
지만 두 개의 수소가 브로민으로 치환된 분자도 얻을 수 있다는 사실이
밝혀졌다.

그리고 현대 화학이 본격적으로 발전하기 시작한 19세기 말에는 독
일 화학자들이 인디고를 인공적으로 합성하는 방법을 알아냈다. 부분적
으로는 호기심 때문에 합성법을 개발했을지도 모르지만, 그들의 목표는
명백하게 실용주의적이고 상업적이었다. 염료의 시장은 넓었고 인디고
염료의 경우에는 더욱 그러했다.

1) 이 글의 내용은 E. Spanier 편집, *The Royal Purple and the Biblical Blue, Argaman and Tekhelet : The Study of Chief Rabbi Dr. Isaac Herzog on the Dye Industries in Ancient Israel and Recent Scientific Contributions*, Jerusalem : Keter Publishing, 1987 에서 착상한 것이다. 고대 로열 퍼플에 대한 현대적 설명은 P. E. McGovern and R. H. Michel, "Royal Purple Dye : The Chemical Reconstruction of the Ancient Mediterranean Industry", *Accounts of Chemical Research* 23, 1990, pp. 152-158 참고.

2) Gösta Sandberg, *Indigo Textile*, Asheville, N. C. : Lark Books, 1989. 그림 37.2(위) 와 그림 37.3은 산드베르크 책에서 인용한 것이다.

3) 하이델베르크의 W. 라우 교수가 그림 37.2의 아래 사진을 제공했다.

4) R. M. Smith, J. J. Brophy, G. W. K. Cavill, and N. W. Davies, "Iridodials and Nepetalactone in Defensive Secretion of the Coconut Stick Insects, *Graeffeacrouni*", *Journal of Chemical Ecology* 5, 1979, p. 727 ; T. Eisner, "Catnip : Its Raison d'Etre", *Science* 146, pp. 1318-1320 ; T. Eisner, D. F. Wiemer, L. W. Haynes, and J. Meinwald, "Lucibufagins : Defensive Steroids from the Fireflies *Photinus ignitus* and *P. marginellus* (Coleoptera : Lampyridae)", *Proceedings of the National Academy of Science (USA)* 75, 1978, pp. 905-908 ; K. Nakanishi, T. Goto, S. Itô, S. Natori, and S. Nozoe 편집, *Natural Products Chemistry*, 제1권, Tokyo : Kodansha, 1974, pp. 469-475.

38. 화학과 산업

연체동물을 잡아 모으는 것과 티리언 염료의 원시적 생산과 1900년경의 바이어, 데구사, 획스트 등의 회사가 합성 인디고를 성공적으로 대량생산하는 것 사이에 무슨 일이 있었을까? 많은 일이 있었다. 우선 천연물질의 변환 규모가 엄청나게 커졌다. 티리언 퍼플 염료의 원시적 생산에서는 천연원료를 사용했고, 비록 그 이유를 이해하지는 못했지만 조심스럽게 기술적으로 변환시켜서 기대했던 실용적이고 상업적 가치가 있는 생산물을 얻었다. 독일의 염료산업에서도 역시 콜타르, 에탄올, 석회, 아세트산과 같은 천연원료를 사용했다. 후에는 콜타르 대신 원유를 사용하게 되었다. 그러나 19세기의 공업적 합성은 많은 단계를 거치는 복잡한 것이었다. 화학공정은 점차 발전해서 오늘날에는 반짝이는 유리나 금속용기 속에서 100여 단계의 물리적 조작이 이루어지고, 그 규모도 매년 수백만 벌의 청바지를 염색할 수 있을 만큼의 합성 인디고가 생산될 정도로 커졌다.[1]

19세기 후반부터 독일의 염료산업은 놀라울 정도로 성장했고, 화학요법, 비료, 폭약 등으로 다양하게 발전했다. 여기에 특별히 독일적인 특성이 있었던 것은 아니다. 다른 모든 지식과 마찬가지로 화학지식은 보편적인 것이었고 지금도 그렇다. 선진국들의 국민총생산(Gross National Product, GNP)의 점점 더 많은 부분이 기본적으로 화학산업

그림 38.1 BASF 연구실에서 초기에 합성한 합성염료 시료(뮌헨 독일 박물관 소장, 사진: 오토 크뢰츠).

에 의한 것으로 변화하고 있다.

직접적으로나 간접적으로나 국가의 부(富)는 화학, 즉 천연적인 것을 변환시킬 수 있는 총체적 능력에 따라서 결정된다. 세계경제에서의 화학의 구실을 정의하려면 천연물질의 변환은 모두 포함되어야 한다고 생

그림 38.2 네덜란드의 정유공장(사진: 토니 스톤 이미지 사의 이안 머피).

각한다. 식품가공, 금속회수, 에너지 생산 등이 그런 예이다. 금속을 회수하는 과정은 지극히 화학적인 것이고, 기름이나 석탄이나 천연 가스의 연소를 화학이 아니라면 무엇이라고 하겠는가? 나의 계산에 의하면 화학이 선진국 국내총생산(Gross Domestic Product, GDP)의 거의 4분의 1을 차지한다. 대부분의 경제학자들은 화학공정 산업의 범위를 매우 좁게 정의하고 있다. 그럼에도 불구하고 합성섬유, 플라스틱, 원료 화학물질, 비료, 연료와 윤활유, 촉매, 흡착제, 세라믹, 추진제, 폭약, 페인트와 코팅제, 탄성체, 농약 및 의약 등이 포함될 정도로 그 범위가 넓다. 미국의 화학공정 산업은 1990년에 4.32×10^{11}달러에 상당하는 제품을 판매했고, 이 과정에서 원료물질의 원가보다 더 많은 부가가치를 창출했다.

미국에서의 화학산업은 모두 알다시피 적자가 대부분인 무역수지에 긍정적인 기여를 하고 있는 몇 안 되는 산업분야 중의 하나이다. 그림 38.3에는 몇 가지 부문의 기여를 나타냈다. 흑자를 보이고 있는 것은 화학산업과 항공산업뿐이다.[2]

<표 3>은 1993년 화학물질의 상위 20위 순위표이다.

이렇게 많은 양의 화학물질이 단순한 재미로 만들어지는 것이 아님은 확실하다. 누군가가 구입해서 사용한다는 뜻이다. 그것도 단순히 사치를 위해서가 아니라 먹고살기 위해서 그런 것이다. 1위에 올라 있는 황산은 상당한 부분이 농업용 비료로 사용되기 때문에 문자 그대로이기도 하지만 수식적(修飾的)으로 그렇다고 해도 괜찮다. 그러나 이렇게 엄청난 양의 화학물질을 생산하는 것이 때때로 문제가 되기도 한다.

상위 20위 안에 들어가는 화학물질의 성질과 최종 사용목적을 알아보는 것은 매우 흥미로운 일이다. 화학과 학생들은 산과 염기의 성질을 공부하는 데에 많은 시간을 보낸다. 거기에는 충분한 이유가 있다. 상위

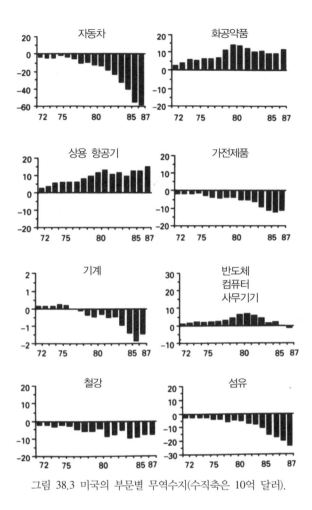

그림 38.3 미국의 부문별 무역수지(수직축은 10억 달러).

20위 안에는 황산, 인산, 질산 등의 세 종류의 산과 석회, 수산화 소듐, 암모니아 등의 세 종류의 염기가 들어 있다. 산과 염기는 변화를 일으키기 시작하는 물질이다. 산과 염기는 반응을 한다.

현대 농업은 완벽하지는 않지만 믿을 수 없을 정도로 급격하게 증가하고 있는 세계인구를 위해서 필요한 식량을 어느 정도는 공급하고 있다. 이런 성공에 가장 중요한 요인은 화학비료의 활용이다. 현대의 화학

<표 3> 미국의 상위 20위 화학물질

순위	화학물질	1993년 생산량(억 파운드)
1	황산	803.1
2	질소	652.9
3	산소	465.2
4	에틸렌	412.5
5	석회(산화 칼슘)	368.0
6	암모니아	345.0
7	수산화 소듐	257.1
8	염소	240.6
9	MTBE(메틸 t-뷰틸 에테르)	240.5
10	인산	230.4
11	프로필렌	224.0
12	탄산 소듐	198.0
13	이염화 에틸렌	179.5
14	질산	170.7
15	질산 암모늄	167.9
16	요소	156.6
17	염화 비닐	137.5
18	벤젠	123.2
19	에틸벤젠	117.6
20	이산화탄소	106.9

자료 : "Fact and Figures for the Chemical Industry", *Chemical and Engineering News*, July 4, 1994, p. 31.

집약식 농업에 몇 가지 문제는 있다. 과도하게 사용한 비료는 수질을 오염시키고, 농업용 화학물질의 생산에서 폐기물이 배출되고 있으며, 제초제와 살충제는 다른 생물뿐만 아니라 우리 자신에게도 피해를 주고 있고, 지구의 거대한 순환과정을 방해함으로써 전 세계의 기후를 변화시키고 있다. 이런 문제들은 심각한 실제 문제들이다. 그러나 전 세계에서 굶주린 아이들이 먹을 것을 달라고 울부짖고 있는 상황에서, 지금은

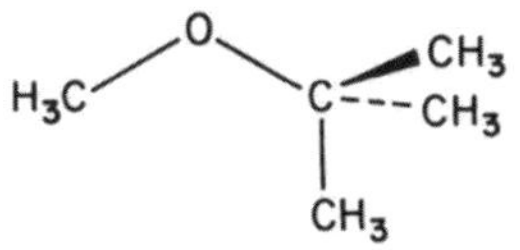

그림 38.4 새로운 스타 MTBE의 분자구조.

상위 20위의 화학물질 중에서 적어도 7종류에서 만들어지는 화학비료가 유일한 해결책이다.

상위 20위 리스트는 거의 변화하지 않고 있다. 1993년에는 새로 등장한 것도 없고 빠진 것도 없다. 그러나 50년 정도의 긴 시간 간격을 두고 살펴보면 변화가 있었다. 1940년 이후에 새롭게 등장한 것은 에틸렌, MTBE(메틸 t-뷰틸 에테르), 프로필렌, 이염화 에틸렌, 염화 비닐 그리고 에틸벤젠 등이다. MTBE를 제외한 나머지 모두가 플라스틱과 합성섬유의 원료로서 "고분자 세기(世紀)"의 핵심적인 원료물질이다.

물론 휘발유를 공식적으로 화학물질의 범위에 포함시킨다면 당연히 제1위의 자리를 차지하게 된다. 미국에서 자동차용 휘발유 생산량은 황산의 6배에 달한다. 휘발유 소비량은 너무나도 굉장해서, 비록 휘발유는 다른 이유로 이 표에서 빠졌지만, 휘발유에 넣는 첨가물이 이 표에 등장할 정도이다. 새로운 스타는 바로 그림 38.4에 나타낸 흔히 MTBE라고 부르는 메틸 t-뷰틸 에테르이다. 1년 사이에 그 생산량은 무려 121퍼센트나 증가했다. (MTBE를 생산하는 회사에 투자했어야 했다!) MTBE가 이 표에 들어 있고 급격하게 성장하고 있다는 사실은 우리가 얼마나 자동차에 빠져 있는가와, 이 세상에서 과학과 기술과 환경에 대한 관심과 정부의 규제가 서로 어떻게 연계되어 있는가를 잘 나타낸다. MTBE는 휘발유의 "옥테인 가(octane 價)"를 높이기 위해서 휘발유 첨가제로 사용하던 위험한 테트라에틸 납의 대체물질이다. 이 물질은 휘발유에 7퍼센트까지 들어 있을 수 있다.

다음에는 어떤 분자가 이 표에 등장할 것인가?

1) 합성염색 산업의 기원에 대해서는 A. S. Travis, *The Rainbow Makers*, Bethlehem : Lehigh University Press, 1993 참고.
2) M. L. Dertouzos, R. K. Lester, R. M. Solow 및 MIT 산업생산성위원회 편집, *Made in America : Regaining the Productive Edge*, Cambridge : MIT Press, 1989, p. 7. 그림 38.3은 이 책에서 인용.

39. 아테네

티리언 퍼플 인디고의 원시화학을 응용하던 시대와 현대 사이에는 또다른 더 큰 변화가 있었다. 민주주의의 개념이 사람들의 영혼에 뿌리를 내리게 된 것이다. 인간은 스스로를 다스릴 권리를 가지고 있다는 것이 민주주의의 기본적인 생각이다(맙소사, 여성도 같은 특권을 가지고 있다는 것을 깨닫는 데에 2,400년이 걸렸다). 초기 민주주의에서의 사회적 계약은 천부적인 평등권을 의미하는 것이어서, 남녀가 함께 사는 경우에 자신의 행위의 정당성은 궁극적으로 자신으로부터 비롯되는 것이지 주인이나 왕이나 황제나 당 비서나 아야톨라*에게서 비롯되는 것은 아니라고 생각했다(물론 필요할 경우에는 자신의 행위를 대표자에게 위임할 수도 있다).

아테네의 클레이스테네스 개혁 이후 약 2,500년이 지나고, 아름답고 역사 깊은 그리스 땅에 민주주의가 되돌아온 지 수십 년이 지난 지금의 민주주의에 대해서 깊이 생각해보는 것도 가치 있는 일이다. 민주주의가 한 번도 아니고 여러 차례 복원되어야 했다는 것은 정부의 다양한 형태인 민주주의와 소수 독재주의와 참주정치 사이의 뿌리 깊은 투쟁을

제39장과 제42장은 풀브라이트 재단의 세페리스 상 수상 강연을 개작한 것으로서, 『키미카 크로니카(*Khimika Khronika*)』 54, (1992), p. 4-8에 게재되었다.
* 역주/이란 이슬람 교 시아 파 지도자의 칭호.

그림 39.1 소필로스가 펠레우스의 결혼을 그린 아테네의 항아리(런던 대영박물관 소장). 왼쪽 위의 켄타우로스 케이론의 모습을 자세히 보라. 그에 대해서는 다시 이야기할 것이다. 고대 그리스 항아리는 철과 망가니즈의 화합물로써 색깔을 냈다. 굽는 온도에 따라서 색깔이 달랐다.

반영하는 것이다. 그런 투쟁은 지금도 계속되고 있다. 매년 생산되는 10^{11}파운드의 황산과 마찬가지로 민주주의도 사회적 발명이다. 나는 민주주의를 과학기술과의 상호작용이라는 관점에서 살펴보고 싶다.

급진적 민주주의의 의미는 시대에 따라서 변해왔지만 고전적 아테네식 민주주의의 기본적인 내용은 명백하다. 국가가 모든 시민에게 소청할 권리와 결정에 참여할 발언권을 주었다. 사실은 여자와 노예와 메틱스(metics)라는 거주 외국인은 제외되었다. 그러나 오늘날의 기준이 과거에도 적용되어야 한다는 너무 지나친 기대는 하지 말아야 한다. 시민에게 민주절차에 참여할 기회를 주는 대가로 도시국가는 전무후무한 정도의 봉사를 요구했다. 그 봉사의 대부분은 정치적인 것이었다. 아테네의 민주주의는 구두로 말한다는 의미에서 참여 민주주의였고 모든 시민을 포용하는 것이었다. 1만7,000명이 살았던 도시에서 소크라테스의 유죄를 280 대 220의 배심원 투표로 결정하는 일을 상상해보라! 그것이 그날의 유일한 배심원도, 유일한 디카스테리아* 재판도 아니었다. 같은 시간에 9개의 다른 재판이 진행되었을 수도 있다.[1]

시민에 대한 신뢰, 공공부문(koinon)과 민간부문(idion)의 분리, 개인과 국가 사이의 사회계약, 이런 모든 것들이 지금도 남아 있는 그리스 민주주의의 흔적이다. 고대 아테네 식 민주주의가 지금까지 살아남지 못한 것은 정의를 추구하고 기본적인 인권을 보장받으려는 인간사회의 영원한 투쟁에 대한 증언일 뿐이다. 내가 이 글을 쓰는 순간에도 그런 투쟁은 미얀마에서, 쿠바에서, 이라크에서 그리고 우리 스스로의 눈으로 보았던 동유럽의 현장에서 여전히 계속되고 있음을 상기해야 한다. 그리고 1989년 6월 초의 어느 날 아침 천안문 광장에서 일어났던 일은 중국인들은 물론 세계의 모든 사람들이 잊지 못할 것이다.

주

1) 아테네 민주주의에 대해서는 J. Moore, *Aristotle and Xenophon on Democracy and Oligarchy*, Berkeley : University of California Press, 1986 ; Aristotle, *The Athenian Constitution*, P. Rhodes 번역, Harmondsworth : Penguin, 1984 ; M. Hansen, "Was Athens a Democracy?", *Det Kongelike Danske Videnskapernes Selskab, Historisk filosofiske Meddelelser* 59, 1989, pp. 2-47 참고.

---

* 역주/고대 아테네의 사법기구.

40. 화학의 민주화적 성격

과학과 기술은 이 세상을 변화시켜왔다. 몇 가지 좋지 않은 결과를 초래하기도 했지만 대부분은 좋은 방향으로의 변화였다. 여기서 내가 주장하고 싶은 것은 화학을 비롯한 과학이 어쩔 수 없이 사회의 민주화에 기여해왔다는 것이다.

나의 증조부가 150년 전에 오스트리아-헝가리 지역의 갈리시아에서 태어났을 때의 세상이나, 오늘날 자이르의 침체된 세상은 낭만적인 낙원이 아니다. 세상은 잔인했고 반목으로 가득했다. 오늘날에도 많은 사람들이 그런 환경에서 살고 있다. 사람들이 환경과 조화를 이루고 살았는지는 모르겠지만 그 사람들의 수명(壽命)은 성경의 이야기와는 많이 달랐다. 그런 사실은 19세기의 무덤에서도 알 수 있고, 11명의 아이들 중에서 7명이 사춘기까지도 살지 못했거나 출산을 곧 죽음으로 여겼던 그런 비극을 담은 우리 선조들의 가슴 아픈 일기에서도 명백하게 알 수 있다. 현대의 기술을 거부하는 사람이 현대의 화학집약적 농업이나 의약치료에 반대하는 주장을 할 때에는 인간에 대한 가장 단순한 의미의 동정심도 없는 것 같아서 화가 나고 맥박이 빨라지게 된다.

인류는 우리의 수명이 두 배로 늘어나는 것을 직접 경험했다. 죽음과 고통의 감소, 산아 제한, 기분을 즐겁게 해주는 화려한 물감, 하수도 냄새로부터의 해방, (전부라고 할 수는 없지만) 많은 질병의 치료, 모든 사람에게 제공되는 더 많은 빛과 식량, 개선된 공기, 스크린에 비치는 『라마야나(*Rāmāyana*)』*나 방 안에 흐르는 모차르트의 론도에 담긴 영혼의 식량, 이런 것들 모두가 과학자와 기술자들이 정말로 자랑스러워해야 하는 것들이다.

기술과 과학은 정복, 선전, 심지어 고문과 같은 악한 인간성을 위해서도 이용되어왔다. 어떤 사람들은 이런 측면에서 과학의 윤리적 무신경성을 주장하고 비난하기도 한다. 과학의 오용은 제외하더라도, 경제적 소득이 낮은 사람들에게는 과학이 지식층의 사치이거나 또는 특권계급이 불쌍한 사람들을 억압하는 또다른 요소처럼 보이기도 한다.

인간의 입장을 개선하는 것만을 목적으로 하는 단순한 기술적 해결책이 오히려 자연으로부터의 "반격"을 이끌어내기도 한다. 여기에서 서로 대립하기 위한 언어는 필요하지 않다. 자연은 변화에 대응하면서 **진화해온** 서로 엉켜 있는 복잡한 계일 뿐이다. 우리의 생활을 증진시켜온 화학집약적 농업과 항균요법이 살충제와 약물에 내성을 가진 생명체가 자연선택되도록 하기도 했다. 그럼에도 불구하고 나는 과학의 전체적인 영향은 두말할 필요도 없이 가장 깊은 의미에서의 민주화라고 생각한다. 옛날에는 특권 엘리트에게만 허용되었던 필수품과 안락함을 훨씬 더 많은 사람들에게 제공할 수 있도록 했다.

---

* 역주/『마하바라다(*Mahābhārata*)』와 함께 산스크리트어로 된 인도의 2대 서사시. 발미키의 작품으로 전해진다.

41. 환경에 대한 관심

정치적 민주주의의 변화는 물질변환에 대한 과학인 화학만큼이나 비가
역적인 사회적 변화라고 할 수 있다. 오늘날 나 자신의 분야인 화학에
서조차 민주적 통치과정에 대해서 망각하거나 회의적인 생각을 가진 사
람들이 있는 것 같아서 이것을 언급할 필요가 있다고 생각한다.

화학자들에게서 흔히 볼 수 있는 대표적인 태도 몇 가지를 풍자적으
로 이야기해보기로 한다. 화학자들은 (물론 결코 충분하지는 않지만) 자
신의 보수를 비롯한 물질적인 측면에서는 그런 대로 만족한다고 말한
다. 그러나 정신적인 측면에서는 전혀 다른 이야기라고 한다. 화학자는
조금도 존경받지 못하고 있다고 느낀다. 사회로부터 비자연적인 것의
생산자로 인식되고 있으며, 집단적으로 오염자라고 낙인 찍혀 있다고
불평한다. 화학자가 하는 일에 대한 비이성적이고 비합리적인 두려움
때문에 생겨난 "반(反)화학주의"에 둘러싸여 있고, 언론도 화학자를 상
대로 음모를 꾸미고 있는 것 같다고 한다. 도대체 여배우 메릴 스트리프
가 무슨 자격으로 의회에서 사과에 무엇이 들어 있는가에 대한 증언을
했을까? 실제로 메릴 스트리프가 증언했던 알라 이야기를 이용해서 화
학과 민주화에 대한 몇 가지 의견을 말해보겠다.[1]

제41장, 제44장, 제45장은 미국 화학회 프리스틀리 강연을 개작한 것으로, 『화학과 공학
소식(*C&E News*)』 68, (1990년 4월 23일), pp. 25-29에 게재되었다.

그림 41.1 코넬 대학교 과수원의 사과(사진 : 제이 슈바르츠).

성장 조절제인 알라 또는 다미노자이드는 합법적으로 사과가 익어가는 단계에서 사용이 가능한 20여 종류의 화학물질 중의 하나이다. 이 물질은 사과를 나무에 더 오랫동안 달려 있도록 함으로써 더 단단하고 더 잘 익은 사과로 성숙되는 것을 도와준다. 알라 중의 극히 일부가 사과 속으로 흡수되어서 대사과정을 거치는 동안 비대칭 다이메틸하이드라진(unsymmetrical dimethyl hydrazine, UDMH)으로 변환되기도 한다. 아마도 사과에 포함된 UDMH의 양은 사람에게 생물학적인 영향을 미치기에는 충분하지 않을 것이다. 시민고발 단체인 국립자원방어회의가 알라의 사용을 지적하고 UDMH 대사산물의 암 유발 가능성을 여러 가지 공격적인 방법으로 경고했다. 이미 알라로 처리된 사과를 팔고 있던 식품점들은 즉시 매장에서 이 사과를 회수했고, 알라를 생산하던 유니로열 화학도 이 성장조절 호르몬의 생산을 중단하지 않을 수 없었다.

이런 에피소드에 대해서 대부분의 화학자들은 본능적인 반응을 보였다. (1) 이런 관심에 대하여 "쯧쯧쯧" 하고 혀를 차고, (2) 시민고발 단체와 스트리프 양의 동기에 대해서 이의를 제기하고 (3) 이 이야기를 "반(反)화학주의"의 전형적이고 비합리적인 예라고 지적했다.

그러나 나의 반응은 달랐다. 물론 나도 한동안 일관성을 잃고 앞에서 설명한 세 가지 자세를 취하기도 했다. 그러나 인간으로서의 나의 첫 반응은 "아이고, 내가 먹는 사과에 합성 화학물질이 들어 있는 것을 몰랐군!"이었다. 나는 알라라는 것이 있는 줄도 몰랐다. 물론 사과를 비료, 제초제, 방충제, 방균제, 성숙제 등으로 처리한다는 사실은 분명히 알고 있었다. 어릴 때부터 과일에 묻어 있는 먼지를 털어내기 위해서 과일을 씻어서 먹어야 한다고 배웠다. 그러나 시간이 지나면서 과일을 씻는 이유는 잔류 화학물질을 제거하기 위한 것으로 바뀌었다(나만이 그런 생각을 하고 있는 것은 아니라고 생각한다). 그러나 나는 무엇이 사과의 속까지 침투해 들어갔고 무엇이 분해되지 않고 남아 있는지에 대해서는 아무것도 몰랐다. 아니 알고 싶지 않았는지도 모르겠다. 어쨌든 나는 사과 속에 UDMH를 비롯해서 어떤 물질이 남아 있고, 얼마나 남아 있으며, 그것의 생물학적인 영향이 무엇인지를 몰랐다. 그 때문에 나는 기분이 좋지 않았다. 무지하다는 느낌을 좋아하지 않았다는 뜻이다. 컬럼비아 대학교를 졸업하고, 하버드 대학교에서 박사학위를 받은 우수한 화학자라고 생각해온 나였지만 사과에 무엇이 들어 있는지를 몰랐다! 그리고 그 속에 들어 있는 것이 알라, 즉 다미노자이드라고 들었을 때에는 그 물질이 무엇인지조차도 몰랐다. 나는 그것도 모르는 나 자신이 싫었고, 그런 화학물질을 사용하면서도 그 물질에 대해서 알려주지 않은 사과 생산자가 싫었다. 이런 정보를 잘 가르쳐주지 않았던 교육에도 실망을 느꼈다.

우리가 모르더라도 다른 어떤 사람이 알 것이고, 우리의 건강을 보장하기 위해서 그 사람을 믿어야 한다는 입장을 받아들이는 것은 소박하고, 비과학적이며, 비민주적이다. 아는 것은 우리의 권리일 뿐만 아니라, 더 중요한 것은 (특히 사회가 대학원에서 화학을 무료로 배울 수 있도록 해준) 시민으로서 알아야 하는 것은 우리의 의무이기도 하다. 화학자가 모른다면 도대체 누가 알 것인가?

소박하다는 판단은 인간의 본성에 대한 역사와 지식을 근거로 한 것이다. 절대 다수의 생산자들과 상인들은 자신의 제품의 안전성에 관한 한 솔직하다. 그들의 명성은 그들이 얼마나 조심하는가에 달려 있다. 물론 정반대의 예도 충분히 많다. 성경 이야기로부터 비치넛 유아식 스캔들과 뉴욕 지역의 운송용 운하에서의 누출 사고에 이르기까지 그 예는 대단히 많다.

다른 어떤 사람이 알고 있을 것이라고 믿는 것은, 우리가 과학자로서 처음부터 배워왔던 분석하고, 확인하고, 제품의 표식을 믿지 말라는 교육의 관점에서 볼 때 비과학적이다.

주

1) 알라 사고에 대한 상반된 견해에 대해서는 B. H. Sewell, R. M. Whyatt, J. Hathaway and L. Mott, *Intolerable Risk : Pesticides in Our Children's Food*, New York : Natural Resources Defense Council, February 27, 1989 ; J. D. Rosen, "Much Ado About Alar", *Issues in Science and Technology*, Fall 1990, pp. 85-90 ; E. Marshall, "A is for Apple, Alar, and……Alarmist?", *Science* 254, October 4, 1991, pp. 20-21 ; E. M. Whelan, *Toxic Terror : The Truth Behind the Cancer Scares*, 2판, Buffalo, N. Y. : Prometheus, 1993 ; K. R. Foster, D. E. Bernstein, P. W. Huber 편집, *Phantom Risks : Scientific Inference and the Law*, Cambridge : MIT Press, 1993 참고.

42. 고대 민주주의에서의 과학과 기술

고대 아테네의 민주주의로 다시 돌아가서 과연 그들은 알라 문제에 어떻게 대처했을까를 잠시 생각해보자. 정당성의 문제를 떠나서 공공에게 위험이 될 가능성이 있는 문제라면 시민들의 의회였던 에클레시아(ekklesia, 民會)에서 논의할 주제가 되었을 것은 확실하다. 참여 민주주의에서는 당연히 그랬을 것이다. 투키디데스*가 전해주는 페리클레스**의 추도사에 그런 절차의 핵심이 잘 정리되어 있고, 과학과의 관계에 대해서도 감동적으로 쓰여 있다. 그는 이렇게 말했다.

산업활동으로 바쁘기는 하지만 우리 보통 시민들은 아직도 공공의 관심사에 대해서는 훌륭한 재판관들이다. 왜냐하면 공적인 일에 참여하지 않는 사람은 자신의 일도 제대로 못하는 사람이고, 무엇이나 공짜로 얻으려는 사람이라고 생각하기 때문이다. 우리 아테네인들은 어떤 문제에 대해서도 판단을 내릴 수 있다. 우리는 논의가 행동에 걸림돌이 되는 것이 아니라 현명한 행동을 위한 필수불가결한 전제라고 생각한다.[1]

그리스 도시국가의 시민들은 아무리 어려운 기술적 문제라고 하더라

---

* 역주/고대 그리스 아테네의 역사가.
** 역주/고대 그리스 아테네의 정치가이며 군인.

310

도 자신들이 판단을 내릴 수 있다고 느낀 것은 확실하다. 물론 전문가에게 기회를 준 것도 확실하다. 예를 들면 스트라테고스*와 같은 장군들은 선출되었고 연임할 수 있었다. 페리클레스가 설명한 것처럼 실제로 많은 장군들이 연임을 했다.

과학과 지혜를 어떻게 인식했는가에 대한 고대의 기록을 살펴보는 것도 흥미롭다. 발전된 기술이 아테네의 성공기반이었다는 점을 고려한다면 군사전략, 무기, 고속 트라이림,** 은광 등에 대해서 내가 찾아낼 수 있는 것보다 훨씬 더 많은 것을 기대할 수 있을 것이다. 아리스토텔레스가 남긴 『아테네의 헌법(*Constitution of Athens*)』에는 당시 광산의 노동계약과 임대계약에 대해서 설명되어 있다. 이 계약들은 부족에서 추첨으로 선출된 폴레타이가 감독했다. 무게와 길이 측정을 담당한 감독관도 역시 추첨에 의해서 선출되었다. 광산의 임대계약서들은 지금도 남아 있어서 당시 광산의 열악한 노동여건을 짐작할 수 있다. 라우리온 광산에서 일하던 사유 노예 노동자들의 국유화를 제안했던 크세노폰의 계획도 지금까지 남아 있다. 이 계획은 현대적 의미에서도 매우 흥미로운 것이다.[2]

아테네에서는 두 가지 방법으로 은(銀)을 채취했다. 금과 은과 다른 금속의 합금이었던 사금(砂金)에서 얻기도 했지만, 대부분의 경우에는 라우리온 광산에서와 같이 황화납(PbS)을 함유한 방연광(方鉛鑛)의 퇴적층에서 얻었다. 광석을 분류해서 독특한 유압기기(油壓機器)로 농축한 다음 강한 불로 가열해서 생기는 산화물을 목탄으로 환원시켰다. 이

---

* 역주/고대 그리스에서 일반 장군보다 광범위한 기능을 가지고 국가의 관리 구실을 수행한 장군.
** 역주/기원전 500년경의, 페니키아 전함의 한 형태로서 3단 노를 장착했다.

그림 42.1 기원전 440년경의 아테네의 사각 드라크마 은화(소더비의 경매 카탈로그).

렇게 해서 얻은 납과 은의 합금인 불순한 은을 회분법(灰分法)으로 정제했다. 회분법은 광석을 뼛가루와 흙으로 만든 그릇에 넣고 납과 함께 가열하는, 고대에 쓰였던 공정이다. 공기를 불어넣어서 귀금속을 제외한 금속들을 산화시킨 후에, 산화납에 녹아서 위에 뜨는 금속 산화물을 걷어내면 은과 같은 귀금속만 남게 된다.

아테네에 강력한 해군력을 제공해주었던 트라이림을 비롯한 선박용 자재도 사람들의 관심대상이었다. 임명직 의원으로 구성되었던 상원과 비슷한 불레*가 새로운 배의 건조를 담당했지만, 배를 건조할 것인가의 결정은 에클레시아에서 투표로 결정했다. 사람들은 배를 만들기 위한 해군 설계사를 선출했지만, 이 직위는 매우 중요한 것이었기 때문에

---

* 역주/사백인회(四百人會)라고도 함. 고대 그리스의 심의위원회.

단순한 추첨으로 결정하지는 않았다. 해군 설계사도 스트라테고스처럼 연임할 수 있었는지는 정확하게 알려져 있지 않다.

그러나 이것이 고대 아테네인의 과학과 관련된 기록의 거의 전부이다. 다른 기록이 모두 없어져버렸을 가능성도 있다. 아니면 대부분의 교육, 산업, 농업, 상업처럼 기술까지도 개인에게 맞겨지는 비정치적인 문제로 생각했기 때문에 공적으로는 논의하지 않았고, 그래서 고대 아테네 사회에서의 과학에 대한 사회적 인식을 알려주는 자료를 찾을 수 없는지도 모르겠다.

한편 민주주의에 지울 수 없는 얼룩도 있다. 바로 소크라테스의 재판이다. 철학자들의 거만함과 비타협성에 의해서 최종 선고가 결정되기도 했지만, 소크라테스를 기소했던 것 자체가 우리의 양심에 상처가 되기에 충분하다. 지혜의 추구자였고, 과학자는 아니었다고 하더라도 심문자였고 예언가이기도 했던 사람이 **시민들**에 의해서 침묵할 수밖에 없게 되었다. 한 사람의 폭군에 의해서가 아니라 280명의 동료 시민들에 의해서 말이다. 소크라테스를 추종했던 플라톤과 아리스토텔레스가 민주주의에 회의를 느끼고 철학자가 왕이 되고 전문가들에 의해서 운영되는 정부를 주장하게 된 것은 우연이 아니었다. 흔히 과학자들도 그런 희망에 동감한다. 그러나 이유를 여기서 설명하지는 않겠지만, 그것은 단지 희망일 뿐이다.[3]

주

1) Thucydides, *The Peloponnesian War*, John H. Finley, Jr. 번역, New York : Modern Library, 1942, p. 105.
2) John F. Healy, *Mining and Metallurgy in the Greek and Roman World*, New York : Thames and Hudson, 1978.
3) 나는 소크라테스의 유죄판결을 정당화하는 I. F. Stone, *The Trial of Socrates*, New York : Little, Brown, 1988을 읽었다. 스톤은 "아테네인들의 입장에서 이 사건을 살펴봄으로써, 도시의 죄를 용서하고 재판 때문에 민주주의와 아테네인에게 남겨진 오명을 씻어내려고" 했다. 나는 스톤을 좋아하고, 그의 이야기는 당시의 아테네를 훌륭하게 재현했지만, 그의 이야기에 충분한 설득력이 있다고는 생각하지 않는다.

43. 반(反)플라톤주의 : 과학자(또는 기술자)가
세계를 지배하면 안 되는 이유

과학자들이 개인적으로 모여서 편안하게 이야기하는 자리에서는, 누가 어디로 옮긴다는 등의 새로운 소식과 연구비 쟁탈전에 대한 반복되는 이야기를 듣게 된다. 그리고 또다른 수준의 자리에서는 과학의 합리성에 대한 주장과 흔히 들을 수 있는 정치가들에 대한 비난 그리고 "가볍게" 보이는 예술과 인문학 문제에 대한 경멸 투의 이야기도 들을 수 있다. 과학에서의 합리적인 접근방법을 국가의 운영에 적용할 수만 있다면, 이 세상의 모든 문제가 곧 해결될 것이라는 이야기이다.

어떤 이야기들은 단순히 자신들만을 위한 우애 있는 동료의식으로 생각하고 잊어버릴 수 있다. 그러나 모든 이야기를 그렇게 할 수 있는 것은 아니다. 그들의 이야기 중에서 상당한 부분은 어떤 문화 또는 정치체제에서나 있을 수 있는 유치하고 잘못된 세계관을 반영하는 것이다. 플라톤이 과연 평민 과학자를 철학자-왕으로 인정했을 것인지는 확실하지 않지만, 그들의 이야기는 플라톤의 소위 합리성에 대한 소박한 믿음의 일부가 현대적 모습으로 나타난 것이라고도 할 수 있다.

근대 과학은 서구 유럽의 사회적 발명으로서, 이 세상의 어떤 부분에

제43장은 저자가 『과학기술의 이슈(*Issues in Science and Technology*)』 7, (1991), pp. 38-39에 같은 제목으로 게재했던 것을 개작한 것이다.

대한 믿을 만한 지식을 추구하고 그런 지식을 이용해서 사회를 발전시키는 데에 엄청난 업적을 이룩했다. 근대 과학의 핵심은 자연은 물론 자연에서의 인간의 간섭에 대한 주의 깊은 관찰이라고 할 수 있다. 티리언 퍼플의 색깔이 어떤 분자에서 비롯된 것이고, 어떻게 그 분자를 변형시켜서 더 밝은 자주색이나 파란색을 얻을 수 있을까를 알아내려는 노력이 바로 그런 관찰에 해당한다.

과학자들의 세계는 모든 복잡성이 분해되어 단순화된 세계이다. 이것을 수학화라고 할 수도 있겠지만 나는 이것을 (비화학적인 의미에서) 분석(分析)이라고 생각한다. 과학자는 흔히 발견이나 창조의 과정에서 자신만의 연구세계를 명백하게 정의한다. 그 한정된 세계 안에서는 자신의 결과가 흥미롭고 놀라운 것이며, 모든 것의 분석이 가능하다(제9장에서 나는 창조가 발견보다 더 중요한 것임을 주장했다). 그런 세계에서는 언제나 답이 **존재한다**. 로열 퍼플 염료 분자의 구조를 밝힐 수도 있고, 동물원에 갇힌 판다가 번식을 잘하지 못하는 **이유**도 알아낼 수 있다. 과학자들은 하나의 관찰 또는 현상에 기여하는 요인이 여러 가지가 있을 수 있다는 점을 인정하기는 하지만, 아무리 복잡하다고 하더라도 재능 있고 잘 훈련된 과학자들이라면 분리해서 분석할 수 있다고 믿는다. 그러고 나서 과학자들은 세계어인 엉터리 영어로 상호대화를 시작한다.

과학자들이 세심하게 구축한 세계를 감정과 인간 제도로 가득한 아무렇게나 생긴 현실과 비교해보자. 젊은 사람이 마약에 중독된 것은 단 하나의 이유 때문일까? 왜 미국의 시민전쟁에서 형제들이 형제들을 죽였을까? 유고슬라비아는 어떤가? 낭만적인 사랑의 논리는 무엇인가? 평등고용 정책은 필요한가? 우리가 살고 있는 세상은 단순한 과학적 분석으로는 이해할 수 없다(아무리 복잡한 분석이라도 마찬가지일 것이다). 세상은 물론 생명 자체도 윤리적, 도덕적 논쟁거리이고, 정의와 동정심이 요구된다. 문제점과 대안과 결과를 명백하게 표현하는 것이 도움이 되기도 한다. 때로는 경쟁적인 윤리적 입장을 공개적으로 서로 이야기하면서 자신들이 기억해야 할 것만을 기억하는 아무 목적도 없는 대화가 도움이 되기도 한다. 이것이 바로 참여 민주주의를 가능하게 하는 카타르시스이다. 개인적 또는 사회적 문제가 항상 유일한 합리적인 답이 존재하는 과학적인 주장처럼 해결되지는 않는다.

나의 경험에 의하면 과학자들은 합리성을 지향하는 그런 주장을 하는 경향이 있다. 그들은 자신의 연구에서는 세심한 분석이 적용된다는 것을 알고 있다. 우리가 살고 있는 세상의 복잡성 때문에 혼돈을 경험하고 상처를 입은 후에도, 소박하게도 감정과 집단행동으로 가득한 험한 우주는 아직도 우리가 발견하지 못한 합리적 원칙에 의해서 지배될 것이라는 꿈을 버리지 못한다. 이상하게도 과학으로 대체되어야 할 것으로 생각되는 종교마저도 비슷한 (나에게는 만족스럽지 못한) 세계관을 주장한다. 우리는 세상을 흑과 백으로 보려는 경향이 있고, 실제 삶에서 순간순간 우리의 의식 속으로 밀려들어오는 회색지대는 그저 사라져버리기를 바란다. 실제 세상을 만들고 움직이는 사람들이 (그중에서 가장 나쁜 사람들을 정치가라고 부른다) 우리 말을 따른다면 세상은 제대로 돌아갈 것이라고 생각한다.

그러나 최근에 우리는 그런 과학적 또는 기술적 운영의 꿈이 실패로 돌아가는 것을 직접 경험했다. 바로 공산주의의 경우이다. 러시아나 중국이나 쿠바나 할 것 없이 어떤 나라에서나 공산주의는 경제적으로 불가능하다는 것을 보여주었고, 공산주의가 끝없이 부패할 수밖에 없다는 점을 보여줌으로써, 공산주의를 믿었던 사람들을 실망시켰다. 과학자들은 듣고 싶지 않겠지만, 공산주의는 "과학적" 사회체제였다. 마르크스와 엥겔스가 사회의 과학화를 예견하고 완성한 것이었다. 그들의 사회주의는 인간이 자연을 변환시킨 것처럼 사회도 변환시킬 능력을 가지고 있다는 생각과, 사회는 무한히 발전할 수 있을 것이라는 미신에 그 근거를 두고 있었다.

그렇다면……세상을 경영하지 못한다면 과학자들은 무엇을 해야 하는가? 나의 생각에는 과학자들이 정치적인 일에 관여하기는 하지만 아무런 실권이 주어지지 않을 때가 가장 좋은 것 같다. 그렇게 되면 과학자들은 논리적인 이야기를 하고, 건전한 조언을 하고, 비합리성이 확대되는 것을 막으려고 노력하게 된다. 그들의 능력은 그들에게 주어진 역할에서의 요구와 조화를 이룰 수 있다. 그러나 그들이 권좌에 있게 되면 그들만이 합리적이라는 **자만**이 그들에게 자신도 모르는 사이에 무리한 일을 하도록 만들 것이다.

내가 너무 과장했다는 것을 알고 있다. 과학자들이 잘못하는 점이 있다면 그것은 과학자들이 정치과정에 충분히 참여하지 않고 있다는 것이다. 과학자들도 일단 정치계에 발을 들여놓으면, 정치에 이미 참여하고 있는 다른 사람들보다 조금도 나을 것이 없다. 그렇다고 더 나쁘지도 않다. 예를 들면 프랑스에서는 과학자들과 기술자들이 전통적으로 정치에 참여해왔다. 라자르 카르노와 그의 손자 사디 카르노는 물론 나의 연구원이었던 알랭 드바케가 그런 예이다. 그리고 마거릿 대처의 단점이나 업적이 그녀가 대학에서 화학을 전공했던 것과는 아무런 관련도 없다.

44. 환경문제에 대한 대답

필립 아벨슨이 『사이언스(*Science*)』에 실었던 사설은 환경에 관한 우리 사회의 태도를 잘 보여준다. "독성물질에 대한 공포 : 허깨비 위험성 (Toxic Terror : Phantom Risks)"이라는 제목으로 시작하는 이 글은 이렇게 끝맺는다.

대중은 오랫동안 환경오염 물질, 특히 산업 화학물질의 위험성에 대한 일방적인 편견을 들어왔다. 극소수의 사람들만이 균형을 맞추려고 노력했을 뿐이다. 그런 사람들은 자신의 이익만을 추구하는 막강한 힘을 가진 언론의 연합, 편향된 환경단체, 정부의 규제 그리고 고소인들의 변호사 등과 대항하게 된다.……지금까지 쌓인 재앙의 예언들을 살펴보면 그들이 얼마나 판단력이 없고, 사실을 외면하며, 솔직하지 않은가를 알 수 있다. 그들의 주장에 의한 허깨비 위험성에 대비하기 위해서 엄청난 비용을 낭비해서는 안 된다.[1]

나는 화학의 민주화적, 발전적 본질을 높게 평가하지만, 이런 종류의 주장은 옳지 않다고 생각한다. 환경에 대한 우리 모두의 관심에 담긴 심리적, 도덕적 중요성을 이해하지 못하고 있고, 더욱이 민주적 절차에 대한 불건전한 자세를 보여주고 있다.

이런 대립에서 중립을 지키는 것은 매우 어렵지만 한번 노력해보기로 하자. 환경문제에 대한 화학자의 적절한 반응은 무엇일까? 아니면 무엇이어야 할까? 나는 적어도 다음과 같은 것이 포함되어야 한다고 믿는다.

1. 이런 관심이 "사실"에 근거한 기술적인 위험 **평가**와, 심리적이고 흔히 주관적이기도 한 위험 인식 모두에 근거를 두고 있다는 사실을 인정해야 한다. 앞으로 더 설명하게 되겠지만 이런 위험 평가들이 항상 일치하지는 않는다.
2. 민주사회가 어쩔 수 없이 개인이나 재산에 위험부담을 줄 수밖에 없을 경우에는, 좋거나 싫거나에 상관없이 위험에 대한 심리적인 인식도 합법적으로 고려해야 한다는 사실을 깨달아야 한다.
3. 민주주의에서는 상반된 의견을 발표할 수 있는 기회가 필요하며, 환경론자들의 태도도 확실하게 수용할 수 있는 범위 안에 있는 것이 사실이다.

위험의 **평가**가 그렇게 쉽지만은 않다. 분석화학과 화학기기학이 핵심적으로 필요하다. 상상도 할 수 없을 정도로 적은 양의 물질을 믿을 수 없을 정도로 정확하게 검출하기 위해서는 계획, 규모 그리고 화학적인 측면에서 우리 화학자들의 훌륭한 재능이 요구된다.

위험의 인식은 단순한 기술적인 위험 평가가 아니고 우리가 알고 있는 최선의 방법으로 위험요소를 밝혀내는 것이라고 생각한다. 위험의 인식에는 심리적 요소가 매우 강하고, 통제능력도 매우 중요하다. 여기시 통제능력이란 위험에 직면하고 있는 사람이 위험을 어느 정도까지

통제할 수 있는가를 깨닫고 인식하는 것을 의미한다.[2)]

　나는 이런 통제능력이 위험에 대한 개인적인 판단에 압도적인 역할을 한다고 생각한다. 우리는 사고 통계와는 전혀 반대로 비행기보다는 자동차를 타는 것이 더 안전하다고 느낀다. 어떤 사람들은 약간의 술을 마신 상태에서 자동차를 운전해도 안전하다고 생각할 정도이다. 왜 그럴까? 자동차는 우리가 직접 운전하지만 비행기는 다른 사람이 조종하기 때문이다. 사실이거나 아니거나에 상관없이 핵발전과 다른 기술적 위험에 대한 우리의 공포는 대부분의 경우 그 과정에 대해서 모르기 때문에 생기는 것이 아니라, 우리 스스로가 그 상황을 조절하지 못한다는 느낌에서 생기는 것이다.

　통제능력을 깨닫기 위해서는 정확한 정보를 가지고 있어야 함은 물론이고, 정부의 민주적인 제도도 절대적으로 필요하다. 현재의 민주주의가 여러 형태의 통치체제 중에서 최선의 것이라고 하더라도 이상적인 민주주의와는 상당한 거리가 있다. 사람들에게 위협을 느끼게 하는 물질의 사용에 대해서 정치적으로 스스로의 의견을 제시할 수 없다면, 아무리 많은 정보를 제공하고, 아무리 기술적이고 포괄적으로 가르쳐도, 합성물질에 대한 공포는 줄어들지 않을 것이다.

　내가 지금 말하고 있는 것은 극단적인 것이 아니라 위험에 대한 전문가들의 공통된 의견이다. 러트거스 대학교의 환경통신 연구계획의 책임자인 피터 샌드먼의 말을 살펴보자.

　　잘 알고 통제능력을 가진 집단은 훨씬 합리적이다.……충분한 정보를 가지고 있는 집단이 위험에 대해서 더 관용적이라는 의미가 아니라, 어떤 위험을 허용할 것인가를 더 잘 선택한다는 뜻이다. 그러나 정보를 가지고

있더라도 통제능력이 없거나 또는 대화가 아닌 일방적인 해명의 형태라면 거의 아무런 가치도 없다.[3]

샌드먼은 위험 인식에서 심리적인 요소를 모두 합쳐서 "분노요소"라고 불렀다. 그중의 몇 개를 소개하면 다음과 같다.

- **자발성** : 자발적인 위험은 분노를 유발하지 않기 때문에 강요된 위험보다 훨씬 쉽게 받아들여진다. 산에서 잘 미끄러지는 판 위에 올라서서 떠밀려 내려오는 것과 스키를 타는 것을 비교해보라.……
- **도덕성** : 과거 20년 동안 미국 사회는 공해가 단순히 해로울 뿐만 아니라 악(惡)이라고까지 생각하게 되었다. 그러나 위험이 도덕적으로 문제가 없을 경우에는, 비용과 위험의 상쇄에 대한 이야기가 상당히 무감각하게 들린다. 경찰서장이 어린이 학대자가 가끔씩 나타나는 것을 "수용할 수 있을 정도의 위험"이라고 주장한다고 상상해보라.……
- **시간과 공간에서의 확산** : 위험 A는 1년 동안 전국에 걸쳐서 50명의 사람들을 죽이고, 위험 B는 앞으로 10년 동안에 언제인가 5,000명이 살고 있는 동네를 쓸어버릴 확률이 10퍼센트라고 한다. 위험 평가에 의하면 연간 사망률은 두 경우 모두 50명으로 똑같다. 그러나 "분노평가"에 의하면 A는 받아들여질 수 있을지 몰라도 B는 확실히 그렇지 않다.[4]

기술적인 위험 평가뿐만 아니라 위험에 대한 도덕적인 인식을 근거로 법률을 제정하는 것이 잘못일까? 그렇지는 않다고 생각한다. 법은 항상

물질적인 근거와 함께 합리적인 도덕성도 가지고 있다. 그렇지 않다고 생각한다면, 의회에서 허용이 가능한 어린이 학대자의 출현 빈도 또는 신체적으로 불구가 된 노인의 안락사에 대해서 논의하는 경우를 상상해보라고 권고하고 싶다.

통제능력에 대한 이야기를 마치기 전에, 철학뿐만 아니라, 시민들에게 진정한 통제능력을 가지고 있다고 느끼게 하는 훌륭한 사회체제를 생각해낼 수 있었던 고대 그리스인들의 능력에 찬사를 보내고 싶다. 그 당시에는 불레나 디카스테리아와 같은 대규모 배심원과 추첨에 의한 공직자의 빠른 회전, 이런 것들 때문에 모든 사람들이 정말 참여하고 있다고 느꼈다. 지금은 사라져버린 아테네의 제도들 중에는 다시 살려낼 필요가 있는 것도 있다. 예를 들면, 공직자의 임기가 끝나는 시점에 그 사람의 행동에 대해서 자세히 조사했던 유투나가 바로 그런 것이다. 옛날에나 지금에나 멋진 생각이고, 공직에 있으면서 이익을 챙겼거나 축재를 했던 사람들을 찾아내는 통상적인 절차가 된다면 좋을 것이다.

이제 환경론자들에 대한 태도로 돌아가보자. 일부 화학자들은 환경론자들의 공포가 비합리적인 것이라고 생각한다. 조금만 생각해보면 이성과 통제능력, 아니 그 이전에, 동정심이 두려움에 대응하고 그것을 수용하는 데에 중요한 역할을 한다는 것을 이해할 수 있다. 친구들이여, 화학분야의 친구들이여, 누가 환경을 걱정하면서 화학물질에 대해서 이야기하면 마음의 문을 닫고 과학자인 척하면서 분석적인 입장을 취하지 말라. 마음의 문을 열고, 한밤중에 기차에 치여 죽는 무서운 꿈에서 깨어난 어린 자식을 생각해보라. 그런 경우에도 "걱정하지 말아라. 개에게 물릴 위험이 훨씬 더 크단다"라고 말하겠는가?

환경론자들이 어린아이라는 뜻이 아니다. 근대 화학이 발전해온 과거

그림 44.1 새벽녘의 셸 정유공장. 뒤편에 워싱턴 주의 베이커 산이 보인다(사진 : 토니 스톤 이미지 사의 리처드 듀링).

200년 동안 과학과 기술은 온 세상을 변화시켰다. 물론 좋은 의도에서였지만, 우리가 만든 모든 것은 지구상의 거대한 순환과정을 어느 정도는 변형시킬 위험을 가지고 있는 것이다. 화학적 재능의 걸작품이라고 생각되는 하버-보슈 공정으로 대기 중에서 고정되는 질소의 양은 아마도 전 세계에서 생물학적으로 고정되는 질소의 양과 비슷한 정도일 것이다.[5] 이런 변화가 지질학적 시간으로는 눈 깜짝할 사이에 일어나버렸다. 가이아*가 우리의 이런 변환에 대응하는 복원력을 가지고 있을 수

* 역주/제임스 러브록의 이론 중에서 생명력을 가진 지구를 말한다.

도 있지만, 그 결과로 나타나게 될 세상은 인간이 더 이상 핵심적인 역할을 할 수 없는 세상일 수도 있다.

오존 층의 변화, 수자원의 오염과 산성도 증가, 사과를 씻는 이유, 귀중한 역사유물인 조각(彫刻)이 녹아내려서 공기 중으로 날아가버리는 것에서도 우리가 자연에 간섭한 결과를 경험하고 있다. 미켈란젤로의 "다비드"를 피렌체의 정부청사 광장에서 옮기게 된 데에도 이유가 있었다. 왜 우리 모두가 환경론자가 되어야만 하는가에도 더 확실한 이유가 있다.

주
_____

1) Philip H. Abelson, "Toxic Terror : Phantom Risks, *Science* 261, July 23, 1993, p. 407.
2) Paul Slovic, "Perception of Risk", *Science* 236, April 17, 1987, pp. 280-285 ; Milton Russell and Michael Gruber, "Risk Assessment in Environmental Policy-Making", *Science* 236, April 17, 1987, pp. 286-290 ; Daniel Goleman, "Hidden Rules Often Distort Ideas of Risk", *New York Times*, February 1, 1994, p. C1.
3) Peter M. Sandman, "Risk Communication : Facing Public Outrage", *EPA Journal*, November 1987, pp. 21-22.
4) 같은 책.
5) A. P. Kinzig and R. H. Socolow, "Human Impacts on the Nitrogen Cycle", *Physics Today* 47, November 1994, pp. 24-31.

45. 화학, 교육 그리고 민주주의

나에게 알라 논쟁은 환경론자들에 대한 불만을 터뜨릴 수 있는 기회였다기보다는, 중요한 사실을 배울 수 있는 겸허하고, 교육적이며, 교훈적인 기회였다. 나는 거기에서 화학적인 것을 배울 수 있었다. 보팔 사고에서도 그러했고, 다음에 일어날 화학적 재난에서도 그럴 것이다. 사람들은 어떤 지식이 재난이나 자신의 몸이나 심지어 외설적이고 수치스러운 것이라도 어떤 결정적인 것과 관계가 있으면 마음을 열게 된다. 따라서 불행한 일들을 교육적인 의미로 사용할 수가 있다.

이제 교육에 대해서 이야기하게 되었다. 나는 교육이란 민주주의의 핵심적인 부분이고, 국민의 특권이면서 의무라고 생각한다. 실제로 나의 개인적인 의견으로는, 과학에 대한 무지가 권력의 기반을 제한한다거나 세계적인 경제 경쟁력에 영향을 미친다는 식의 관점에서 보고 싶지는 않다. 우리 교육이 실패했기 때문에 화학에 대한 무지가 빠르게 확산되어가는 현실에 대해서, 두 가지 이유로 걱정하게 된다.

첫째, 우리가 주변 세상에 대한, 특히 인간 자신이 세상에 더해놓은 부분에 대한 기본적인 내용을 알지 못하면 결국 우리는 소외되어버린다는 것이다. 지식의 결여로 인한 소외감은 우리를 따분하게 만들고, 무력하게 만들고, 움직이지도 못하게 만든다. 세상을 이해하지 못하면 우리는 비결(秘訣)이나 새로운 신(神)을 만든다. 번개나 일식에 대해서도 그러했고, 오래 전의 세인트 엘모 화재의 경우에서도 마찬가지였으며, 화산에서 분출된 황 가스에 대해서도 그러했다.

나의 두 번째 우려는 또다시 민주주의에 관한 것이다. 화학에 대한 무지는 민주적 절차에 장애가 된다. 이제는 확실하게 동감하겠지만, 나는 "보통 사람들"에게도 결정에 참여할 권리를 주어야 한다고 굳게 믿고 있다. 유전공학에 대해서, 폐기물 처리장의 위치선정에 대해서, 위험한 공장과 안전한 공장에 대해서, 어떤 습관성 약물을 규제해야 한다거나 하지 말아야 한다거나와 같은 것에 대해서,……보통 사람들이 결정에 참여해야만 한다. 국민은 전문가로부터 장점이나 단점, 선택권, 이익과 위험에 대해서 설명을 들을 수는 있다. 그러나 전문가에게는 결정권이 없고, 국민과 그들의 대표자들이 결정권을 가지고 있다. 국민에게도 물론 의무가 있다. 국민은 화학에 대해서 충분히 배움으로써 어떤 사악한 활동을 지원하려고 모인 화학 전문가들의 유혹적인 말에 속아 넘어가지 말아야 한다.

그래서 더 많은 사람들에게 전달될 수 있는 초등학교와 중등학교에서의 화학과목이 매우 중요하다. 이런 과목들을 가르칠 수 있는 교사를 양성하고 충분한 보상을 제공하는 것도 중요하다. 화학과목은 핵심적인 지식에 충실해야 하지만, 흥미롭고, 자극적이며, 호기심을 불러일으킬 수 있어야 한다. 그런 과목은 전문가가 아닌 과학을 전공하지 않은 학생들과 과학에 관심이 있는 국민을 대상으로 해야 한다. 훌륭한 물질 변환가가 될 새로운 화학자들이 그런 학생들 중에서 나오게 될 것이고, 그런 학생들 중에서 훌륭한 화학자가 나오게 될 것이라고 확신한다. 그러나 우리는, 99.9퍼센트가 화학자가 아닌 친구와 이웃들에게 화학자가 하는 일이 무엇인지를 지금부터 가르쳐야 한다. 그렇지

않으면 미래의 화학자들은 그들이 할 수 있는 일을 제대로 할 수 없게 될 것이다.[1]

주

1) 훌륭한 과학 저술가인 제러미 번스타인도 비과학자에 대한 과학교육에 대해서 나와 비슷한 생각을 가지고 있다. 그는 *Cranks, Quarks, and the Cosmos*, New York : Basic Books, 1993에서 문화적 박탈감, 기술에 대한 당혹감, 욕구 등을 반드시 해결해야 한다고 주장했다.

제9부

이원자 분자의 모험

46. 다양한 모습의 C_2

나는 분자과학인 화학을 매우 좋아한다. 화학의 복잡한 풍요로움과 그 바탕에 깔린 단순성도 좋아하지만, 무엇보다도 생명이 존재할 수 있도록 해주는 다양성과 화학의 연관성을 특히 좋아한다. 우리는 지금까지 이 야수(野獸)의 아름다움에서 너무 멀리 오게 되었으므로, 내가 좋아하는 예를 들어보기로 하자. 지금까지 분석, 합성, 메커니즘과 같은 주제를 가지고 화학을 살펴보았지만, 유기화학, 무기화학, 생화학, 물리화학, 분석화학과 같은 고전적인 세부분야의 분류는 아직도 계속되고 있다.[1] 나는 이런 분류가 더 이상 적용되지 않는 그런 화학을 좋아한다.

C_2는 단순한 이원자(二原子) 분자이다. 단 두 개의 탄소 원자로 되어 있다. 그렇지만 이것은 익숙한 O_2, N_2, F_2 등과는 달리 매우 불안정하다. 두 개의 탄소 원자에 전기 방전(放電)이 닿으면 C_2가 만들어진다. 아주 적은 양이기는 하지만 앞에서 설명한 분광법으로 구조를 알아내기에는 충분한 양이 만들어진다(소위 버크민스터풀러렌이라고 부르는 축구공 모양의 C_{60}도 조금 만들어지지만, 그것은 또 한 편의 신비로운 이야깃거리이다). 운석에도 소량의 C_2가 들어 있다. 그리고 가스 불꽃에서 보이는 푸른색도 바로 이 C_2 때문이다.

"C_2 분자는 어떤 구조일까?"라고 물을 수 있다. 이 분자는 아령과 같이 생겼고, 두 탄소 원자들 사이의 거리가 유일한 변수이다. 안정한 바

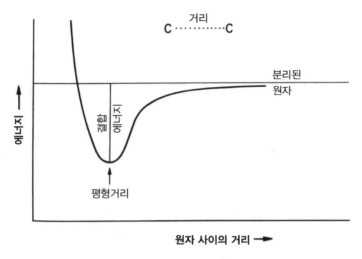

그림 46.1 분자의 "포텐셜 에너지 곡선."

닥상태에 있을 때 그 거리는 1.2425옹스트롬이다(1옹스트롬은 10^{-8}센티미터이고, 분자에서 결합된 두 원자들 사이의 거리는 보통 1에서 3옹스트롬이다).

C_2는 물론이고 다른 모든 분자들도 소위 들뜬 상태로 존재하기도 한다. 분자가 빛을 흡수하거나 다른 형태의 에너지를 받게 되면 들뜬 상태가 된다. 그러나 분자는 영원히 들뜬 상태로 존재하지는 못하고, 몇 분에서 100만분의 1초 정도의 시간이 지나면 들뜬 상태의 분자는 더 안정한 바닥상태로 되돌아오게 되고, 이 과정에서 분자가 빛을 방출하기도 한다. 보통의 불꽃 속에서도 C_2 분자가 만들어진다. 이들은 주로 탄소가 포함된 연료에서 만들어지고, 궁극적으로는 이산화탄소(CO_2)가 되거나 검댕이가 되기도 한다. 불꽃 속에서 C_2는 주로 들뜬 상태로 만들어진다. 이것들이 들뜬 상태가 되는 이유는 불꽃 속에서 일어나는 복잡한 반응에서 나오는 열 때문이다. 들뜬 상태의 분지가 바닥상태로 되돌아오면

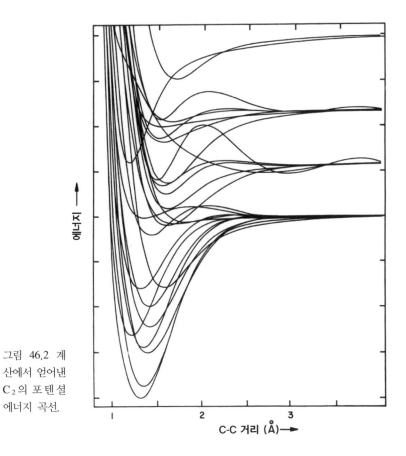

그림 46.2 계
산에서 얻어낸
C_2의 포텐셜
에너지 곡선.

C-C 거리 (Å)━➤

서 푸른색의 빛이 방출되는 것이다.

이원자 분자를 설명하는 한 가지 방법은 소위 "포텐셜 에너지 곡선"
을 이용하는 것이다. 이것은 원자들 사이의 거리가 변하면서 분자의 에
너지가 어떻게 변화하는가를 나타내는 것이다. 그림 46.1은 그런 곡선
을 나타낸 것이다. 수직방향은 에너지를 나타낸 것이고, 수평방향은 원
자들 사이의 간격을 옹스트롬으로 나타낸 것이다.

이 곡선의 내용을 말로 설명하면 다음과 같다. 원자들이 서로 접근하면
어느 정도까지는 에너지가 감소한 후에 복수하듯이 급격하게 증가한다.

<표 4> 실험에서 관찰된 C_2의 13개 상태

C_2의 상태	C-C의 거리 (옹스트롬)
$^1\Sigma_g^+$	1.2425 (바닥상태)
$^3\Pi_u$, $^1\Pi_u$	1.3119, 1.3184
$^3\Sigma_g^-$	1.3693
$^3\Pi_g$, $^1\Pi_g$	1.2661, 1.2552
$^3\Sigma_u^+$, $^1\Sigma_u^+$	1.23, 1.2380
$^3\Pi_g$	1.5351
$^1\Sigma_g^+$	1.2529
$^3\Sigma_g^-$	1.393
$^3\Delta_g$	1.3579
$^1\Pi_u$	1.307

이 곡선에서 에너지가 감소하다가 증가하게 되면서 에너지가 최소가 되는 상태에서의 원자들 사이의 거리를 분자의 "평형거리"라고 부른다. 그리고 분리된 상태의 원자들보다 에너지가 낮은 (더 안정한) 정도를 "결합 에너지" 또는 "해리(解離) 에너지"라고 부른다. 포텐셜 에너지 곡선에서의 우물이 분자를 설명한다. 다시 말해서 분자는 그 우물에 "가라앉은" 것이다. C_2는 그런 바닥상태에서 1.2425옹스트롬의 거리를 가진다.

각각의 들뜬 상태는 바닥상태와는 다른 평형거리와 우물의 깊이를 가지는 독립된 것이다. 그림 46.2는 C_2의 바닥상태뿐만 아니라 여러 개의 들뜬 상태의 포텐셜 에너지를 나타낸 것이다.[2]

이론적으로 계산된 여러 개의 이런 상태들 중에서 13개(1개의 바닥상태와 12개의 들뜬 상태)만이 실험으로 관찰되었다. 각 상태에서의 C-C 평형거리는 <표 4>에 나타냈다(그리스 문자로 나타낸 기호는 각각의 상태에 대한 정보를 담고 있다).[3] C-C 거리가 1.23에서 1.53옹스트롬 사이의 값을 가진다는 것에 주목하기 바란다. 독자들 중에서 화학자들은

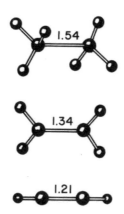

그림 46.3 대표적인 유기분자들. 위로부터 에테인, 에틸렌, 아세틸렌. C-C 길이는 옹스트롬($=10^{-8}$센티미터) 단위로 표시되었다.

놀라운 사실에 주목할 것이다. 이 분자는 들뜬 상태에서의 평형거리가 바닥상태보다 더 짧은 경우가 있다. 이런 경우는 매우 드문 것이지만, 분자에서 전자의 양자역학적 상태를 나타내는 이른바 분자 오비탈을 통한 전자의 운동으로 설명된다(우연히도 나는 분자 오비탈을 대략적으로 계산함으로써 편안한 생활을 하고 있다).

C_2의 들뜬 상태에 대한 연구는 분명히 물리화학의 영역에 속한다. 이제는 유기화학의 대표적인 분자 3개에 대한 이야기로 바꾸어보기로 한다(우연히도 이 분자들은 모두 상업적으로 가치가 높다). 그 분자들은 그림 46.3에 나타낸 에테인(C_2H_6), 에틸렌(C_2H_4) 그리고 아세틸렌(C_2H_2)이다. 에틸렌은 엄청난 양이 생산되고 있다(1993년만 해도 미국에서 410억 파운드가 생산되었다). 이 분자들은 대표적인 C-C 단일, 이중, 삼중 결합의 분자들이다. 그리고 쉽게 예상할 수 있는 것처럼 더 강한 결합일수록 결합 길이가 짧아진다. 이 분자들의 C-C 결합 길이의 범위를 주목해보라. 이것은 1.21에서 1.54옹스트롬으로, 우리가 합성한 수

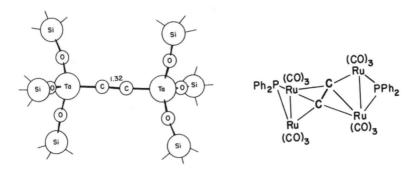

그림 46.4 왼쪽은 [(t-Bu₃SiO)₃Ta]₂C₂, 여기서 t-Bu=C(CH₃)₃ ;
오른쪽은 Ru₄(C₂)(PPh₂)₂(CO)₁₂, 여기서 Ph=C₆H₅.

백만 종류의 유기 분자에서 볼 수 있는 결합 길이는 모두 이 범위 안에 들어간다. 더욱이 그 범위는 C_2의 들뜬 상태에서의 결합 길이와도 그렇게 많이 다르지 않다. 이것은 우연한 일일까?

이제 유기화학과 무기화학 사이를 연결하면서 지난 30년 동안 그 활동이 폭발적으로 늘어난 유기금속화학으로 옮겨가보자. 그림 46.4의 왼쪽은 나의 동료인 페테르 볼찬스키의 연구진이 합성한 유기금속 분자이다. 이 분자에는 C_2 단위가 2개의 탄탈룸 원자를 이어주고 있으며, 각각의 금속 원자에는 여기에 다 나타내지는 않은 덩치가 큰 분자 조각이 붙어 있다.[4] 그림 46.4의 오른쪽에는 오스트레일리아 애들레이드의 마이클 브루스 그룹에서 합성한 또다른 유기금속 분자를 나타냈다. 이 분자에는 C_2 주변에 4개의 루테늄 원자가 잡혀 있다.[5]

우리는 어떤 사람에게는 그 차이가 아직도 중요하다고 생각되는 무기화학으로 다리를 건넜다. 이탈리아 밀라노의 그룹은 금속 클러스터 합성 분야에서 매우 활발한 연구를 하고 있다. 그림 46.5에서는 7개의 코발트와 3개의 니켈 그리고 여러 개의 일산화탄소로 둘러싸인 클러스터를 볼 수 있다. 그리고 그 가운데의 바구니 속에는 C_2가 들어 있고, 결합

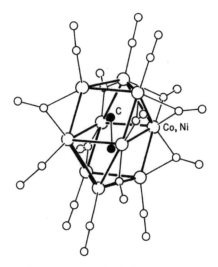

그림 46.5 Co$_3$Ni$_7$C$_2$(CO)$_{15}$$^{3-}$ 클러스터.

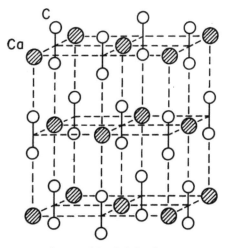

그림 46.6 칼슘 카바이드의 구조.

길이는 1.34옹스트롬이다.[6]

카바이드 램프에 불을 켜보았다면 아세틸렌의 냄새를 잊을 수 없을 것이다. 그림 46.6은 칼슘 카바이드(CaC$_2$)의 구조이다. 유니온 카바이

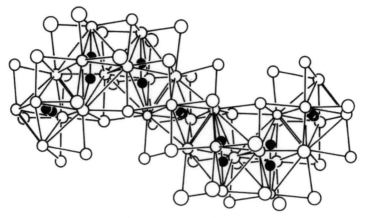

그림 46.7 $Gd_{10}C_6Cl_{17}$의 구조.

드 사(社)는 이 분자를 만드는 것으로 사업을 시작했다. 이 분자에 물을 가하면 카바이드 램프에서 타고 있는 아세틸렌 기체가 발생한다.

칼슘 카바이드는 확장된 구조를 가진 결정성 고체이다. 그 속에는 원자 또는 분자 단위가 끝없이 일정한 간격으로 늘어서 있다. 이 구조에서 명백하게 볼 수 있는 C_2 단위는 그 결합 길이가 1.19옹스트롬으로 매우 짧다.

이제 우리는 무기화학에서 고체화학으로 다리를 건넜다. 고체상태는 대부분이 무기 화합물이지만 매우 다양한 화합물을 포함하고 있다. 광물질, 촉매, 고온 초전도체, 금속, 자석, 합금, 유리, 세라믹 등이 모두 여기에 속한다.

독일 슈투트가르트의 아른트 시몬 연구진이 합성한 또다른 전형적인 고체상태 구조가 있다. $Gd_{10}C_6Cl_{17}$의 구조는 화학을 처음 공부하는 학생에게는 감히 보여주지 못할 그림 46.7과 같은 구조를 가지고 있다.[7] 우리는 초보자에게 아름다운 복잡성을 잠시라도 보여주고 싶어하지 않는

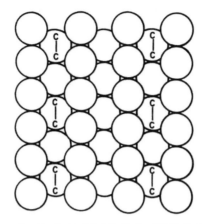

그림 46.8 은 표면에서의 C_2의 가상적 구조.

다. 이 분자는 가돌리늄 팔면체의 사슬을 가지고 있고, 각각의 가돌리늄은 다양한 종류의 염소로 둘러싸여 있다. 각각의 가돌리늄과 팔면체 속에는 C_2 단위가 있다!

또 하나의 구조를 살펴보기로 하자. 유기 분자를 깨끗한 금속 표면에 올려놓으면 흔히 작은 조각으로 분리된다. 이 조각들은 다시 다른 분자로 재구성되기 때문에 그렇게 나쁜 것은 아니다. 금속 표면은 상업적으로 중요한 촉매와 같은 역할을 한다. 스탠퍼드 대학교의 로버트 매딕스 연구 팀은 어떤 종류의 은 표면에서는 아세틸렌이 익숙한 C_2 단위로 분해되고, 그 조각들이 그림 46.8과 같이 은 표면에 붙어 있게 된다는 것을 발견했다.[8]

그림 46.9에는 C_2를 중심으로 만들어지는 다양한 분자들이 바퀴 모양으로 그려져 있다. 이 구조들은 분자를 취급하는 물리화학, 이론화학, 유기화학, 유기금속화학, 무기화학, 고체화학, 표면화학 등의 다양한 분야에서 취급하는 것들이다.

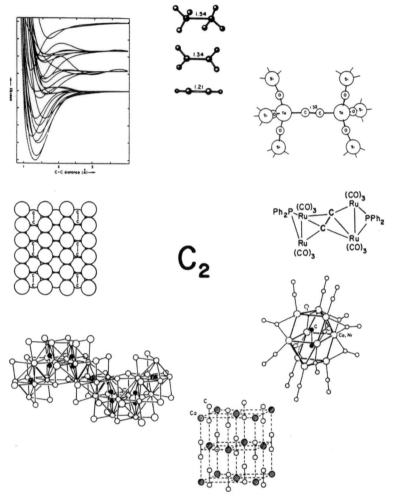

그림 46.9 C₂를 포함하고 있는 분자들.

이런 놀라운 풍요로움을 통해서 자연이 우리에게 "당신들 화학자들은 (물론 여성도 포함된다. 미국에서 화학분야의 박사학위 수여자 중에서 23퍼센트가 여성이다)[9] 화학을 마음대로 세분하려고 하지만, 세상은 하나일 뿐이라고 말해주고 싶다. 여기 이렇게 다양한 구조 속에는 어디에나 다양한 결합 길이를 가지고 춤추고 있는 C_2 분자 단위가 들어 있다"
는 말을 확실하게 해주는 것 같다. 나는 이것이 아름답다고 생각한다.

주

1) 화학과 물리학의 첨단분야에 대한 설명은 Nye, *From Chemical Philosophy to Theoretical Chemistry* 참고.
2) C_2의 포텐셜 에너지 곡선은 P. P. Fougere and R. K. Nesbet, "Electronic Structure of C_2", *Journal of Chemical Physics* 44, 1966, pp. 285-298에 따라서 그린 것이다.
3) C_2의 결합 길이는 K. P. Huber and G. Herzberg, *Molecular Spectra and Molecular Structure*, 제4권, *Constants of Diatomic Molecules*, Princeton : Van Nostrand Reinhold, 1979.
4) R. E. LaPointe, P. T. Wolczanski, and J. F. Mitchell, "Carbon Monoxide Cleavage by $(silox)_3Ta(silox=t-Bu_3SiO^-)$", *Journal of the American Chemical Society* 108, 1986, pp. 6382-6384. 이밖에 또다른 L_nMCCML_n 형태의 분자들이 있다.
5) M. I. Bruce, M. R. Snow, E. R. T. Tiekink, and M. L. Williams, "The First Example of a ······Acetylide Dianion", *Journal of the Chemical Society, Chemical Communications*, 1986, pp. 701-702 ; C. J. Adams, M. I. Bruce, B. W. Skelton and A. H. White, "Construction of Unusual Metal Clusters Using Dicarbon(C_2) as a Collar", 같은 책, 1993, pp. 446-450.
6) G. Longoni, A. Ceriotti, R. Della Pergola, M. Manassero, M. Perego, G. Piro, and M. Sansoni, "Iron, Cobalt, and Nickel Carbide-Carbonyl Clusters by CO Scission", *Proceedings of the Royal Society of London*, A, 308, 1982, pp. 47-57.
7) A. Simon and E. Warkentin, "$Gd_{12}C_6I_{17}$—A Compound with Condensed, C_2-Containing Clusters", *Zeitschrift für Anorganische und Allgemeine Chemie* 497, 1983, p. 79.
8) M. A. Barteau and R. J. Madix, "Acetylenic Complex Formation and Displacement via Acid-Base Reactions on Ag(110)", *Surface Science* 115, 1982, pp. 355-381 ; P. A. Stevens, T. H. Upton, J. Stöhr, and R. J. Madix, "Chemisorption-Induced Changes in the X-Ray-Absorption Fine Structure of Adsorbed Species", *Physical Reviews Letters* 67, 1991, pp. 1653-1656.
9) 국립 연구위원회의 박사학위 배출 통계(1991), 워싱턴 D.C.

제10부

생동하는 이원성

47. 창조는 어려운 일

지금까지 화학에서의 대립성 중에서 어떤 것들을 살펴보았는가? 먼저 가장 중요한 것은 정체에 대한 의문, 같기도 하고 아니 같기도 한 것에 대한 의문이었다. 서로 거울상의 관계를 가진 분자들에서처럼, 그런 섬세한 세부적인 것에서만 차이가 있는 분자들을 구별하는 방법에 대해서 이야기했다. 정교한 복잡성을 가진 훌륭한 극장에서, 화학자들은 진화에서 초창기부터 사용되어오던 오래된 전략인 분자 모방의 방법으로 몇 가지 새로운 장면을 연출했다. 그리고 생명을 구해주는 몇 가지 장엄한 의약물질을 고안했다. 당신이 하는 일은 무엇이고, 당신은 누구인가?

화학에서 **합성**은 **분석**의 동반자이다. 사실 화학의 활동 중에서 가장 화학적인 것을 선택하라고 한다면 나는 합성이라고 주장할 것이다. 되베라이너가 괴테에게 가르쳤던 분석은 모든 과학분야에 공통적인 것으로서 과학적인 연구방법일 뿐이었다. 그러나 화학은 물질을 각 성분으로 분해하는 것만큼이나 물질을 합성하는 것이 중심이 되는 분야라는 점에서 매우 독특하다. 지극히 화학적인 과정인 합성이 어떻게 진행되는가에 대해서는 환원주의적 철학자들은 전혀 관심을 가지지 않았다.

화학에서 **창조**와 **발견**은 균형을 잘 이루고 있고, 합성이나 분석과 밀접한 관련을 가지고 있다. 화학자들은 지금도 계속 발견되고 있는 법칙에 따라서 새로운 분자를 합성한다. 우리는 새로운 분자뿐만 아니라 어떤 의미에서는 새로운 법칙이라고도 할 수 있는 새로운 분자의 합성방법을 창조한다. 창조에 대해서 흥미로운 것은 그것이 지극히 지적(知的)이면서도 엄청나게 실용적이라는 것이다. 그래서 창조는 어려운 일이다.

분자는 화학의 핵심이고, 평균적으로 볼 때 원자들이 정해진 기하학적 구조로 고정된 집단이기 때문에 **구조**와 **표현**이 등장한다. 이것과 관계된 어려움은 **이상**과 **현실**의 대립이라고도 할 수 있다. 또는 앞에서 보았듯이 다른 각도에서 본다면 화학기호를 표현하는 범위에 관한 것이라고도 할 수 있다. 부분적으로는 표현하려는 대상을 닮은 형상적(形象的)이기도 하고, 일상적인 관례와 상호합의에 따라서 그림은 전혀 없이 기호들의 연결만을 나타내는 기호적(記號的)이기도 하다.

분자구조를 표현해야 한다는 사실은 화학논문의 본질에 대한 이야기와 자연스럽게 연결된다. 겉보기에는 지루하고 보수적이며 의례적인 정보교환 방법이 사실은 **드러내어질** 것과 **감추어질** 것 사이의 긴박감 그리고 표현방식의 **냉정함**과 의도된 **감동적 표현** 사이의 긴박감으로 가득 차 있다. 화학자들은 논문을 잘 소화함으로써 신뢰할 수 있는 정보를 교환하고 명성을 쌓게 된다. 허용되는 문학적 색채가 극도로 제한된 상태에서, 믿을 수 없을 정도로 고유한 문체(文體)가 개발되기도 한다.

가장 대표적인 화학활동인 합성으로 다시 돌아가서, **자연적/비자연적** 이원론이 어떻게 생기게 되는지는 쉽게 이해할 수 있다. 생물체에서 만들어지는 엄청나게 복잡한 화합물까지도 실험실에서 합성된다. 그러나 다른 한편으로는 큐베인처럼 모양은 매우 단순하지만 만들기는 굉장히 어려운 분자들이 합성되기도 한다. 화학은 자연적/비자연적 사이의 틈을 메꾸어준다. 아니 그런 구별 자체를 항상 부정한다고 말하는 것이 더 적절하다. 그렇지만 "좋은" 또는 "나쁜" 이유에서 자연적인 것과 비자연적인 것의 구분을 유지하려고 마음속으로 애를 쓰고 있다. 화학자들은 이런 사정을 이해해야만 한다.

분석과 합성 다음으로 대표적인 화학활동은 **메커니즘의 연구이다.** 이것은 인간의 호기심을 넓히고 역사를 심리적 동기와 결합시키는 역할을 한다. 그런 화학반응이 어떻게 일어났고, 일어나고 있을까? 화학반응의 메커니즘을 규명하는 것은 과학의 발견적인 특성을 가장 훌륭하게 보여주는 것이다. 그러나 그것이 항상 교과서같이 되지는 않고 심리적인 요인이 방해하게 된다.

정적인 것과 동적인 것도 분자과학의 바탕에 깔려 있는 긴박감이다. 공기는 조용한 것처럼 보이지만 실제로는 광란의 3차원적 무도회장이고, 고독한 분자는 음속에 가까운 속도로 날아다니지만 곧 다른 분자들과 충돌한다. 그런 충돌에 의해서 화학적인 반응이 일어나게 되고, 겉보기에는 정적인 것으로 보이는 평형이라는 또다른 현상이 나타나게 된다. 이렇게 전적으로 자연적인 균형은 반응물질이 생성물질로 되려는 필사적인 운동과, 생성물질이 반응물질로 되돌아가려는 마찬가지로 필사적인 운동으로 나타난다. 화학 평형은 우리의 이기적인 섭동(攝動)에 대해서 거시적이면서도 생명력을 가진 저항과 같은 특징을 가지기도 한다.

가장 위대한 화학자였던 프리츠 하버의 일생에서 여러 가지 화학의 창조적인 긴박감을 볼 수 있었다. 하버는 공업화학과 순수화학의 사이를 넘나들었다. 반응 메커니즘에 대한 지식을 근거로 역사 이후 최대 규모의 암모니아 합성공정을 발견했다. 이상할 정도로 연금술적인 목표를 추구하기도 했고, 잘못된 분석 때문에 실패하기도 했다. 그리고 또다른 위기상황에서는 그의 창조적인 화학적 재능을 독가스라는 잔인하고 군사적인 (그러면서도 비효율적이었던) 발견에 이용함으로써 도덕적으로 실패하기도 했다. 그리고 그가 살고 있던 세상이 바뀌었고, 하버는 더 이상 전과 같이 훌륭한 독일인이 될 수 없었다. 1933년에는 그가 되고 싶지 않았던 유대인이 되어버렸다.

화학자 개인과 동료 시민들 그리고 후손에게 물려줄 세상에 대한 **실용성과 피해도** 화학적 활동의 또다른 축이 된다. 나는 하버의 경우에 대해서 모두가 동의하지 않을 수도 있는 결론을 내림으로써 이를 보여주었다. 환경에 대한 관심은 화학자들이 세상을 가상의 이유 때문에 흑과 백으로 보는 일이 없도록 할 뿐만 아니라, 우리 모두를 불편하게 만드는 도덕적, 심리적 관심에 대한 동정심을 가지고 보게끔 만든다. 이상하게도 사람들은 흔히 기술재앙을 두려워하게 만드는 비합리적인 심리적 이유 때문에 화학에 대해서 관심을 가진다. 오존이나 일산화질소나 모르핀과 같이, 어떤 분자나 지킬 박사와 하이드 씨의 양면을 모두 가지고 있다.

마지막 이원성은 단순히 화학자뿐만 아니라 과학자들 모두에게 관련된 것이다. 그것은 바로 우리가 운명적으로 행동할 수밖에 없다는, 즉 창조할 수밖에 없다는 것이다. 그런 창조의 결과는 좋을 수도 있고 나쁠 수도 있다. 사회적으로 책임감 있는 과학자가 되는 것은 결코 쉽지 않다.

48. 또다른 이원성

이 책에서 지금까지 설명한 것 이외에도 몇 가지 중요한 또다른 이원성이 있다. 토머스 쿤이 생산적인 연구라고도 할 수 있는 뛰어난 연구와 혁명 사이의 "핵심적 긴박감"이라고 불렀던 것도 그중의 하나이다.[1] 일반인에게는 항상 미신에서 벗어나기를 바라는 과학자들이 언제나 새로운 생각을 추구하는 완고한 발명가라고 인식되어 있다. 쿤은 대부분의 과학이 훌륭하고, 훌륭해야만 한다는 상반된 현실을 받아들이고, 심지어 높이 평가해야 한다고 주장한다. 그는 "생산적인 과학자는 새로운 법칙과 그 법칙이 적용되는 새로운 조각들을 발견하는 성공적인 발명가가 되기 위해서 이미 확립된 법칙에 의한 정교한 게임을 즐기는 전통주의자가 되어야만 한다"고 말했다.[2]

유기합성은 쿤의 핵심적 긴박감이 적용되는 훌륭한 예라고 할 수 있다. 이미 알려진 반응을 시도해보면, 어떤 것은 반응이 일어나고 어떤 것은 안 일어난다. 전혀 만들어진 적이 없는 분자를 창조하겠다는 목표를 추구하는 과정에서 새로운 반응을 발견하게 되면 곧 유기화학자의 표준처방의 일부가 되어버린다.

이 책에서 언급하지 않은 또다른 긴박감은 **신뢰**와 **의심** 사이의 긴박감이다. 과학논문에 수없이 등장하는 참고문헌을 기억해보자. 어떤 것들은 확실히 겉치장을 위한 것들이기도 하다. 그러나 대부분은 신뢰의 표시로서, 옛날에 이룩된 것에 대한 의존이고, 도움을 줄 수 있는 거장들의 업적에 대한 부분적인 목록이다.[3] 그런 참고문헌은 정보산업과 "과학정보"의 수단인 인용서지의 기초가 된다.[4] 그리고 그것은 과학자가 자신의 일에서 느끼는 만족감의 가장 직접적인 근원이 되기도 한다. 모르는 사람들이 자신의 일을 널리 인용하는 것보다 더 기분 좋은 일은 없다.

특히 알려진 사실이나 방법론에 대한 참고문헌은 이미 발표된 것들에 대한 상당한 정도의 신뢰를 나타내는 것이다. 그러나 그런 신뢰는 언제나 의심으로 약화된다. 그래서 중요한 실험에서, 표지(標識)된 에테인을 사용하기 전에 구입한 CH_3CD_3을 분석하는 방법을 알아내야만 한다. 화학실험실에서는 과학의 자랑스러운 재현성이 정말 중요하다. 오늘날 선구적인 화학자인 로버트 버그먼은 이렇게 말한다.

나는 화학반응이 어떻게 일어나는가를 밝히는 반응 메커니즘의 연구에 흥미를 가지고 있다. 이 연구에서는 보통 의도적으로 선택된 구조적 특징을 가진 분자로 이루어진 특별한 물질을 합성해야 한다. 그래서 나의 연구실에서 새로운 연구과제를 시작할 때에는, 이미 합성방법이 문헌에 발표된 유기 화합물 또는 유기금속 화합물을 문헌에 발표된 절차에 따라서 합성하거나 합성하려고 노력하게 된다.

놀라운 사실은 우리가 반복하려고 시도하는, 문헌에 발표된 합성방법의 절반 정도가 처음에는 이런저런 이유로 실패하고 만다는 것이다. 즉 발표된 논문에 설명된 지시사항을 따르는 것만으로는 논문에서 주장하는 수득률을 얻을 수 없다. 이런 "비법(秘法)"의 상당한 부분이, 원래의 절차를 변형시키거나 원래의 저자와 상의한 다음에야 재현(再現)할 수 있게 된다. 그러나 어떤 것들은 우리가 어떻게 하든지 간에 상관없이 우리 손으로는 재현되지 않는 경우도 있다.[5]

이처럼 재현이 안 되는 경우를 버그먼의 연구진만 경험하는 것은 아니다. 그는 두 종의 학술지에서는 논문을 게재하기 전에 합성방법을 엄격하게 확인한다는 사실을 밝혔다.

우리 모두가 신뢰와 의심 사이의 긴박한 경계에서 살고 있다. 이런 체제는 믿을 수 없을 정도로 잘 운영되고 있다.

그리고 나는 화학만이 아니라 대부분의 과학에 고유하게 존재하는 **관찰**과 **간섭**의 이원성에 대해서도 이야기하지 않았다. 이런 이중성은 하이젠베르크의 불확정성의 원리에서부터 생체 내 실험과 생체 외 실험에 이르기까지 매우 다양한 형태로 나타난다. 원자보다 작은 수준에서의 관찰은 간섭을 의미한다. 관찰이라는 행동에 포함된 에너지가 관찰대상을 흩트릴 수도 있다는 것이 하이젠베르크의 불확정성의 원리이다. 화학에서는 관찰과 간섭이 서로 정교하게 얽혀 있다. 예를 들면, 우연하게 발견된 새로운 반응에 대한 관찰은 거의 대부분 즉각적으로 조건을 바꾸거나 반응을 변형시켜서 반응을 완벽하게 만들려는 시도인 간섭으로 연결된다.[6]

순수/불순의 이원성도 화학물질의 정체와 결정적인 관계가 있다. 이미 설명한 것처럼 아무것도 순수하지는 않으며, 그런 사실에는 엔트로피 및 진화와 관련된 충분한 이유가 있다. 두 개의 거의 순수한 혼합물의 근사적인 정체를 정의하려는 노력은 신비스럽다고 할 수 있다. 그것은 마치 화학에서 순수하지 않은 것을 자연적이라고 생각하는 것과, 종교에서 순수함의 도덕적 선(善)에 대해서 명백하게 소리 높여 감탄하는

것 사이의 확실한 대결과 같은 것이다.[7]

우리가 이미 살펴보았을 수도 있는 또다른 이원성도 있다. 제럴드 홀턴은 과학의 "논제"에 대한 책을 썼다. 여기에서 논제란 어느 분야의 과학에 대한 지적 분류 또는 사고방식이다. 이것들을 좌표의 축들로 생각할 수 있다. 홀턴은 그런 논제가 여러 과학자들의 일에서 반복적으로 나타나서, 좌표계에서 한 점으로 나타내어지는 과학의 어떤 사고방식은 미리부터 결정되고 많은 과학자들에 의해서 확고하게 유지된다는 사실을 입증했다.[8] 홀턴이 제안한 논제의 대비 중에서 일부는 다음과 같다.

분석—합성
일정성—변화성
다수—단수
복잡성—단순성
부분—전체
수학—유물론적 모형
분산—응집
표현—실체
환원주의—신성주의
불연속—연속
해체—통일
차별—통합

이런 이원성 중의 몇몇은 이 책에서 설명한 것과 같다. 다른 것들도 내가 선택한 것만큼 좋은 것들로서, 다른 방향의 이야기에 적합할

것이다.[9]

또한 인문학과 화학을 영민하게 관찰해온 헨닝 호프는 어떤 대립은 화학에서 훌륭한 역사를 가지고 있다는 점을 지적했다. 화학자들에게 산과 염기만큼이나 원천적이고 다양한 형태의 표현으로 정량(定量)하기 어려운 대비도 없을 것이다. 매력과 거부감, (산과 염기의) 부드러움과 단단함, 친전자성과 친핵성, 공유결합과 이온결합 사이의 대립, 이런 모든 대립은 20세기 화학의 핵심이 되어왔다. 이것들은 분명히 기술적인 개념들이지만 화학자들을 매혹시켜온 차이들을 나타낸다.

1) Thomas S. Kuhn, *The Essential Tension*, Chicago : University of Chicago Press, 1977, 제9장.

2) 같은 책, p. 237.

3) Robert K. Merton, *On the Shoulders of Giants : A Shandean Postscript*, New York : Harcourt Brace and World, 1965.

4) E. Garfield, *Citation Indexing : Its Theory and Application in Science, Technology, and Humanities*, New York : Wiley, 1979.

5) R. G. Bergman, "Irreproducibility in the Scientific Literature : How Often Do Scientists Tell the Truth and Nothing But the Truth?", *Perspectives* 8, 1989, pp. 2-3.

6) I. Hacking, *Representing and Intervening*, Cambridge : Cambridge University Press, 1983.

7) R. Hoffmann and S. Leibowitz, "Pure/Impure", *New England Review* 16, Winter 1994, pp. 41-64.

8) Gerald Holton, *Thematic Origins of Scientific Thought*, 개정판, Cambridge : Harvard University Press, 1988, 서문 ; G. Holton, *The Advancement of Science, and Its Burdens*, Cambridge : Cambridge University Press, 1986, 제1장 ; Holton, "On the Role of Themata in Scientific Thought", *Science* 188, April 25, 1975, pp. 328-334 ; Holton, *The Scientific Imagination : Case Studies*, Cambridge : Cambridge University Press, 1978, 제4장 ; G. Holton, "Analisi/sintesi", *Enciclopedia*, 제1권, *Abaco-Astronomia*, Turin : Einaudi, 1977, pp. 3-33. 그리고 Robert K. Merton, "Thematic Analysis in Science : Notes on Holton's Concept, *Science* 188, April 25, 1975, pp. 335-338.

9) 상반과 대립은 많은 사람들이 분석방법으로 사용했다. M. G. Flannery, "Biology Is Beautiful", *Perspectives in Biology and Medicine* 35, 1992, pp. 422-435. 단순성과 복잡성에 대해서는 J. S. Fruton, *A Skeptical Biochemist*, Cambridge : Harvard University Press, 1992, 제3장 ; K. Tayler, *The Logic of Limits*, Cambridge, U. K. : Haslingfield Press, 1992 참고.

아직 발행되지는 않았지만 R. B. 우드워드의 예술과 창조성을 분석한 책에서, 크리스틸 우드워드는 이 위대한 화학자의 연구에서는 계획/유연성, 예정/돌연함, 이론/실험, 생각/실체, 목표지향성 합성/우연한 발견 등의 이원성이 중요한 역할을 했다고 주장한다. Crystal Woodward, "Art and Elegance in the Synthesis of Organic Compounds : Robert Burns Woodward", D. B. Wallace and H. E. Gruber 편집, *Creative People at Work : Twelve Case Studies*, New York : Oxford University Press, 1989 ; C. Woodward, "Le rôle du plaisir esthétique ou l'art dans la chimie organique dans l'oeuvre de R. B. Woodward", *L'Actualité Chimique*, December 1993, pp. 63-70.

49. 악마의 속성

볼프강 파울리는 이원론적 생각을 악마의 속성이라고 했다.[1] 그런 생각은 너무 단순하기 때문에 결국에는 싫증을 느끼게 된다. 그러나 선/악이나 대칭/비대칭과 같이 단순히 서로 반대되는 성질들의 긴박감 넘치는 조화를 찾아내는 것은 다른 문제이다. 즉 모든 남성이나 모든 여성이 완벽하게 선하거나 악하다고 할 수는 없다. 아름다움은 분명히 대칭과 비대칭이 서로 겨루고 있는 경계에 존재한다.

적어도 표면적으로는 내가 화학을 분석했던 방법과 매우 비슷한 철학적 시각이 있다. 그것이 바로 헤겔의 변증법이다. 헤겔은 이해를 위한 처방이기도 한 변론의 방법을 제안했다. 어떤 주제(thesis)에 대해서나 반(反)주제(antithesis)가 있으며, 이 둘의 경쟁으로부터 조화(synthesis)가 나타나게 된다는 것이다.[2]

대립성이나 이원성이 나타나는 과정은 분명히 헤겔의 변증법의 과정과 유사한 점에서 시작된다. 그러나 내가 화학을 바라보는 방법은 두 가지 점에서 이원론을 넘어선다고 생각한다. 첫째, 화학적 사실 또는 그런 사실을 얻는 화학자의 행동은 대립되는 축의 균형을 잡는 행동으로서, 모든 분자와 그 분자를 만드는 사람들마다 서로 다른 타협이 요구된다. 둘째, 단순히 하나의 주제와 반주제만 있는 것이 아니라 여러 측면이 있으며, 단순한 입체주의가 아니라 적어도 다차원적이다.[3] 어떤 분자는 다른 분자와 비슷할 수도 있고, 해롭거나 이롭기도 하고, 발견되거나 창조되기도 하며, 조용히 서 있거나 빠르게 움직일 수도 있다. 그러나 어떤 조건에서는 이 모든 것들 전부일 수도 있다!

왜 상반되는 것일까? 화학과 같이 생동하면서 변화하는 인간 활동을 설명하려면 대립성에 초점을 맞추는 수밖에 없다고 생각한다. 시인이면서 철학자인 에밀리 그로숄츠는 듀 보이스의 두 권의 책에 실린 자연과 문화에 대한 훌륭한 수필에서 다음과 같이 말했다.

> 현실을 발전과 동일하다고 보는 형이상학적 생각에서는 현실의 구조를 가능한 변화로 나타내어야만 한다. 변화는 차이를 요구하고, 차이는 언어와 생각에서의 이진법적 대비의 형태로 나타난다. 형이상학의 훌륭한 이진법적 대비는 인간의 지혜의 일부이다. 모든 불확정성에도 불구하고 근본적이고 회피할 수 없는 무엇인가를 나타내기 때문이다.[4]

내가 선택했던 대비는 화학의 **생명**을 나타낸다. 그리고 그런 대비는 우리가 무의식적으로 생각하는 과학과 개인 심리의 연합을 통해서 힘을 얻게 된다.

로버트 루이스 스티븐슨의 『지킬 박사와 하이드 씨(*The Strange Case of Dr. Jekyll and Mr. Hyde*)』(1886)에 등장하는 고전적인 이원성으로 표현되는 대표적인 느낌에 특별히 흥미를 느끼는 것이 우연은 아니라고 생각한다. 정체에 관한 이 이야기에 숨겨진 것이 바로 결정적인 화학의 이원성이다.

> 첫 실험을 한 날 이후로 한 번도 공급받지 못한 소금이 다 떨어져가고

그림 49.1 "그리고 내가 보고 있는 동안에 변화가 일어나고 있다고 생각했다.……" 윌리엄 홀이 그린 『지킬 박사와 하이드 씨』의 삽화.

있었다. 새 병에 받아서 술에 섞었더니 끓어오르기 시작했다. 첫 번째 경우에는 색깔이 바뀌었지만, 두 번째 소금은 그렇지 않았다. 그것을 마셨지만 아무런 효과도 없었다. 풀에게 물어보면 내가 런던을 얼마나 헤매고 다녔는지를 알 수 있을 것이다. 그러나 아무 소용이 없었다. 나는 이제 첫 번째 소금에는 불순물이 들어 있었고, 그 무엇인지도 모르는 불순물 때문에 술에서 효력이 나타났던 것이라고 믿게 되었다.[5]

이스라엘의 유명한 시인인 아브네르 트레이닌은 훌륭한 물리화학자이기도 하다. 그는 "이원론의 찬양(In Praise of Dualities)"이라는 수필에서 다음과 같이 말했다.

그러나 아마도 내가 과학과 시에 매력을 느끼는 가장 큰 이유는 그것들 사이의 유사성 때문이 아니라 그것들 사이에 존재하는 차이점 또는 모순성 때문일 것이다. 같은 대상을 두 가지의 분명히 다른 관점에서 보면서, 그 둘 사이에서 증대되는 긴박감을 느낄 수 있는 것이 바로 매력이다.

모순에 대한 우리의 태도에는 이상한 점이 있다. 어린 시절부터 우리는 모순을 피하고 일관성이 있어야 한다고 배웠지만, 우리의 모든 경험은 우리 자신이 모순 덩어리일 뿐만 아니라 모순이 없다면 아무것도 존재할 수 없다는 사실을 가르쳐주고 있다. 이것이 바로 변증론의 핵심이다. 모든 물질의 구성단위인 원자 자체는 양전하와 음전하로 구성되어 있고, 물, 전기, 이 문장을 쓰도록 만드는 뇌 속의 펄스와 같이 흐르는 것은 무엇이거나 포텐셜 기울기를 통해서 양극단 사이를 흘러간다. 더욱이 근대 물리학에서부터 우리는 현실을 이해하는 유일한 방법이 입자와 파동 또는 질량과 에너지처럼 상호보완적이면서도 모순되는 두 개념을 이용하는 것임을 배워왔다.

그렇다면 시와 과학적 이해가 우리 존재의 감각과 핵심을 전해주는 데에 상호보완적이라는 사실과, 둘을 함께 결합시킴으로써 마음속에 강력한 섬광이 생길 수 있다는 사실을 알아내는 것이 왜 그렇게 굉장할까?

표면현상을 연구하는 물리화학자라면 누구나 알고 있는 것처럼, 중요한 현상은 인접한 막대기 사이에, 육체와 정신 사이에, 내용과 형식 사이에, 입자와 파동 사이에, 숫자와 느낌 사이에 만들어지는 긴박감처럼 무엇이 시작되고 다른 것이 끝나는 두 물질의 경계에서 일어난다. 빛이 반사되고, 굴절되며, 한 점으로 모이고, 시신경을 자극함으로써 형상을 만들어서 우리가 볼 수 있게 되는 것은 바로 두 개의 서로 다른 매질(媒質) 사이의 경계면에서이다.

레오나르도 다 빈치가 그의 학생들에게 노아의 홍수를 어떻게 그려야하는가를 가르쳤던 노트가 남아 있다. 산산조각이 나버린 배, 바위에 짓눌린 양 떼, 우박, 천둥, 회오리바람, 썩어가는 시체 등, 무서운 것들을 지적한 다음, 그는 "그리고 거대한 산이나 큰 건물이 무너지면서 무거운 물체가 넓은 물속으로 떨어지면, 많은 양의 물이 공중으로 튀어 오르고, 그 방향은 물체가 물에 떨어진 방향과는 반대 반향이 될 것이다. 즉 반사각은 입사각과 같다"라고 했다. 여기에는 "냉정한" 반사에 대한 물리학적 법칙과, 죽음과 파괴에 대한 지극히 감정적인 설명 사이의 대립이 있다. 그것이 바로 명백한 것과 추상적인 것, 일반적인 것과 특별한 것, 재현될 수 있는 것과 재현될 수 없는 것, 질서와 혼돈 그리고 과학과 시의 대립이다. 이것은 우리의 영혼에 큰 감동을 주는 매우 강렬한 대립이다. 만약 이원성이 없다면, 이원성에서부터 시작하지 않을 수도 있다는 조건에서 이원성을 만들어야만 했을 것이다. 그래서 아마도 신은 아담을 두 개의 상반된 극단으로 분리했을 것이다. 신은 아담이 살아서 움직이기를 바랐다.[6]

상당히 다른 내용이기는 하지만, 인류학자인 캐스린 마치는 "직조, 저술 그리고 성(Weaving, Writing, and Gender)"이라는 논문에서 타망족(네팔 중북부 지역의 티베트족의 선조)의 경우에 직물 짜기와 불경 저술이 어떻게 이루어졌고, 성 차이에 의해서 어떤 영향을 받았는가를 살펴보았다. 그 결론은 다음과 같다.

상징적 체제로서의 성은 같은 것과 같지 않은 것을 나타내는 데에서 바로 이런 문제점 또는 역설, 심지어 모순을 구체적으로 표현하는 것이다. 서로 상반된 시각으로 해석하지 않는다면 같은 것일 수도 있지만, 남성과 여성의 시각은 각자의 입장에서 성적 논리를 생각하기 때문에 서로 상반된 것처럼 보일 수도 있다. 남성과 여성은 상대방을 생각할 때 서로 같기도 하고 서로 다르기도 한 여러 가지 방법으로 서로 대립한다.[7]

주

1) 파울리의 말은 Holton, *The Scientific Imagination*, pp. 148-149에서 인용.
2) 헤겔에 대한 소개는 F. C. Beiser 편집, *The Cambridge Companion to Hegel*, Cambridge : Cambridge University Press, 1993, pp. 130-170 참고.
3) 역설을 근거로 한 더욱 흥미로운 "다중극단적" 인식론도 있다. R. G. Cohn, *Modes of Art*, Saratoga, California : Anma Libri, 1975, 제1장.
4) E. R. Grosholz, "Nature and Culture in *The Souls of Black Folk* and *The Quest of the Silver Fleece*" 발간 예정.
5) R. L. Stevenson, *Dr. Jekyll and Mr. Hyde, the Merry Men and Other Tales*, London : J. M. Dent, 1925, p. 61.
6) A. Treinin, "In Praise of Dualities", *Scopus* 40, 1990, pp. 54-56.
7) Kathryn S. March, "Weaving, Writing, and Gender", *Man (N.S.)* 18, 1983, pp. 729-744.

50. 긴박하고 생명으로 가득한 화학?

이제 화학이란 무엇인가? 화학은 벤젠을 가득 실은 트럭이 강으로 굴러 떨어져서 온 도시의 시민들이 대피해야 할 때에만 관심을 가지게 되는 과학일까? 독립기념일의 불꽃놀이에서나 화학이 얼마나 멋진 것인가를 알 수 있을까? 아니면 이 과학이 정말 생동적이고 심오할까?

또는 내가 지금까지 설명한 것은 단순히 구조적인 도구이고 속임수일까? 시골의 회계사무실에서의 하루나 쿠바의 사탕수수 밭에서의 힘든 하루와 같이, 이 세상에서 가장 지루하게 보이는 아무것이나 골라보라. 중간 모양을 결정하는 한계를 알아내고, 양극화시키고, 이원화시키고, 모든 평화로운 존재를 불확실한 투쟁으로 분해해보자. 충분한 설득력이 있다면 당신은 그전에는 존재하지도 않았던 긴박감을 만들 수 있다.

내가 포툠킨*의 폭풍을 일으켰다고는 생각하지 않는다. 과학이 출현하기 전에는 (지금은 "분자의 반응"이라고 부르는) 물질변화의 기적이 인간의 상상력에서 가장 강력한 위치를 차지했다. 연금술이 바로 그런 것이었다. 연금술은 변화의 철학이 원시적 화학과 결합된 것으로서 모든 문명에서 볼 수 있었다(물론 연금술에는 약간의 허풍적 요소도 들어 있었다). 화학자들은 비법적(秘法的)인 철학은 잊어버리고 원시적인 화

---

* 역주/바람직하지 못한 사실이나 상태를 숨기기 위한 겉치레를 나타내는 말. 러시아의 예카테리나 2세의 총애를 받았던 그리고리 포툠킨으로부터 유래.

그림 50.1 가장 화학적 예술인 불꽃놀이. 붉은빛은 스트론튬과 칼슘, 리튬의 염(鹽)에서, 흰빛은 금속성 마그네슘과 알루미늄에서, 금빛은 철 가루에서, 초록빛은 바륨의 염에서 나오는 것이다(사진 : 토니 스톤 이미지 사의 세프 디트리히).

학은 유지하면서 허풍성에서 대해서는 웃어넘기고 싶어한다. 그러나 이런 요소들은 서로 단단하게 연결되어 있다.

연금술이 수백 년 동안 모든 문명사회에서 상상력이 풍부한 사람들을 매혹시킬 수 있었던 이유는 그것이 사람 내면의 깊숙한 부분을 감동시켰기 때문이다. 변화(그리고 안정성)는 물리적이면서 심리적이기도 하다. 두 개의 변화를 나란히 비교해보면 곧 하나가 다른 변화와 같은 의미를 가지게 된다는 것을 이해하게 된다.[1]

이 책에서 괴테의 소설 『친화력』에 대해서 여러 번 이야기했다. 그 이유는 이 소설이 화학이론에서 주제를 선택해서 성공한 몇 편의 소설 중의 하나이기 때문이다. 곧 사라져버린 이론이기는 하지만 선택적 친화력의 이론은 (지금은 분자조각이라고 부르는) 화학적 개체들 중에는

그림 50.2 바실 발렌타인의 연금술 공장(출전 : *The Twelve Keys : The Hermetic Museum*, 1678).

서로에 대해서 선택적이고 한정적인 화학적 친화력을 가지고 있는 것이 있다는 것이다. 그리고 괴테 자신도 자신이 화학이론에 아름다운 언어로 옷을 입힌 것 이상의 일을 했다는 것을 알았다. 당시 「코타스 모르겐블라트(*Cottas Morgenblatt*)」라는 조간신문 광고에서 그는 이 소설의 제목이 화학 용어이고, 그의 소설을 통해서 그 "정신적 유래"를 명백하게 밝힐 것이라고 했다.[2]

화학은 노력하고 있는 화학자들에게도 흥미로운 것이지만, 화학자가 아니면서 화학을 이용하거나 오용하고 있는 사람들에게도 흥미로운 것이라고 생각한다. 그 이유는 화학의 활동이 우리 마음속 깊은 곳의 길과 평행으로 달리기 때문이다.[3] 우리의 정신은 유전과 경험과 우연에 의해서 만들어진 신경세포들의 가지 달린 나무가 아니라 완전히 서로 연결된 다차원의 공간이라고 생각하고 싶다. 그런 공간 속에서는 (분자나 한 줄의 시와 같은) 주어진 사실이 확실하게 역사와 의미를 가진다. 그러나 그것은 분자나 시가 서로 다른 주제나 대비되는 것들로 정의되는 공간에서 긴박감을 가지며 떠 있다고 생각할 때에만 생명력을 가지게 된다.

완전한 비유는 아니지만 그런 개념들을 파장이 서로 다른 빛으로 생각해보자. 또는 다차원 공간에서 서로 평행이 아닌 좌표축으로 생각해 볼 수도 있다. 정체의 불이나 "같기도 하고 아니 같기도 한" 불을 켜면, 큐베인이 이미 합성된 다른 C_8H_8 분자들과는 다르다는 것을 알게 된다. 빛을 협동과 경쟁에 맞추면, 내 앞에는 한때 큐베인에 대해서 과도하게 단순화된 계산으로 나를 감동시켰고, 그 분자를 합성하려고 몇 년을 노력했지만 실패하고 말았던 하버드 대학교의 젊은 조교수의 얼굴이 떠오른다. 만약 그가 성공했더라면 교수로 승진할 수 있었을 것이다. 실용성과 사회적 책임의 여러 색깔의 불빛 아래에서 큐베인을 살펴보면, 큐베인에 대한 연구 중의 몇몇은 군사연구 기관에서 지원을 받았다는 사실이나, 큐베인의 유도체 중에서 향균작용이 발견되었다거나 또는 이렇게 무리한 점이 많은 분자가 태양열 에너지를 보관할 수 있는 물질로 사용될 수 있는가에 대해서 걱정해야 할까를 생각하게 된다.

주어진 분자를 여러 가지 방법으로 살펴보면 하나가 아니라 여러 개의 대립적 척도를 찾게 된다는 사실이 분자를 근본적으로 **흥미롭게** 여기도록 만든다. 분자에 대해서 제기하는 의문은 우리 자신도 모르는 사이에 우리 자신에게 제기해야만 할 핵심적인 질문을 소리 없이 건드리게 된다.

1) 연금술에 대한 흥미로운 측면은 Eliade, *The Forge and the Crucible* 참고.

2) R. J. Hollingdale, 괴테의 *Elective Affinities*(번역본)의 서문 ; Uwe Pörksen, *Deutsche Naturwissenschaftssprachen*, Tübingen : Narr, 1986, pp. 97-125.

3) 연금술의 심리학적인 중요성에 대해서는 C. G. Jung, *Psychology and Alchemy*, R. F. C. Hull 번역, London : Routledge, 1953 참고. 융의 업적에 대한 소개는 A. Storr, *Jung*, New York : Routledge, 1991 참고.

51. 케이론

12성좌* 중에서 쌍둥이자리, 천칭자리, 물고기자리, 사수자리 등 적어도 네 개는 이중적이다. 별자리 이야기는 암흑시대의 흔적을 보기 위해서가 아니라, 인간 정신의 억제할 수 없는 특성으로서, 결국은 과학을 만들게 한 호기심과 행동양식의 추구에 대한 영원한 지표로 보기 위해서 꺼냈다.

궁수자리는 켄타우로스이다. 그리스 신화에 나오는 반인반마(半人半馬)의 괴물 중에서 내가 가장 좋아하는 것은 케이론이다. 그는 제우스의 아버지인 크로노스와 오케아노스의 딸인 필리라 사이에서 태어난 아들이다.[1] 불사(不死)의 케이론은 슬기롭고 친절했다. 펠리온 산에 있는 그의 동굴에서 그는 아스클레피오스에게 병을 치료하는 법을 가르쳤고, 아킬레우스에게는 말을 타고 사냥하는 법과 피리 부는 법을 가르쳤다. 후에 아르고나우타이**의 영웅이 된 디오메데스도 가르쳤고, 트로이의 왕자 아이네이아스도 가르쳤다. 내 마음속의 스승은 이런 스승과 같다.

케이론은 어떤 신화에서도 부정하지 않는 좋은 일을 했지만 노후는 그렇게 행복하지 못했다. 그와는 아무 상관없는 전형적인 켄타우로스

---

* 역주/황도 12궁에 따른 12개의 별자리 : 양자리, 황소자리, 쌍둥이자리, 게자리, 사자자리, 처녀자리, 천칭자리, 전갈자리, 궁수자리, 염소자리, 물병자리, 물고기자리.

** 역주/그리스 신화에서, 인류가 최초로 만들었다고 하는 거선(巨船) 아르고 호(號)에 탔던 50여 명의 영웅들.

366

그림 51.1 "아킬레우스를 가르치는 켄타우로스 케이론"(장-밥티스트 르뇨, 1782, 루브르 박물관 소장).

격투를 옆에서 구경하고 있었던 그는 친구 헤라클레스가 쏜 독화살에 부상을 당했다(어떤 독이었는지 궁금하다). 위대한 켄타우로스는 아픔 으로 비명을 질렀지만, 불사의 신이었던 그는 죽을 수가 없었다. 마침내 제우스는 그에게 평화를 주었고, 그 과정에서 신과 인간을 가르쳤던 현 명한 켄타우로스와 인간에게 불을 가져다주었던 반역자인 타이탄족의 프로메테우스와의 화해를 얻어냈다. 그리스의 비극시인 아이스킬로스 의 시에 의하면 프로메테우스는 이렇게 말했다.

오히려 고통받는 모든 인간의 소리를 들어보라.

한때 그들은 천치들이었다. 나는 그들에게 생각할 힘을 주었다.

내 덕분에 그들은 마음을 얻게 되었다.……

보지 못했던 것을 보게 되고, 듣지 못했던 것을 듣게 되었다.

꿈꾸듯이 닥치는 대로 살게 되었다.……

내 덕분에 그들은 계절을 말해주는 별에 대해서 알게 되었다.

표시하기 어려운 떠오름과 짐을.

그리고 가장 훌륭한 도구인 숫자도,

나는 그들에게 글자를 모아서 만든 단어도 가르쳤다.

그들에게 모든 예술의 어머니를 주었고,

열심히 작동하는 기억력도 주었다.[2]

프로메테우스는 우리에게 보는 법을 가르쳤기 때문에 벌을 받았다. 그는 캅카스 산의 산봉우리에 사슬로 묶이게 되었고, 독수리가 "선견(先見)"을 뜻하는 이름을 가진 타이탄인의 "검게 변한 간을 사납게 먹어치웠다."

제우스의 전언자인 헤르메스는 프로메테우스에게 말한다.

이런 고통이 끝날 것이라고 생각하지 말라.

신이 당신을 위해서 기꺼이 고통을 당할 때까지

그가 당신의 고통을 짊어질 것이다. 그리고 당신을 위해서

태양이 어둠으로 바뀌는 곳까지 내려갈 것이다.

죽음의 검은 구멍으로.[3]

프로메테우스를 대신해서 죽고 싶은 이는 케이론이었다. 나는, 훗날 프로메테우스와 제우스가 화해하는 장면이 담긴 아이스킬로스의 훌륭한 3부 비극의 마지막 부분이 없어져버린 것은 가장 큰 손실 중의 하나라고 생각한다.

이렇게 프로메테우스와 케이론의 운명은 서로 엇갈렸다. 켄타우로스의 이름은 그리스어로 손[手]을 뜻하는 단어에서 유래한 것인데, 그 단어는 병을 치료하기도 하고 죽이기도 하는 가장 사소한 차이이면서 거의 같은 것을 뜻하는 키랄성의 어원이기도 하다. 내 상상에 의하면 케이론은 프로메테우스에게 손을 뻗어서 그에게 생명의 선물을 전했을 것이다.[4]

케이론은 천성적으로 선했지만, 전체적으로 거칠고 비도덕적인 집단이었던 켄타우로스족을 낭만적으로 묘사하고 싶지는 않다. 그러나 켄타우로스가 같기도 하고 아니 같기도 한 것의 환생이라는 점은 무엇보다도 명백하다. 인간이면서 괴수이다. 온전한 인간도 아니었고, 온전한 괴수도 아니었다. 정적이면서 빠르게 움직이고 긴박하며, 복잡하면서도 통합된 존재였다. 해칠 능력이 있으면서도 선을 추구한 존재였다. 마치 화학과 같이.

주

---

1) Robert Graves, *The Greek Myths*, Baltimore : Penguin, 1958, p. 151. 케이론이 네펠레와 익시온의 후예라고 주장하는 사람들도 있다. 이 글의 신화적 자료는 여기에서 얻은 것이다.

2) Aeschylus, *Prometheus Bound*, Edith Hamilton 번역, *Three Greek Plays*, New York : Norton, 1975, p. 115.

3) 같은 책, p. 141.

4) 켄타우로스의 중요성과 과학과 예술을 연결시키는 니체의 해석에 대해서는 R. Klein, "The *Mētis* of Centaurs", *Diacritics*, Summer, 1986, pp. 2-13 참고.

감사의 글

나는 브룩헤이븐 국립연구소(Brookhaven National Laboratory)와 특별한 인연을 가지고 있다. 내가 대학을 다닐 때 그곳에서 보냈던 여름—^{11}C를 측정하기 위한 저준위 계수기를 만들고, 급속도로 붕괴되고 있는 원자를 코스모트론에서 화학과(化學科) 오두막까지 자전거로 실어 나르던 일—을 잊을 수가 없다. 방사화학자(放射化學者)가 되지는 않았지만 짐 커밍과 게르하르트 프리드란더에게서 많은 것을 배웠다. 그 여름의 즐거웠던 일이 나를 화학에 묶어두었고, 인문학의 유혹에서 나를 지켜주었다.

33년이 지난 후에 나는 브룩헤이븐에서 피그럼 강연을 하게 되었다. 다시 돌아오게 된 것이 무척 기쁘다. 벳시 서덜랜드와 피그럼 강연 위원회의 초청과, 동료들과 친구들의 환대에 감사한다. 컬럼비아 대학교 출판부의 에드 루겐빌은 조용히 나를 도와주며 이 강연을 책으로 출판할 수 있도록 해주었다. 그는 훌륭한 편집인이었다.

이 책에는 전에 발표했던 글들도 들어 있고, 잘 알려지지 않은 곳에 발표했던 것도 몇 편 있다. 몇 편의 글은 피에르 라슬로와 함께 써서 『앙게반테 케미(*Angewandte Chemie*)』에 발표했던 "화학에서의 표현 (Representation in Chemistry)"을 고친 것이다. 비비언 토런스와 함께 발표했던 『화학의 명상(*Chemistry Imagined*)』이라는 예술적, 과학적, 문학적 작품에서 옮겨온 것도 있다. 또 몇 편은 내가 『아메리칸 사이언티스트(*American Scientist*)』에 발표했던 "마지네일리어" 칼럼이다. 이 글들에 대해서는 편집인들이었던 미셸 프레스, 샌드라 애커먼, 브라이언 헤이스에게 감사한다. "자연적/비자연적"이라는 제목의 글은 훌륭한 통찰력을 가진 시인이자 철학자인 에밀리 그로숄츠의 도움으로 상당히 수정되었다. 그리고 이 책 전부를 편집해준 로이 토머스에게 깊이 감사한다. 테레사 보너는 이 책의 예술적인 측면에 귀중한 기여를 했다. 그녀와 함께 일하는 것이 즐거웠다.

나의 원고를 가장 정성 들여 읽고 조언해준 사람은 나의 아내 에바 호프만이다. 그녀는 이 책을 출판하는 마지막 순간까지 나를 도와주었다. 그녀의 도움과 정성에 감사한다. 아마도 그녀의 가장 큰 기여는 환경에 대한 관심을 주장하는 사람들이 화학이나 화학자를 공격하고 있는 것이 아니라는 점을 이해시켜준 일일 것이다. 환경은 우리 모두가 깊게, 합리적으로 그리고 감정적으로 생각해야 할 귀중한 것이다.

이 책의 삽화는 대부분 제인 조겐센의 작품이다. 그동안 그녀의 그림은 나의 연구의 품위와 가치를 높여주었다. 이 책의 사진 중에서 아무런 언급이 없는 것은 모두 코넬 대학교 사진부에서 제공한 것이다. 퍼트리샤 조르다노가 원고의 타자를 맡았다. 원고의 교정은 뉴욕 대학교의 화학과에서 안식년을 보내면서 이루어졌다. 그곳 동료들의 지원에 감사한다. 나의 연구원들도 다른 종류의 연구에 많은 도움이 되었다.

코넬 대학교의 메리 레피가 뛰어난 지각과 정성을 가지고 이 책의 원고 전부를 읽어주었을 뿐만 아니라 귀중한 제안을 해주었다. 컬럼비아 대학교 출판부의 독자들과 딕 제어(그의 제안으로 촉매에 대한 이야기를 더하게 되었다), 로렌 그레이엄, 윌리엄 프룩트, 로라 우드, 로버트 샤피로, 로버트 머튼도 모두 같았다. 책 전체에 대해서 사려 깊은 평을 해준 사람들은 헨닝 호프(그의 제안으로 제8장을 넣게 되었다), 피에르 라슬로, 장-폴 말리외, 리오넬 세일럼, 알랭 세빈, 브라이언 섯클리프 등이었고, 태드 베글리, 폴 휴스턴, 윌리엄 립스컴, 피터 샌드먼, 벤 위덤이 몇 편씩의 글에 대해서 평을 해주었다. 중요한 자료와 그림을 제공해준 많은 사람들은 자료설명에 표시했다.

특별히 언급해야 할 사람들도 있다. 페터 괼리츠는 항상 도움을 주고 많은 자료를 주었고, 브루스 가넴은 생물학적 이야기에 대한 자료를 주었으며, 루버트 스트라이어의 『생화학(*Biochemistry*)』교과서도 많은 도움이 되었다. 에후드 스파니어는 그의 부모가 내가 태어났던 갈리시아의 같은 마을에서 왔고, 비블리컬 블루와 테켈렛을 소개해주었다. 제리 마인월드와 토머스 아이스너는 끊임없이 흥미로운 연구를 해오는 동료이고, 모데카이 셸레프는 NO_x 환원에 대한 흥미를 가지도록 해주었으며, 린 아벨은 그리스의 민주주의에 대한 문헌을 제공해주었다.

나는 이 책을 컬럼비아 대학교의 나의 스승들에게 바친다. 나는 3년 만에 컬럼비아 대학교를 졸업했지만, 그 3년 동안에 믿을 수 없을 정도로 다양한 과목들을 들을 수 있었으며, 화학보다는 인문학 쪽의 세상을 처음으로 이해하게 되었다. 그렇게 된 것은 컬럼비아 대학교의 핵심 수강과목이었던, 현대문명과 인문학 강의들 그리고 예술과 음악사 입문과목들 덕분이었다. 뒤이은 강의에서 나는 절대적으로 훌륭한 스승들을 만나게 되었다. 그들은 나에게 지혜와 문학과 예술과 과학의 세계를 열어주었다. 그들을 기억하며 이 책을 그들에게 바친다.

역자 후기

화학은 물질의 성질과 변환을 이해함으로써 자연의 신비를 알아낼 뿐만 아니라, 현대문명에 필요한 한없이 다양한 새로운 물질을 창조하는 핵심적인 과학이다. 화학은 현대산업의 원동력으로서 현대인류의 수준 높은 문화생활을 가능하게 해주는 중요한 역할도 하고 있다.

인류의 역사는 화학의 역사라고 할 수 있을 정도로 화학은 언제나 우리 곁에 가까이 있어왔다. 우리 몸을 비롯해서 우리 주변의 모든 물질이 화학의 연구와 활용의 대상이다. 농작물을 키워서 식량을 얻고 불을 피워서 음식을 만들어 먹는 과정은 물론이고, 우리의 생명현상까지도 화학적 현상이 아닌 것이 없다. 따라서 화학에 대한 올바른 지식이 없으면 우리의 삶을 제대로 이해할 수 없다. 현대 화학이 발전하게 되면서 화학의 중요성이 나날이 커지고 있다. 화학의 발전은 역사 이래 처음으로 70억이 넘는 인류가 지구촌에서 더불어 살 수 있게 해주었고, 우리 모두에게 식량과 의복과 주택을 공급해주고 있으며, 전부는 아니지만 대부분의 질병을 치료할 수 있게 해주었다. 과거와 비교해볼 때, 지역과 계층에 따른 부(富)의 불균형이 상당히 해소된 것도 사실이다(물론 아직도 사회적으로 노력해야 할 부분이 대단히 많이 남아 있다).

그럼에도 불구하고 화학에 대한 사회적 인식은 대단히 부정적이다. 특히 급격한 생활수준의 향상에 따른 소비의 증가와 인구의 팽창으로 자연환경의 파괴가 날로 심각해짐에 따라서 화학에 대한 부정적인 시각은 더욱 확산되고 있다. 그러나 현재의 심각한 환경과 보건과 안전 문제를 단순히 "자연으로 돌아가자"라는 순진한 구호만으로 해결할 수는 없다. 오히려 환경파괴의 주범으로까지 지목되고 있는 화학에 대한 정확한 이해를 바탕으로 해결할 수밖에 없다. 이런 측면에서 이 책, 호프만 교수의 『같기도 하고 아니 같기도 하고』는 화학을 비롯한 다양한 분야의 지식인들에게 꼭 필요한 책이다.

역자가 호프만 교수를 처음 만난 것은 1979년 미국 코넬 대학교로 유학을 갔을 때였다. 40대 초반의 나이에도 불구하고 코넬 대학교 화학과의 석좌교수로서 "응용이론화학" 분야의 세계적인 위치를 차지하고 있던 호프만 교수는 차분하고 인자하며 자상한 학자였고, 동양의 문화에 대해서 깊은 관심을 가지고 있었다. 매일 저녁 화학과의 자연과학 도서관에서 학술잡지를 뒤적이고, 언제나 조용한 웃음을 잃지 않던 호프만 교수의 모습은 아름다웠다.

로얼드 호프만 교수는 1937년 7월 18일, 지금은 우크라이나의 일부가 되어버린 당시 폴란드 즈워체프의 유대인 가정에서 출생했다. 그의 부모는 힐렐 사프란과 클라라 사프란이었으나, 그의 마을이 나치에게 점령되었을 때 아버지가 나치 군에 의해서 살해된 후에 폴 호프만의 양아들이 되었다. 나치 점령의 어려운 시기를 보낸 호프만은 1946년 고향을 떠나 체코슬로바키아, 오스트리아, 독일을 거쳐서 1949년 2월 22일 미국으로 이주했다. 뉴욕 시에 정착한 호프만은 1955년 스터이베선트 고등학교를 졸업하고 미국의 시민권을 획득했으며, 컬럼비아 대학교에 퓰리처 자유학자로 입학한 후, 1958년 최우등으로 화학 전공의 이학사 학위를 취득했다. 컬럼비아 대학교 재학 중에는 국립표준국에서 뉴먼 박사와 시멘트 화합물의 열화학에 대해서 연구하기도 하고 퍼거슨 박사와 탄화수소의 열분해에 대해서 연구하기도 했으며, 브룩헤이븐 국립연구소에서 커밍 박사와 함께 핵반응에 대한 연구에 참여하기도 했다.

그후 하버드 대학교의 대학원으로 진학한 호프만 교수는 1960년 물리학 석사학위를 취득하고, 1962년 화학물리학으로 이학박사 학위를 취득했다. 그의 박사 학위 논문은 마틴 구터만 교수와 윌리엄 립스컴 교수의 공동지도하에, 보론 수소화물을 비롯한 다면체 화합물을 분자오비탈 이론에 대해서 연구하고 나선형 폴리머의 들뜬 상태를 제2양자화 방법으로 연구한 것이었다. 나선형 폴리머에 대한 연구는 미국과 소련의 대학원생 교류 프로그램의 일환으로 1960년에 소련의 모스크바 대학교에서 이루어진 것이었다. 모스크바 대학교에서는 데비도프 교수와 함께 엑시톤 이론을 연구했다.

호프만 교수는 1962년부터 1965년까지 하버드 대학교의 청년학자로 선임되었다. 이 기간 동안 호프만 교수는 립스컴 교수와의 연구경험을 살려서 분자의 전자구조를 계산하는 반(半)경험적 방법인 확장 휘켈 방법을 완성했고, 코리 교수의 영향을 받아서 유기분자의 구조와 메커니즘에 관심을 가지게 되었다. 그리고 우드워드 교수와 함께 협동반응에 대한 우드워드-호프만 규칙을 개발했다.

1965년 코넬 대학교 화학과에 부교수로 부임한 호프만 교수는 1968년 교수로 승진했고, 1974년부터 지금까지 "존 뉴먼 자연과학 교수"로 재직하고 있다.

호프만 교수의 전공분야는 "응용이론화학"으로서, 분자의 대칭성을 기초로 복잡한 분자의 성질과 화학반응을 규명하여 1981년 노벨 화학상을 수상했다. 호프만 교수는 분자의 전자구조에 큰 관심을 가지고 있어서, 다양한 양자화학적인 계산방법과 정성적(定性的)인 이론을 이용해서 유기 및 무기 분자는 물론 일차원에서 삼차원에 이르는 고분자의 구조와 반응성에 대한 연구를 수행해왔다. 그의 가장 중요한 업적은 간단한 반경험적인 양자화학 계산을 통해서 분자구조를 예측할 수 있는 "확장 휘켈 방법"의 개발이라고 할 수 있다. 이 방법이 개발됨으로써 유기 및 무기 화학 분야에서도 분자 오비탈 이론이 본격적으로 활용되기 시작했으며, 우드워드 교수와 함께 개발한 우드워드-호프만 규칙이라고도 부르는 오비탈 대칭보존 이론의 기초가 마련되었다. 또한 반(半)경험적인 분자궤도 함수를 이용한 분석을 통해서 카보늄 이온, 이중 라디칼, 메틸렌, 벤자인과 같이 반응성이 큰 유기 중간물질의 특성을 규명하는 데에도 큰 공로를 남겼다. 이런 연구를 통해서 결합통과 상호작용과 하이퍼콘주게이션 등의 개념을 정립했고, 일반적인 경계 오비탈 조절의 개념도 정립하게 되었다.

호프만 교수는 무기 화합물과 유기금속 화합물의 구조와 반응성에 대한 연구에서도 괄목할 만한 업적을 이룩했다. 근사적(近似的)인 분자 오비탈 계산과 대칭성을 근거로 한 그의 이론으로, 작은 이원자 분자에서 몇 개의 전이금속 원자를 포함한 클러스터에 이르기까지 거의 대부분의 무기 화합물의 구조적 특성이 밝혀졌다. 또한 그의 연구를 통해서 유기 리간드와 전기금속 사이의 결합의 특성을 완벽하게 이해할 수 있게 되었고, 새로운 구조적 형태를 예측할 수도 있게 되었다. 더욱이 무기화학 분야에서 유용하게 사용되고 있는 닮은 오비탈 이론은 유기 화합물과 무기 화합물의 구조적인 공통점을 밝히는 데에 매우 유용하게 활용될 뿐만 아니라, 무기 화합물의 반응성과 합성방법을 예측하는 데에도 널리 활용된다.

호프만 교수는 1980년부터 일차원, 이차원, 삼차원의 확장된 구조를 가진 고체 화합물의 전자구조에 대한 연구에서도 활발한 연구업적을 이룩하고 있다. 경계 오비탈의 개념을 확장한 결정(結晶) 오비탈 겹침밀도의 개념은 고체결정에서 결합의 세기가 전자의 수에 따라서 어떻게 달라지는가를 정량적으로 보여주는 것으로서, 다양한 형태의 고체에서 화학적 결합이 어떻게 만들어지고 깨어지는가를 예측하는 도구로 활용되고 있다.

호프만 교수는 지금까지 약 400여 편의 논문과,『오비탈 대칭 보존』(1970) 및『고체와 표면』(1988) 등의 전문저서를 저술했다.

호프만 교수는 이런 연구업적으로 1981년 일본의 후쿠이 교수와 함께 노벨 화학상을 공동으로 수상한 것 이외에도, 미국의 과학 메달(1983), 미국 과학원상(1986), 미국 화학회의 프리스틀리 상 등의 수많은 상과 명예학위를 수여받았다.

그러나 호프만 교수의 가장 독특한 업적은 화학분야 이외에서의 그의 저술활동이라고 하겠다. 고등학교 시절부터 관심을 가졌던 인문과학에 대한 정열을 버릴 수 없었던 호프만 교수는 노벨 상을 수상한 이후부터 본격적으로 시인(詩人)으로 활약하기 시작했다. 지금까지『메타믹트 상태』(1987)와『틈새와 모서리』(1990) 등 두 권의 시집을 발간했고, 화가 비비언 토런스와 함께 화학자의 창조적인 생각을 담은 시화집인『화학의 명상』도 발간했다. 그밖에도 화학과 관련된 철학적, 미학적 논문과 칼럼을 여러 곳에 발표하기도 했다. 화학의 대중화에도 많은 관심을 가진 호프만 교수는 미국의 PBS를 비롯하여 세계 여러 나라에서 방영된 텔레비전 프로그램인 "화학의 세계"의 제작에도 참여했다.

"화학의 시인"이라고 할 수 있는 호프만 교수는 1993년 서울대학교의 제4회 서남(瑞南) 초청강좌에 초빙되어 서울을 방문하여 "분자 세계와 미학"이라는 일반강연으로 큰 호응을 받았다. 특히 서울을 방문하는 동안에 서정주 시인과의 대담을 통해서 문학과 과학의 만남의 귀중한 자리를 가지기도 했다(『현대문학』, 1993년 11월호). 호프만 교수는 서울 방문을 기회로 1994년에는 시사 주간지 『시사 저널』에 격월간으로 칼럼을 연재하기도 했던, 우리에게는 비교적 친숙한 저술가이기도 하다.

역자의 은사이기도 한 호프만 교수의 저서를 우리말로 옮기는 일을 하면서 역자 스스로도 화학의 새로운 측면을 배울 수 있는 뜻깊은 기회가 되었다. 부족한 능력으로 호프만 교수의 깊은 뜻을 정확하게 옮기지 못하는 실수를 저지르는 것이 아닌가 하는 걱정이 앞서기도 했지만, 더 많은 독자들이 호프만 교수의 글을 읽게 됨으로써 우리 사회에서 화학에 대한 인식을 새롭게 할 수 있는 기회가 될 수 있다는 점에서 용기를 냈다.

이 책에서 호프만 교수는 화학이 무엇이고, 화학자가 어떤 마음으로 화학문제를 해결하고 있는가를 놀라울 정도로 다양한 예를 들어서 설명하고 있다. 호프만 교수는 물질과 물질의 변환을 취급하는 화학은 근본적으로 모든 사람들이 가지고 있는 "정체"에 대한 의문에서 시작하며, 물질의 정체에 대한 의문을 해결하고 그 결과를 다른 사람에게 전달하는 과정에서 화학자가 마음속으로 즐기게 되는 다양한 심리현상들을 "대립성"이라는 관점에서 분석했다. 우리가 흔히 단순하게 생각하기 쉬운 "자연적인" 또는 "천연적인" 것과 "비자연적인" 또는 "인공적인" 것의 구별이 사실상 인위적이며, 이런 구별을 강요하는 과정에서 불가피하게 화학에 대한 오해가 생기기도 한다는 점을 지적했다. 그럼에도 불구하고 이런 불필요한 구별에 대한 욕구를 오히려 긍정적으로 활용할 수도 있다는 지적은 신선하게도 느껴진다.

이 책에서 호프만 교수는 화학의 가장 핵심이 되는 분석, 합성 그리고 메커니즘의 규명을 흥미로운 예와 함께 쉽게 설명했다. 특히 호프만 교수는 화학이 다른 과학 분야와는 달리 "발견적인" 측면보다도 "창조적인" 측면을 강조하고, 다른 과학 분야와는 달리 극단적인 환원주의적 접근도 거부하고 있다고 주장한다. 1,000만 종류가 넘는 새로운 물질들을 만들어낸 합성이 화학의 그런 창조성을 가장 잘 나타내는 결과이며, 이런 특성 때문에 화학은 핵심과학이면서도 오히려 예술에 가까운 특성을 가지고 있다고 한다.

과학자, 특히 화학자의 사회적 책임에 대한 호프만 교수의 견해도 독특하다고 하지 않을 수 없다. 과학자도 일반인과 똑같은 인간으로 인식되어야 하며, 과학자에게 성직자와 같은 수준의 윤리의식을 요구한다는 것은 무리임을 지적하고 있다. 이와 함께 극도로 단순화된 합리성을 과도하게 추구하기 쉬운 습성을 가진 과학자의 단점도 명쾌하게 지적하고 있다. 이런 측면에서 수없이 일어나고 있는 화학재난에 대한 사회적 인식도 바르게 정립되어야 한다는 점과 함께, 화학자들이 인류의 삶의 질을 향상시킨 업적을 인정받기를 원한다면 그에 따른 책임도 감수해야 한다는 그의 주장은 환경파괴나 보건과 안전 문제 관련된 문제에 대한 일반인과 화학자들의 의식을 바로잡을 수 있는 바탕이 될 수 있을 것이다.

마지막으로 화학이 인류사회의 민주화에 어떻게 기여해왔는가에 대한 그의 지적은 환경파괴의 주범으로 인식되고 있는 우리 사회에서의 화학의 역할을 다시 생각해보게 할 것으로 기대된다. 화학에 대한 일반적인 이해가 단순히 "화학을 이해하기 위해서"가 아니라, 현대인이 자신의 삶을 제대로 이해하고 민주시민으로서 사회여론의 결정에 정당하게 참여하기 위해서 필요한 필수적인 상식이라는 그의 주장은 우리 모두가 심각하게 받아들여야 할 것이라고 생각된다.

우리 모두에게 심각한 문제로 대두되고 있는 환경오염의 문제가 근본적으로는 화학적인 방법으로밖에 해결될 수 없다는 점을 인식한다면, 세상이 무엇으로 어떻게 만들어졌고, 새로운 물질이 어떻게 만들어지고 있는가에 대한 기초적인 상식은 환경문제의 해결에 가장 중요한 바탕이 된다는 점을 쉽게 이해할 수 있을 것이다. 대부분의 사람들이 굶주림과 질병으로 고통받던 과거로 되돌아간다는 것은 너무나도 순진한 생각일 뿐이다. 화학에 대한 올바른 이해를 바탕으로 인간과 환경에 보다 안전한 물질을 보다 안전한 방법으로 생산하고 활용할 수 있는 현명한 방법을 찾아내는 노력에 우리 모두가 동참해야 할 것이다.

더욱이 잘못된 화학 지식이 건강을 비롯한 우리의 삶에 직접적으로 중대한 영향을 미칠 수 있다는 점을 생각하면, 화학에 대한 상식이 이제는 단순한 지적 욕구를 충족시키기 위한 사치가 아니라 복잡한 현대생활에서 우리 자신을 지키기 위한 필수적인 지식이라는 점도 지적하고 싶다. 특히 잘못된 화학 지식이 상업적 이득을 추구하기 위한 수단으로 이용되고 있는 우리의 현실에서는 화학에 대한 올바른 상식이 더욱 절실하다고 하겠다.

화학뿐만 아니라 문학에도 깊은 통찰력을 가진 호프만 교수의 해박한 지식을 바탕으로 화학의 내면을 설명한 이 책이 많은 사람들에게 화학에 대한 새로운 인식을 소개하는 계기가 되기를 간절히 바란다. 이 책이 나올 수 있도록 도와주신 "까치글방"의 박종만 사장님께 감사드린다.

1996년 더운 날에 노고산 언덕에서
역자 씀

용어 찾아보기

384

인명 찾아보기